Nicole Sauerland

Digitale Messtechnik für die Laborarbeit

De Gruyter Studium

Weitere empfehlenswerte Titel

Optical Metrology for Precision Engineering
Wei Gao, Yuki Shimizu, 2022
ISBN 978-3-11-054109-0, e-ISBN 978-3-11-054236-3

Quantities and Units
The International System of Units
Michael Krystek, 2023
ISBN 978-3-11-134405-8, e-ISBN 978-3-11-134411-9

Metrology of Automated Tests
Static and Dynamic Characteristics
Viacheslav Karmalita, 2020
ISBN 978-3-11-066664-9, e-ISBN 978-3-11-066667-0

De Gruyter Series in Measurement Sciences
Klaus-Dieter Sommer, Thomas Fröhlich (Eds.)
ISSN 2510-2974, e-ISSN 2510-2982

Nicole Sauerland

Digitale Messtechnik für die Laborarbeit

Messungen und deren mechanische, thermische und elektrische Störungen

Autor
Dr. Nicole Sauerland
Parkhausweg 13
66333 Völklingen
Deutschland

ISBN 978-3-11-147732-9
e-ISBN (PDF) 978-3-11-147886-9
e-ISBN (EPUB) 978-3-11-147967-5

Library of Congress Control Number: 2024936931

Bibliografische Information der Deutschen Nationalbibliothek
Die Deutsche Nationalbibliothek verzeichnet diese Publikation in der Deutschen Nationalbibliografie; detaillierte bibliografische Daten sind im Internet über
http://dnb.dnb.de abrufbar.

Coverabbildung: Anatoly Morozov / iStock / Getty Images Plus
Satz: VTeX UAB, Lithuania

www.degruyter.com

Vorwort

Die Beschäftigung mit Messungen irgendwelcher Messgrößen in einem Labor erfordert mancherlei Kenntnisse und Erfahrungen, die dem Betroffenen zunächst nicht vorliegen; unangenehmer Weise liegen sie in der Regel nicht einmal dem technisch oder naturwissenschaftlich vorgebildeten Experimentator vor (obwohl er sich dessen häufig nicht bewusst ist), da nicht nur die Anwendung der modernen Messtechnik eine Vielzahl von Spezialkenntnissen voraussetzt, sondern auch eine ungeahnte Zahl von Fallstricken bereithält, die Messungen unmöglich oder wenigstens unbrauchbar machen können.

Deshalb schrieb ich dieses Buch für all diejenigen, die sich mit einer wie auch immer gearteten Ausbildung eines Tages plötzlich in einem Labor wiederfinden, und sich mit der Aufgabe konfrontiert sehen, Messungen gleich welcher Art durchzuführen. Die folgenden Seiten sollen dem Experimentator das langwierige und mühevolle Sammeln von Erfahrungen erleichtern und verkürzen, die mich auf der Suche nach Fehlerquellen in meinen Messungen Tage, Wochen und Monate in den Labors der technischen Physik an der Universität Saarbrücken festgehalten hat, obwohl ich gegenüber beispielsweise Biologen oder Maschinenbauern einen erheblichen Heimvorteil durch die grundlagenintensive Ausbildung als Physikerin hatte.

Ich schrieb dieses Buch jedoch auch für all diejenigen, die "kummervoll und stier" (Eugen Roth) auf ein Blatt Papier mit Messergebnissen starren und sich mit der Interpretation von Messergebnissen herumschlagen, die gar keine echten Ergebnisse sind, da ihnen die Messanordnung einen gehörigen Streich gespielt hat.

Ich schrieb das Buch letztlich auch für all diejenigen, die glauben, dass Messergebnisse richtig sein müssen, wenn sie nur von einem hinreichend teueren Messgerät erzeugt werden.

Letztlich sei dem Leser der alte Spruch der Labortechniker in Erinnerung gerufen:

Wer misst, misst Mist, und wer viel misst, misst viel Mist.

Was nichts anderes heißt als:

Misstraue allen Messergebnissen, bis du genau weißt, wie sie gewonnen wurden.

Zum Lesen benötigt man eigentlich nichts als den gesunden Menschenverstand und Zeit. Ferner sollte der Leser wenigstens keine Angst vor Formeln haben, denn wann immer eine Quantifizierung von Problemen bei Messungen vorgenommen wird, kommt man ohne ein Minimum an Mathematik nicht aus. Und erst die Quantifizierung erlaubt es, abzuschätzen, ob sich ein theoretisch mögliches Problem im eigenen Spezialfall auch wirklich in der Praxis auswirkt.

im Juni 2024 Dr. Nicole Sauerland

https://doi.org/10.1515/9783111478869-201

Einführung

Als Arbeitsplatzrechner erschwinglich und leistungsfähig wurden, eröffneten sich der Labormesstechnik völlig neue Möglichkeiten. Nun müssen mess- und regeltechnische Aufgaben nicht mehr vom Experimentator selbst übernommen werden; der Computer erledigt sie. Der Experimentator kann sich ganz der Auswertung der Daten und deren Interpretation widmen. Dieses Buch soll dem Leser den Umgang mit der modernen Messtechnik erleichtern. Dabei sollen auch eine Reihe von nützlichen Hinweisen zur Vermeidung von Problemen gegeben werden, die möglicherweise erst auf den zweiten Blick wichtig erscheinen, deren Beachtung aber gleichwohl viel Ärger und Zeit sowie Fehlinterpretationen von Messergebnissen ersparen kann.

Bei der Automation von Messeplätzen benötigt man sogenannte systemfähige Mess- und Steuergeräte; man fasst sie unter dem Begriff Mess- und Testsysteme zusammen und meint damit elektronische Geräte zur Ankopplung von Aktuatoren und Sensoren des Messeplatzes an den Rechner.

Der erste Teil dieses Buches soll eine Übersicht über die erhältlichen systemfähigen Komponenten der Laborautomation geben. Sie ist erweitert um eine Darstellung von Funktionen und Kenngrößen dieser Geräte. Sie sollen es dem Leser erleichtern, technische Datenblätter und Gerätespezifikationen zu verstehen und abzuschätzen, welche Leistungsmerkmale er für seine speziellen Aufgabenstellungen benötigt. Ferner wird dadurch deutlich, was kommerziell erhältlich ist und was selbst gebaut werden muss. Trotz des inzwischen doch recht reichhaltigen Angebotes an solchen Systemen bleibt dem Experimentator der gelegentliche Griff zum Werkzeug nicht erspart.

Will man solche systemfähigen Geräte sinnvoll benutzen, so sind allerlei Fehlermöglichkeiten zu beachten; insbesondere gehören zum Aufbau eines Messeplatzes Überlegungen zum Thema EMV (elektromagnetische Verträglichkeit), da dies vielen Experimentatoren durch Einstreuungen von Störsignalen in ihre Mess- und Busleitungen nicht unerhebliche Kopfschmerzen bereitet. Um solche Beeinflussungen des Messergebnisses zu vermeiden, sind hierüber genauere Kenntnisse erforderlich. Vieles ist auch Erfahrungssache; zweiten Teil des Buches befinden sich ausführliche Betrachtungen zu diesem Themenkreis.

Wie der aufmerksame Leser inzwischen sicher gemerkt hat, handelt es sich hier nicht um ein Buch über Messtechnik im eigentlichen Sinne. Vielmehr werden hier Themenkreise behandelt, zu denen der Zugang sonst schwer fällt, da sie schlichtweg als bekannt vorausgesetzt werden. Damit bleibt dem Experimentator nichts anderes übrig, als sich die notwendigen Kenntnisse selbst mühsam zusammenzusuchen und eigene Erfahrungen zu sammeln, oder aber dieses Buch zur Hand zu nehmen.

Grundlage der hier berichteten Dinge sind jahrelange Erfahrung und das Studium unzähliger Datenblätter von Geräten und Bauteilen. Mein besonderer Dank gilt dabei der Firma Keithley Instruments GmbH, die mich stets mit ausgezeichnetem aktuellen Informationsmaterial versorgt hat, das über übliche Kataloginformationen weit hinausgeht.

https://doi.org/10.1515/9783111478869-202

Inhalt

1 Mess- und Testsysteme

In diesem Kapitel sollen Aufbau, Kenngrößen und Messverfahren von Mess- und Testsystemen erläutert werden. Es handelt sich dabei ausschließlich um digitale Systeme. Im ersten Teil dieses Kapitels werden zunächst grundlegende Begriffe und Kenndaten von Digitalmessgeräten diskutiert; in den weiteren Unterkapiteln finden sich dann Details über die verschiedenen erhältlichen Geräte und Zusatzgeräte wie beispielsweise fernsteuerbare Relais zum Schalten von elektrischen Signalen.

1.1 Schaltungstechnische Grundlagen

Für die Diskussion von Funktion und Aufbau moderner Messgeräte sind einige schaltungstechnische Grundlagen zum Verständnis erforderlich. Neben allgemeinen Kenntnissen der Elektrotechnik ist spezielles Wissen über die Eigenschaften und Grundschaltungen von Operationsverstärkern nötig. Dabei soll in diesem Zusammenhang keine vollständige und theoretisch erschöpfende Beschreibung versucht werden, sondern lediglich eine einfache Darstellung typischer Eigenschaften von Operationsverstärkern und von davon abgeleiteten Messverstärkern. Der eingeweihte Leser kann dieses Kapitel durchaus einfach überschlagen. Die im Folgenden angeführten Zahlenwerte dienen lediglich der Orientierung; je nach Typ und Bauart können die Daten der Operationsverstärker erheblich von den hier angegebenen Zahlen abweichen; über die tatsächlich vorliegenden Werte geben Datenbücher genaue Auskunft.

1.1.1 Eigenschaften und Grundschaltungen von Verstärkern

Operationsverstärker sind Verstärkerbausteine, die in integrierter oder in diskret oder kombiniert aufgebauter Form vorliegen und die über bestimmte charakteristische Eigenschaften verfügen. Da dieser Baustein sehr wichtig ist, wurde ein eigenes Schaltbild hierfür eingeführt.

Abbildung 1.1 zeigt dieses Schaltbild mit den wichtigsten Größen, die zur Beschreibung grundlegender Eigenschaften dienen. Ein Operationsverstärker arbeitet grundsätzlich bipolar, d. h. er wird über eine bipolare Spannungsquelle U_p und U_n versorgt. Im Allgemeinen gilt:

$$U_p = -U_n$$

Werte zwischen ±9 V und ±18 V sind für die Versorgungsspannung gebräuchlich; es gibt jedoch ebenso Abweichungen nach unten (zur Anwendung in Geräten mit niedriger Versorgungsspannung) als auch nach oben (beispielsweise ±100 V für spezielle Treiberverstärker).

https://doi.org/10.1515/9783111478869-001

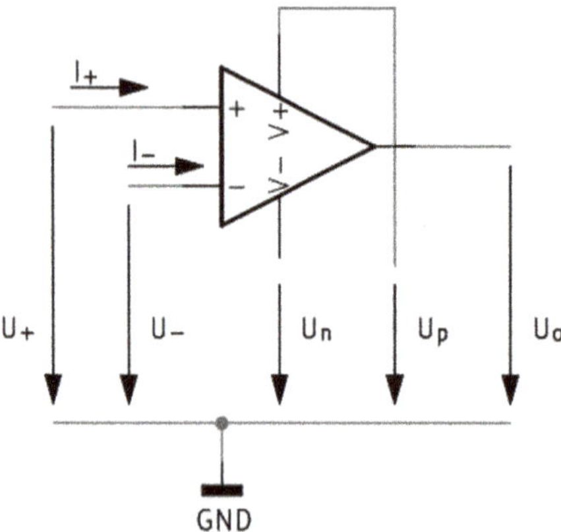

Abb. 1.1: Schaltbild des Operationsverstärkers.

Die Ausgangsspannung des Operationsverstärkers bezieht sich auf das Bezugspotential von U_p und U_n; es wird mit GND (Ground) oder genauer mit Power Supply Ground bezeichnet. Im Deutschen verwendet man den Begriff Masse, der leider jedoch auch für vielerlei andere Bezugspotentiale genutzt wird. Im Folgenden wird daher die Bezeichnung GND angewendet.

Auch die Eingangsspannungen U_+ und U_- beziehen sich auf dieses Bezugspotential. Die zugehörigen Eingänge werden nicht invertierender und invertierender Eingang genannt. Diese Kennzeichnung rührt daher, dass am nicht invertierenden Eingang angelegte Signale mit dem gleichen Vorzeichen auf den Ausgang übertragen werden. Bei dem invertierenden Eingang erscheinen Signale am Ausgang invertiert, also mit dem anderen Vorzeichen. Dieser Eingang eignet sich also für Gegenkopplungen. Entsprechend den beiden Eingängen des Operationsverstärkers gibt es zwei Gundschaltungen: den nicht invertierenden und den invertierenden Verstärker.

Charakteristisch für den Zusammenhang der in Abbildung 1.1 eingetragenen Größen sind folgende Gleichungen:

$$\begin{aligned} U_0 &= A \cdot (U_+ - U_-) \\ I_+ &= I_- = 0 \\ R_0 &= 0 \end{aligned} \tag{1.1}$$

A ist die Leerlaufverstärkung des Operationsverstärkers. Sie ist theoretisch unendlich groß; das bedeutet sofort, dass bei endlichen Werten für die Ausgangsspannung U_0 (innerhalb des Betriebsspannungsbereichs) gelten muss:

$$U_+ - U_- = 0$$

In der Praxis hat man für A Werte zwischen 10^4 und 10^5. Dies ergibt bei einer typischen Betriebsspannung von ± 10 V und $A = 10^5$ einen Wert von 100 µV für die maximale

Spannungsdifferenz zwischen U_+ und U_-, wenn die Ausgangsspannung innerhalb des Betriebsspannungsbereichs liegen soll. Ergibt sich bei einer Schaltung rechnerisch eine Ausgangsspannung außerhalb des Betriebsspannungsbereichs, so ist der Verstärker übersteuert; man sagt auch, er geht in die Sättigung (damit ist der Sättigungsbereich der Ausgangstransistoren des Operationsverstärkers gemeint). Dieses Phänomen tritt natürlich nicht exakt beim Erreichen der Betriebsspannung, sondern bereits etwas vorher ein, da innerhalb der Halbleiter im Verstärker bestimmte Spannungsabfälle vorliegen. Üblicherweise wird der Übersteuerungsbereich bereits etwa 1 V vor dem Wert der Betriebsspannung erreicht. Jedoch hängt dieser Wert erheblich von der verwendeten Schaltungstechnik ab.

Dass $I_+ = I_- = 0$ ist, bedeutet schlechthin, dass die Eingangsimpedanz der Schaltung unendlich groß ist; auch dies gilt nur theoretisch; üblich sind Werte im MΩ-Bereich und darüber; spezielle Schaltungen für Messgeräte erreichen durchaus 10 GΩ und mehr.

R_0 ist die Ausgangsimpedanz des Operationsverstärkers. In der Praxis ist sie natürlich nicht Null; vielmehr findet man typische Werte zwischen einigen zig und einigen hundert Ohm.

1.1.1.1 Der nicht invertierende Verstärker

Eine wichtige Grundschaltung des Operationsverstärkers ist die nichtinvertierende Verstärkerschaltung. Sie ist in Abbildung 1.2 gezeigt.

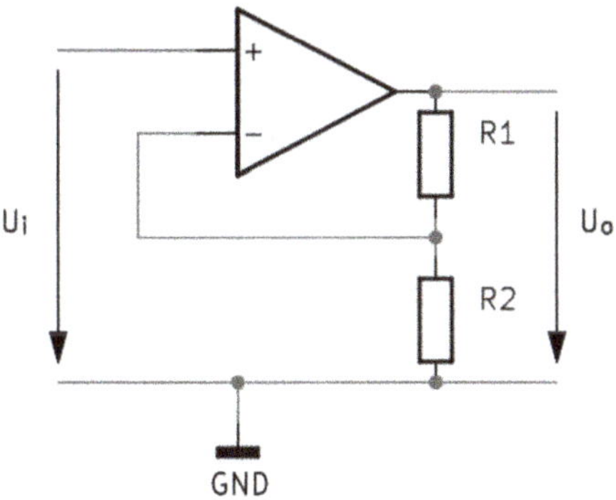

Abb. 1.2: Nichtinvertierender Operationsverstärker.

Die Verstärkung dieser Schaltung lässt sich aus Gleichung (1.1) leicht begreifen. Da die Spannungen an nicht invertierendem und invertierendem Eingang wegen der sehr großen Leerlaufverstärkung des Operationsverstärkers gleich sein müssen, liegt am nicht invertierenden die gleiche Spannung wie am invertierenden Eingang, nämlich die Eingangsspannung U_i. Da aber die Spannung am invertierenden Eingang die durch den Spannungsteiler R_1/R_2 heruntergeteilte Ausgangsspannung U_0 ist und für $R_1 = 0$ die Ausgangsspannung U_0 am invertierenden Eingang liegt, muss gelten:

$$U_o = U_i \cdot \left(1 + \frac{R_1}{R_2}\right) \tag{1.2}$$

Es ergibt sich also bei voller Gegenkopplung ($R_1 = 0$ oder $R_2 = \infty$) die Verstärkung1. Die Schaltung hat aber mit der Verstärkung 1 ihre Daseinsberechtigung, da sie als Impedanzwandler wirkt. Aufgrund der charakteristischen Eigenschaft, dass im Eingangspfad des Operationsverstärkers kein (oder in der Praxis nur ein sehr kleiner) Strom fließt, ergibt sich eine unendlich große (oder doch sehr hohe) Eingangsimpedanz. Dementsprechend heißt die Schaltung mit $A = 1$ auch Spannungsfolger aus der Transistorschaltungstechnik.

Bei der Interpretation der Gleichung (1.2) muss man ferner beachten, dass für R_1 und R_2 nicht nur Ohm'sche Widerstände eingesetzt werden können, sondern auch komplexe Widerstände, also ganz allgemein irgendwelche Impedanzen. So ergeben sich beispielsweise Hoch- und Tiefpässe, wenn für R_1 beziehungsweise R_2 Kondensatoren oder Induktivitäten eingesetzt werden (R_1 als Kondensator und R_2 als Ohm'scher Widerstand ergibt z. B. einen Tiefpass). Es kommen durchaus auch komplexe Netzwerke anstelle der einfachen Widerstände in Frage.

Der Term

$$\left(1 + \frac{R_1}{R_2}\right)$$

beschreibt die Verstärkung der Schaltung.

1.1.1.2 Der invertierende Verstärker

Abbildung 1.3 zeigt eine andere Grundschaltung des Operationsverstärkers: den invertierenden Verstärker.

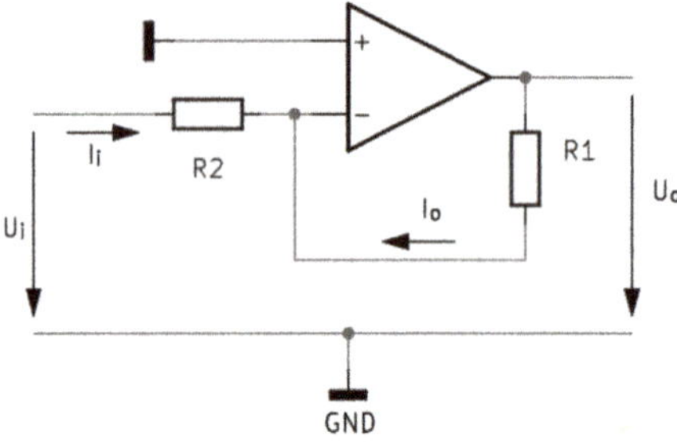

Abb. 1.3: Invertierender Operationsverstärker.

Bei dieser Schaltung wird das Signal nicht am nichtinvertierenden Eingang eingekoppelt, sondern am invertierenden Eingang. Entsprechend ergibt sich eine Vorzeichenumkehr zwischen Eingangs- und Ausgangssignal. Auch hier ist die Beziehung zwischen

Eingangssignal und Ausgangssignal leicht zu verstehen. Zunächst werden die Forderungen benutzt, dass die Spannungsdifferenz zwischen invertierendem und nicht invertierendem Eingang Null sein soll und dass kein Strom in den Operationsverstärker hineinfließen soll. Dann muss gelten:

$$I_i = \frac{U_i}{R_2}$$

und

$$I_o = \frac{U_o}{R_1}$$

Ferner muss deshalb gelten:

$$I_i = -I_o$$

Hieraus folgt sofort:

$$U_o = -\frac{R_1}{R_2} \cdot U_i \tag{1.3}$$

Das Minuszeichen berücksichtigt die Vorzeichenumkehr. Die Formel zeigt, dass man mit dieser Schaltungen auch Verstärkungen kleiner als 1, also Abschwächungen erzielen kann.

1.1.2 Messgeräteschaltungen

1.1.2.1 Voltmeterschaltungen

Als Voltmeterschaltungen dienen im Allgemeinen Schaltungen nach Abbildung 1.2 (nichtinvertierende Schaltungen). Diese Schaltung wird wegen ihrer hohen Eingangsimpedanz und wegen der hohen erzielbaren Verstärkungen zur Messung kleiner Messsignale eingesetzt. Die Widerstände R_1 und R_2 sind dabei ohmsche Widerstände (evtl. zur Begrenzung der Bandbreite kleine Kondensatoren parallel zu R_1). Bei Nanovoltverstärkern findet man in der Messtechnik die höchste verwendete Verstärkung (Gleichspannungsverstärkung); sie liegt typisch bei einem Wert von 1000. Größere Verstärkungen lassen sich aus schaltungstechnischen Gründen in einem Operationsverstärker nicht sinnfällig realisieren (Stabilität, Rauschen usw.).

1.1.2.2 Shunt-Amperemeter

Bei Shunt-Amperemetern wird der in einem Stromkreis fließende Strom als Spannungsabfall über einem Widerstand, dem sogenannten Shunt R_s, gemessen. Eine solche Schaltung zeigt Abbildung 1.4.

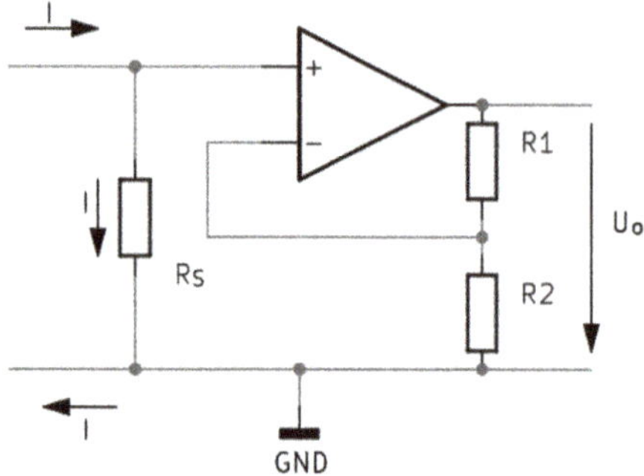

Abb. 1.4: Prinzipschaltung des Shunt-Amperemeters.

Der in einem Stromkreis zu messende Strom I fließt dabei über den Shuntwiderstand R_s und verursacht dort einen Spannungsabfall gemäß dem Ohm'schen Gesetz:

$$U_i = I \cdot R_s$$

Die Spannung U_i wird dann nach Gleichung (1.2) verstärkt. Dadurch ergibt sich folgende Abhängigkeit zwischen dem zu messenden Strom I und der Ausgangsspannung U_0 der Schaltung:

$$U_o = I \cdot R_s \cdot \left(1 + \frac{R_1}{R_2}\right) \tag{1.4}$$

Dabei wird das Vorzeichen des Stromflusses im Ergebnis wiedergegeben.

Die Dimensionierung von R_s ist kritisch. Einerseits möchte man R_s möglichst groß bemessen, da dann auch die Spannungsabfälle groß sind und man kleine Ströme ohne allzu große Verstärkungen am Operationsverstärker messen kann. Andererseits wird durch einen großen Spannungsabfall an R_s auch der Messkreis stark beeinflusst, was insbesondere bei der Messung von Strömen in Kreisen mit kleiner Versorgungsspannung eine Rolle spielt. Ferner lassen sich kleinere Widerstände besser mit großer Genauigkeit und Stabilität herstellen. Deshalb werden in der Regel eher kleinere Widerstände eingesetzt, je nach der zu messenden Stromstärke zwischen etlichen hundert Milliohm und einigen hundert Ohm. Eine ausführlichere Betrachtung hierzu findet sich in Kapitel 1.3 – *Digitalmultimeter*, Abschnitt – *Strommessung*.

1.1.2.3 Feedback-Amperemeter

Auch bei dieser Schaltung (Abbildung 1.5) wird davon Gebrauch gemacht, dass kein Strom in den Operationsverstärker hineinfließt. Also muss der Eingangsstrom I über R_s fließen.

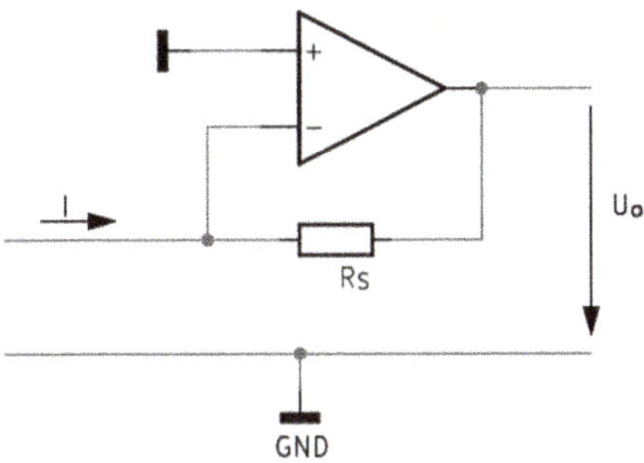

Abb. 1.5: Prinzip des Feedback-Amperemeters.

Da am invertierenden Eingang des Operationsverstärkers die Spannung 0 V anliegt (wie am nicht invertierenden Eingang), muss der Strom I über R_S den Spannungsabfall U_0 bewirken.

Dann gilt:

$$U_0 = -I \cdot R_S \tag{1.5}$$

Der Vorteil dieser Schaltung liegt in dem geringen Spannungsabfall (nur die Differenzspannung zwischen invertierendem und nicht invertierendem Eingang) und in ihrer schnellen Reaktionszeit besonders bei kleinen Strömen, da die in der Schaltung verborgenen Kapazitäten klein sind.

R_S bestimmt die Empfindlichkeit der Schaltung. Nach Gleichung (1.5) können mit größer werdendem R_S kleinere Ströme gemessen werden. Dabei gibt es für diesen Widerstand Obergrenzen (Stabilität des Widerstandes). Will man noch kleinere Ströme messen, so greift man zu dem in Abbildung 1.6 gezeigten Trick.

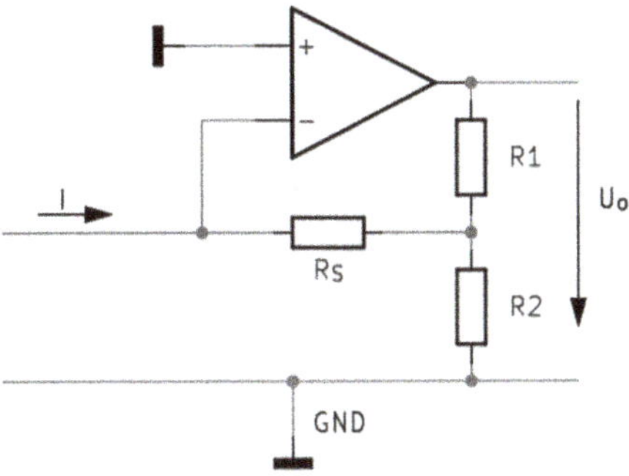

Abb. 1.6: Feedback-Amperemeter für kleine Ströme.

Hierbei wird das Prinzip der Verstärkungseinstellung des nicht invertierenden Verstärkers (Gleichung (1.2)) genutzt. Entsprechend ergibt sich für den Zusammenhang zwischen Ausgangsspannung und Messstrom:

$$U_o = -I \cdot R_s \cdot \left(1 + \frac{R_1}{R_2}\right) \tag{1.6}$$

1.1.2.4 Shunt-Coulombmeter

Coulombmeter dienen zum Messen von Ladungen. Shunt-Coulombmeter arbeiten mit Shunt-Kondensatoren. Abbildung 1.7 zeigt eine solche Schaltung. Dabei soll die auf dem Kondensator C_m befindliche Ladung gemessen werden.

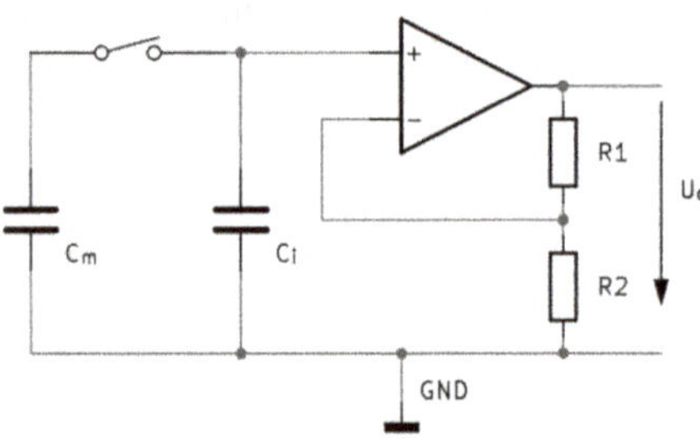

Abb. 1.7: Shunt-Coulombmeter.

Beim Schließen des Schalters wird Ladung auf den Kondensator C_i übertragen.

Sind Q_m und U_m Ladung und Spannung an C_m und analog Q_i und U_i Ladung und Spannung an C_i, so muss gelten:

$$U_m = U_i$$

Mit der Kondensatorgleichung

$$U = \frac{Q}{C}$$

ergibt sich

$$\frac{Q_m}{C_m} = \frac{Q_i}{C_i}$$

oder

$$\frac{Q_m}{Q_i} = \frac{C_m}{C_i}$$

Dies bedeutet, dass dieses Messverfahren nur dann brauchbare Ergebnisse liefert, wenn C_i sehr groß gegen C_m ist. Ist beispielsweise $C_i = 100 \cdot C_m$, so wird 99 % der Ladung von C_m auf C_i übertragen; der hierdurch entstehende Messfehler beträgt also 1 %.

Die Gesamtladung Q ist

$$Q = Q_m + Q_i = C_m U_m + C_i Q_i$$

Wegen

$$U_m = U_i$$

und

$$Q \approx Q_i, \quad C \approx C_i$$

ergibt sich mit Gleichung (1.2) für die Ausgangsspannung des Shunt-Coulombmeters:

$$U_o \approx \frac{Q_M}{C_i} \cdot \left(1 + \frac{R_1}{R_2}\right) \tag{1.7}$$

Q_m ist dabei die Ladung von C_i nach dem Schließen des Schalters. Es ist klar, dass vor jedem Messvorgang der Kondensator C_i entladen werden muss.

Wegen der verschiedenen Näherungen, die Voraussetzung für die Interpretation des Messergebnisses sind, verwendet man häufig die Schaltung des Feedback-Coulombmeters.

1.1.2.5 Feedback-Coulombmeter

Bei dieser Schaltung wird wieder genutzt, dass die Spannungen an invertierendem und nicht invertierendem Eingang (ungefähr) gleich sein müssen. Also wird auch hier die Ladung des Kondensators C_m auf C_i übertragen. Im Unterschied zu der Schaltung aus Abbildung 1.7 erfolgt die Ladung von C_i jedoch über den Operationsverstärker. Damit erscheint am Eingang der Schaltung ein Wert für C_i, der um die Leerlaufverstärkung des Operationsverstärkers vergrößert ist. Da die Leerlaufverstärkung sehr groß ist, werden die Näherungen aus der Rechnung für das Shunt-Coulombmeter sehr viel besser erfüllt; Genauigkeiten, die um 3 Zehnerpotenzen besser sind als die oben erwähnten Werte, sind durchaus möglich.

Abbildung 1.8 zeigt das Schaltungsprinzip des Feedback-Coulombmeters.

Bei dieser Schaltung ergibt sich für die Ausgangsspannung:

$$U_o = \frac{Q_m}{A \cdot C_i} \tag{1.8}$$

A ist dabei die Leerlaufverstärkung des Operationsverstärkers.

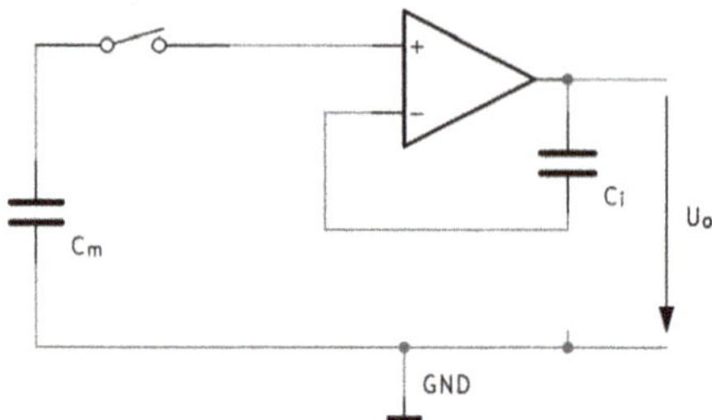

Abb. 1.8: Feedback-Coulombmeter.

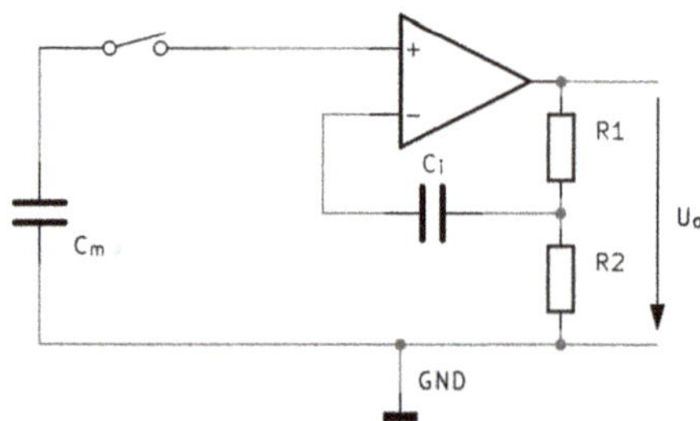

Abb. 1.9: Verbessertes Feedback-Coulombmeter.

Um die Schaltung gegen Schwankungen der Leerlaufverstärkung zu stabilisieren, verwendet man gerne die gegengekoppelte Schaltung aus Abbildung 1.9.

Zusammen mit Gleichung (1.2) ergibt sich für die Ausgangsspannung dieser Schaltung:

$$U_o = \frac{Q_m}{C_i \cdot (1 + \frac{R_1}{R_2})} \tag{1.9}$$

1.1.2.6 Ohmmeter

Widerstände lassen sich leicht als Spannungsmessung ausführen, wenn man den Prüfling an eine Konstantstromquelle anschließt und dann den Spannungsabfall misst. Der Widerstandswert ergibt sich dann aus dem Ohm'schen Gesetz.

Eine Alternative zu diesem Verfahren zeigt Abbildung 1.10; es stellt ein Schaltungsprinzip dar, wie es häufig in Elektrometern zur Widerstandsmessung genutzt wird.

Hierbei wird eine leichter zu realisierende Konstantspannungsquelle U_s genutzt. Da kein (oder nur ein sehr kleiner) Strom in den Operationsverstärker hineinfließt, fließt durch den Prüfling R_x der Strom

$$I = \frac{U_s}{R_s}$$

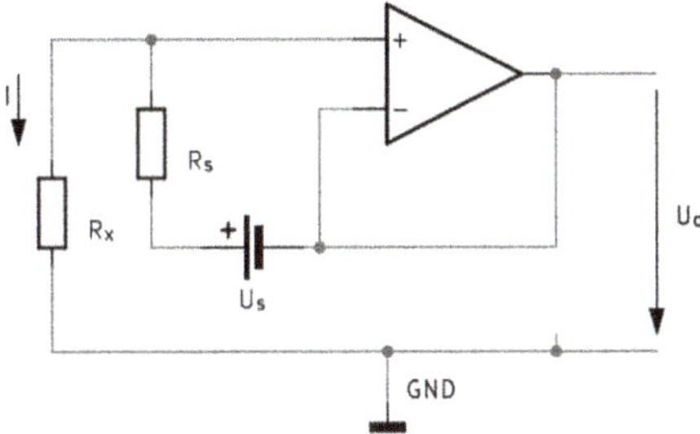

Abb. 1.10: Elektrometerschaltung zur Widerstandsmessung.

Da der Operationsverstärker als Spannungsfolger geschaltet ist, ergibt sich als Ausgangsspannung die Spannung am nicht invertierenden Eingang nach dem Ohm'schen Gesetz:

$$U_o = I \cdot R_X = \frac{U_s}{R_s} \cdot R_X \tag{1.10}$$

Parallel zu R_X erscheint die Eingangskapazität der Schaltung. Beim Messen sehr großer Widerstände ($R_X > 10^{10}\ \Omega$) muss deshalb der Einfluss der Eingangskapazität durch geschicktes Guarding (siehe Kapitel 2.7 *Abschirmung – COM, Guard, Screen und Earth*) verringert werden.

Um die Empfindlichkeit des Messgerätes dem Widerstand des Prüflings R_X anzupassen, kann im Allgemeinen der Messstrom I in dekadischen Schritten gewählt werden.

1.2 Kenngrößen von Digitalmessgeräten

Digitalmessgeräte (DMG) wandeln Analogsignale in digitale Informationen um, sodass das Messergebnis als Zahl mit einer bestimmten Anzahl von Stellen angezeigt werden kann. Dies erscheint aus Gründen der Ablesbarkeit unmittelbar sinnvoll, denn die Ablesung 5.0452 V auf einem Analogmessgerät mit Zeiger ist kaum denkbar. Die einzelnen Ziffern werden Digits genannt, die erste Ziffer „most significant" (höchstwertig), die letzte Ziffer „least significant" (niederwertigst). Neben der Ablesbarkeit bietet die digitale Darstellung den Vorteil, dass sie über digitale Übertragungswege, sogenannte Interfaces, zu einem Rechner übertragen werden können; sie stehen dann dort direkt zur Auswertung zur Verfügung, ohne dass sie zunächst noch eingetippt werden müssen.

Typische Kenngrößen von DMG sind:

- Auflösung (Resolution)
- Empfindlichkeit (Sensitivity)
- Genauigkeit (Accuracy)

Diese Begriffe setzen sich mit den im Messgerät entstehenden Messfehlern auseinander. In der Elektronik entstehen Rauschen und Driften, die zu Messfehlern führen. Gründe hierfür sind das Rauschen von elektronischen Bauteilen und Schaltungen in den

Messverstärkern und Änderungen von deren Verstärkung, die durch die Temperaturabhängigkeit und durch Alterungsprozesse der Bauteile verursacht werden. Demzufolge sind auch die folgenden Größen für DMG von Bedeutung:
- Temperaturdrift
- Alterung

Eine weitere wichtige Kenngröße ist die
- Störfestigkeit

Die Störfestigkeit beschreibt die Empfindlichkeit des Messgerätes gegenüber elektrischen Störungen, die über die Messleitungen in die Messgeräte eingekoppelt werden, und die mit mehr oder weniger gutem Erfolg von der Elektronik des DMG vom Messsignal getrennt werden.

Letztendlich beschreiben verschiedene
- Systemzeiten

die Geschwindigkeit, mit der neue Messwerte erfasst und verarbeitet werden können.

Wenn im Folgenden spezielle Betrachtungen von Spannungsmessungen durchgeführt werden, so gelten diese sinngemäß auch für die anderen Funktionen von Digitalmessgeräten.

1.2.1 Auflösung

Die Auflösung ist definiert als die kleinste noch detektierbare Messwertänderung im Bezug auf Vollaussteuerung (full scale). Hat ein Messgerät beispielsweise eine Maximalanzeige von 1999, so ist die kleinste noch eben sichtbare Messwertänderung ±1 des letzten Digits (das niederwertigste) und damit 1/1999; das entspricht 0.05 %.

Wegen der kleinen Prozentwerte verwendet man gerne ppm zur Darstellung. 1 ppm (part per million) entspricht dabei dem Faktor 10^{-6} (wie 1 % dem Faktor 10^{-2} entspricht). Tabelle 1.1 zeigt einen Überblick über die verschiedenen gebräuchlichen DMG und die zugehörigen Auflösungen. Sie zeigt damit die prinzipiell mögliche Auflösung; dies ist nicht die Messgenauigkeit sondern lediglich die Wertigkeit des letzten Digits bezogen auf den full-scale Wert (Vollaussteuerung) des jeweiligen Messbereiches. Der Wert sagt außer der Stellenzahl wenig über die Genauigkeit von Messungen aus.

1.2.2 Empfindlichkeit

Auch die Empfindlichkeit behandelt die kleinste noch detektierbare Messwertänderung, jedoch nicht im Bezug auf Vollaussteuerung, sondern absolut. Sie bezieht sich immer auf den kleinsten Messbereich.

Tab. 1.1: Kenndaten gebräuchlicher DMG.

Stellenzahl	Maximale Anzeige	Auflösung	Kleinster Messbereich	Empfindlichkeit
3½	1999	500 ppm	199.9 mV	100 µV
3¾	3250	310 ppm	325.0 mV	100 µV
	3999	250 ppm	399.9 mV	100 µV
4½	12999	77 ppm	129.99 mV	10 µV
	19999	50 ppm	199.99 mV	10 µV
	20500	49 ppm	205.00 mV	10 µV
4¾	32500	31 ppm	325.00 mV	10 µV
5½	129999	7.7 ppm	129.999 mV	1 µV
	199999	5.0 ppm	199,999 mV	1 µV
	205000	4.9 ppm	205.000 mV	1 µV
5¾	325000	3.1 ppm	325.000 mV	1 µV
6½	1299999	0.77 ppm	129.9999 mV	100 nV
	1999999	0.50 ppm	199.9999 mV	100 nV
	2050000	0.49 ppm	205.0000 mV	100 nV
6¾	3250000	0.31 ppm	325.0000 mV	100 nV
7½	19999999	0.050 ppm	199.99999 mV	10 nV
	20500000	0.049 ppm	205.00000 mV	10 nV
7¾	32500000	0.031 ppm	325.00000 mV	10 nV

Ist beispielsweise der kleinste Messbereich eines 6½-stelligen Digitalvoltmeters 200 mV, so ist die Empfindlichkeit 0.5 ppm von 200 mV, also 100 nV.

Die Empfindlichkeit repräsentiert die Rauscheigenschaften der gesamten Elektronik des Messgerätes; sie setzt den kleinsten unterscheidbaren Messwertänderungen die Grenze der Empfindlichkeit. Tabelle 1.1 zeigt die Empfindlichkeit üblicher Digitalvoltmeter bei einem niedrigsten Messbereich von 200 mV.

1.2.3 Genauigkeit

Die Genauigkeit, auch Grundgenauigkeit genannt, ist die Angabe, mit deren Hilfe man endlich ausrechnen kann, wie genau die Messung nun wirklich ist, die man gerade gemacht hat. Sie wird angegeben in Prozent vom Messwert zuzüglich gerätebedingter counts (±%reading + counts). Ein count ist eine Veränderung des letzten Digits um 1. Die Genauigkeit von DMG ist messbereichsabhängig und funktionsabhängig (Spannungs-, Strom- oder Widerstandsmessung).

Für ein einfaches 4½-Digit-DMG ist beispielsweise im Datenblatt für Spannungsmessungen im 2 V-Bereich eine Genauigkeit von 0.03 % + 2 counts angegeben. Wird in diesem Bereich eine Spannung von 0.5 V gemessen, so ist die Genauigkeit Δ der Messung:

$$\Delta = 0.5\,\mathrm{V} \cdot 0.03 \cdot 10^{-2} + 2 \cdot 100\,\mu\mathrm{V} = 350\,\mu\mathrm{V}$$

Der Term $2 \cdot 100\,\mu V$ rührt daher, dass im 2 V-Bereich die Wertigkeit des letzten Digits 100 µV beträgt; das ist die Auflösung des DMG; man kann sie, bezogen auf den jeweiligen Messbereich, dem Datenblatt oder aber der Tabelle 1.1 entnehmen. In obigem Beispiel kann also der wahre Wert der gemessenen Spannung bei einer Anzeige von 0.5000 V zwischen 0.49965 V und 0.50035 V liegen. Dies berücksichtigt natürlich nur geräteinterne Fehler und nicht Fehler, die zum Beispiel durch ungünstige Wahl oder Verlegung von Messleitungen hervorgerufen werden. Berechnet man die Messunsicherheit δ dieser Messung bezogen auf die Messgröße, so ergibt sich:

$$\delta = \frac{100 \cdot 350 \cdot 10^{-6}}{0.5}\,\% = 0.07\,\% = 700\,\text{ppm}$$

Misst man im gleichen Bereich eine Spannung von 2 V, so erhält man für diese Messung eine Genauigkeit von

$$\Delta = 2\,\text{V} \cdot 0.03 \cdot 10^{-2} + 2 \cdot 100\,\mu\text{V} = 800\,\mu\text{V}$$

Der wahre Wert der gemessenen Spannung liegt also zwischen 1.9992 V und 2.0008 V. Dies entspricht einer Messunsicherheit δ von

$$\delta = \frac{100 \cdot 800 \cdot 10^{-6}}{2}\,\% = 0,04\,\% = 400\,\text{ppm}$$

Das oben gezeigte Beispiel zeigt eine altbekannte Regel der Messtechnik:

– Messe niemals im unteren Drittel der Anzeige eines Messgerätes!

Freilich stammt dieser Spruch aus der Zeit der „Dampfmultimeter“ mit Zeiger und einer großen Vielzahl von Buchsen und Skalen. Die Autorin besaß einmal ein solches Gerät mit nicht weniger als 16 Buchsen und 8 verschiedenen Skalen! Nichtsdestoweniger gilt die obige Aussage auch für moderne Messgeräte. Abbildung 1.11 zeigt eine Übersicht über die Genauigkeit von Messungen mit einem 4½-Digit-DMG bezogen auf die Messspannung. Dabei wurde eine typische Genauigkeit von 500 ppm + 1 count angesetzt.

Man erkennt, dass die Genauigkeit der Messung beim Durchwandern des Messbereiches durch die Eingangsspannung etwa um einen Faktor 3 fällt; eine brauchbare Messung ergibt sich für eine Messspannung ab etwa 30 % des Messbereiches. Hier ist die Genauigkeit immerhin schon 117 ppm schlechter als der Endwert für Vollaussteuerung (550 ppm). Dies bedeutet, dass man beispielsweise im 20 V-Bereich dieses Messgerätes keine Spannungen kleiner als 6 V messen sollte. Dies ist jedoch leichter gesagt als getan, wenn der nächst kleinere verfügbare Messbereich 2 V ist. Man erkennt, dass man in der Gegend des Bereichswechsels nach unten mit einer Genauigkeit von nur 1000 ppm leben muss, obwohl das Messinstrument in mehr als der Hälfte eines jeden Messbereiches eine Genauigkeit besser als 600 ppm hat, also eigentlich fast doppelt so genau arbeitet.

Dies ist ein Manko vieler moderner DMG. Bei diesen Geräten sind die Messbereiche dekadisch eingeteilt, d. h. beispielsweise 2 V–20 V–200 V. Man hat hier den alten

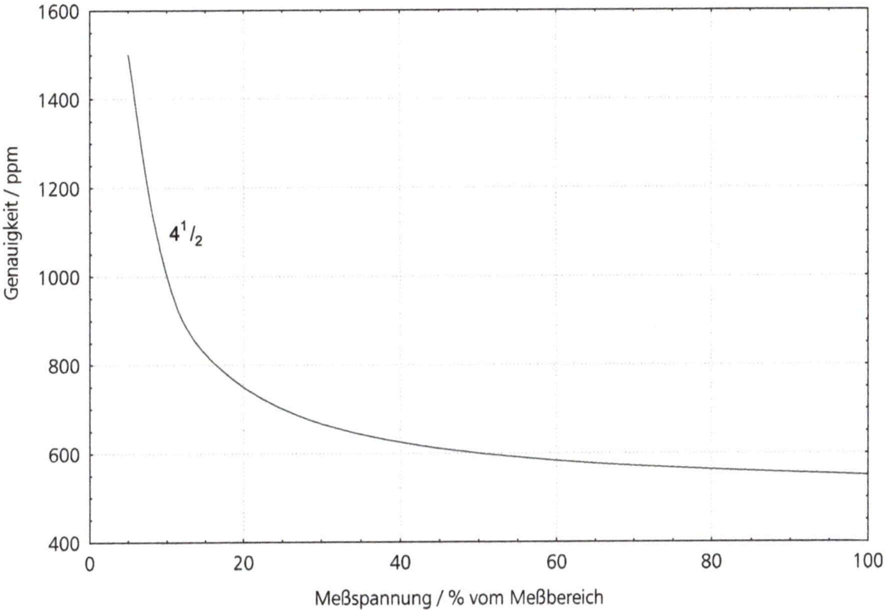

Abb. 1.11: Genauigkeit eines 4½-Digit-DMG.

Grundsatz der Messbereichseinteilung, wie man sie beispielsweise von Oszilloskopen her kennt, verlassen. Bei diesen Geräten arbeitet die Messbereichseinteilung nach der 1–2–5-Einteilung; es müsste also die Messbereiche 1 V–2 V–5 V–10 V–20 V–50 V usw. geben. Die Einteilung ist so gewählt, dass der nächst niedrigere Messbereich immer ungefähr die Hälfte des vorangehenden Messbereiches abdeckt. Damit könnte bei DMG fast die doppelte Genauigkeit erreicht werden als bei der üblichen dekadischen Messbereichseinteilung. Darauf verzichtet man aus Kostengründen, denn bei den alten Oszilloskopen erfolgte die Messbereichseinteilung durch Drehschalter mit Spannungsteilern, die relativ preiswert zu realisieren sind, während bei DMG die Messbereichseinteilung elektronisch erfolgt (durch programmierbare Verstärker), was ein erheblich größerer Aufwand ist. Deshalb verzichtet man auf die Verdreifachung der Messbereichsanzahl, wie sie bei der 1 – 2 – 5-Einteilung gegenüber der dekadischen Einteilung vonnöten wäre. Die elektronische Messbereichswahl ist aber immer dann gefragt, wo die Messgeräte ferngesteuert arbeiten sollen oder wo eine automatische Bereichswahl vorgesehen ist, in der modernen Messtechnik also eigentlich immer.

Abbildung 1.12 zeigt analog zu Abbildung 1.11 einen Überblick über die Genauigkeit von Messungen mit 5½–7½–stelligen DMG. Dabei wurde eine Messung im 2 V-Bereich angenommen und die Werte aus Tabelle 1.2 zugrunde gelegt:

Tab. 1.2: Randwerte der Genauigkeit für Abbildung 1.12.

Stellenzahl	Genauigkeit ppm v. Messwert	Genauigkeit counts	Genauigkeit ppm v. Bereich
5 1/2	50	2	
6 1/2	15	–	5
7 1/2	5	–	3

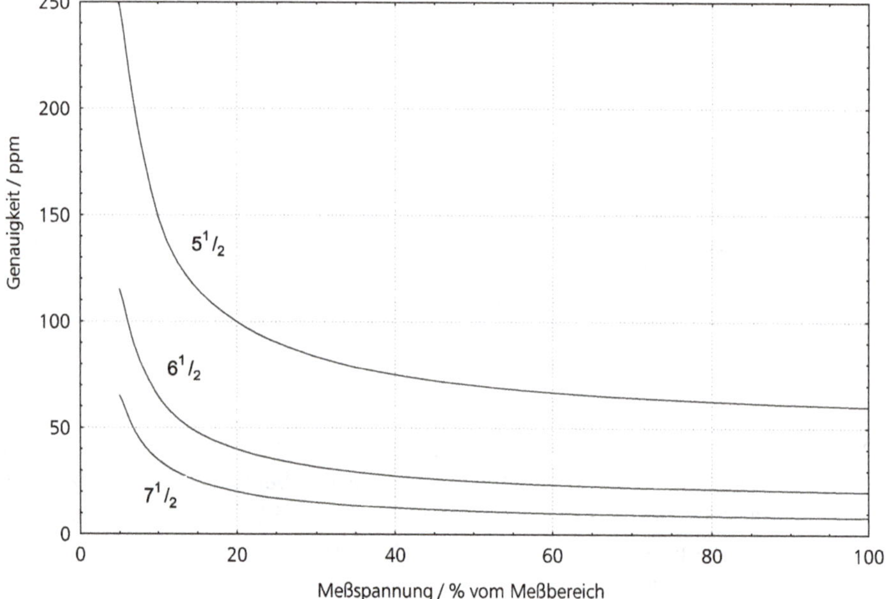

Abb. 1.12: Genauigkeit von Messungen mit 5 1/2–7 1/2-stelligen DMG.

1.2.4 Temperaturdrift

Aufgrund der Änderungen der Eigenschaften elektronischer Bauteile in Abhängigkeit von der Temperatur ändern sich auch die Eigenschaften der elektronischen Schaltungen von DMG bei Temperaturänderungen. Deshalb wird zur Genauigkeit immer der Temperaturbereich angegeben, für den die Genauigkeitsangabe gültig ist. Übliche Werte sind Werte zwischen 23 °C ± 1 °C und 23 °C ± 5 °C. Bei einer Temperaturbereichsangabe von z. B. 23 °C ± 2 °C gilt die angegebene Genauigkeit also zwischen 21 °C und 25 °C.

Natürlich wirken sich auch Temperaturänderungen aus, die im Gerät selbst erzeugt werden. Die größten Änderungen dieser Art treten unmittelbar nach dem Einschalten des Messgerätes auf, da sich hier die gesamte Elektronik wegen der entstehenden Verlustleistungen erst einmal aufheizen muss, bis sich die erzeugte Wärme im thermischen Gleichgewicht mit der durch das Gehäuse an die Umgebung abgegebene Wärme befindet. Dies dauert üblicherweise 1 bis 2 Stunden; die zugehörige Angabe findet sich im Datenblatt unter Warm Up oder Aufwärmzeit.

Aus der Erzeugung von Verlustleistungen im Gerät folgt ferner sofort, dass die Temperatur innerhalb des Gerätegehäuses immer höher ist als die der Umgebung. Deshalb dürfen sie auch nicht in einem beliebigen Temperaturbereich benutzt werden. Moderne Geräte dürfen in einem Temperaturbereich von 0 °C bis 50 °C benutzt werden. Freilich gilt außerhalb des oben beschrieben Temperaturbereiches eine reduzierte Genauigkeit. Sie wird angegeben wie eine Genauigkeit, also als

$$\pm(\%\text{vom Messwert} + \%\text{vom Bereich})/°\text{C}$$

oder

$$\pm(\%\text{vom Messwert} + \text{counts})/°\text{C}$$

Gelegentlich findet man auch die Angabe

$$x \cdot \text{angegebene Genauigkeit}/°\text{C}$$

Ein typisches hochauflösendes DMG hat beispielsweise folgende Daten:

Grundgenauigkeit: 15 ppm vom Messwert + 6 ppm vom Bereich in einem Temperaturbereich von 23 °C ± 1 °C

Temperaturdrift: 0.006 % vom Messwert + 0.005 % vom Bereich

Misst man mit diesem Gerät eine Gleichspannung von 1 V im 2 V-Bereich, so gilt Abbildung 1.13 für die Gesamtgenauigkeit der Messung. Die Abbildung zeigt den Verlauf der Temperaturabhängigkeit der Genauigkeit eines typischen 5½-Digit DMG.

Man erkennt, dass innerhalb der Spezifikationsgrenzen der Temperaturfehler durch elektronische Ausgleichsmechanismen konstant niedrig gehalten wird. Außerhalb der Spezifikationsgrenzen steigt der Fehler rasch an und überschreitet schon 1.7 °C außerhalb den zehnfachen Wert! Deshalb ist der angegebene Temperaturbereich unbedingt einzuhalten. Freilich ist nicht bei allen Messgeräten der Temperatureinfluss so gravierend; dies ist vornehmlich bei hochauflösenden Geräten der Fall. In neuerer Zeit ist auch eine Aufweitung der Spezifikationsgrenzen auf ±5 °C zu beobachten, die auf eine verbesserte elektronische Ausrüstung der DMG zurückzuführen ist.

Einige Beispiele sollen die Berechnung des Temperaturfehlers noch verdeutlichen. Dabei wird immer von einer Messspannung von 1 V und einem Messbereich von 2 V ausgegangen; das Ergebnis enthält Tabelle 1.3.

Die Tabelle ist eingeteilt in gerätespezifische Werte, die man aus dem Datenblatt entnehmen kann, und messwertbezogene Werte, die sich mit Hilfe der gerätespezifischen Werte unter Berücksichtigung von Messwert und Bereich ergeben. Die Spalte Gesamtgenauigkeit δ berücksichtigt dabei die Grundgenauigkeit Δ_G und die Temperaturabhängigkeit Δ_T.

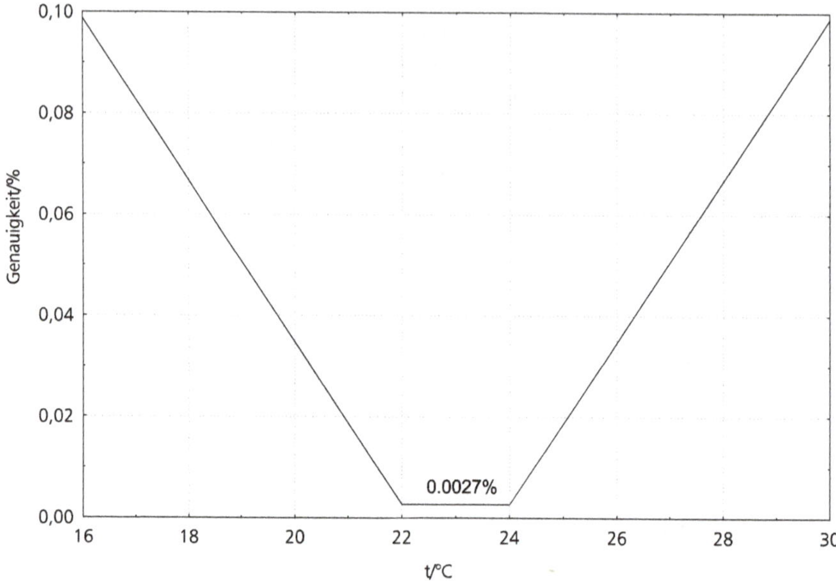

Abb. 1.13: Genauigkeit einer Messung in Abhängigkeit von der Temperatur.

Tab. 1.3: Temperaturabhängigkeit der Genauigkeit von DMG.

Fall	Gerätespezifische Werte		Messwertbezogene Werte		
	Δ_G	Bereich/°C	Δ_T 1/°C	δ_G	δ
1	0.005 % v. Messwert + 2 counts	22–24	0.1 angegebene Genauigkeit	52 %	0.0541 %
2	1 % v. Messwert + 0.1 % v. Bereich	23 ± 5	0.07 % v. Messwert + 0.02 % v. Bereich	1.2 %	2.08 %
3	15 ppm v. Messwert + 6 ppm v. Bereich	23 ± 1	0.006 % v. Messwert + 0.005 % v. Bereich	27 ppm	27 ppm

Um die angegebenen Werte besser nachvollziehen zu können, ist hier eine Rechnung angegeben (Messspannung 1 V, Messbereich 2 V). Die Gesamtgenauigkeit δ setzt sich dabei – wie schon erwähnt – zusammen aus den Beiträgen der Grundgenauigkeit Δ_G und der Temperaturdrift Δ_T.

Fall 1.

Grundgenauigkeit: 0.05 ‰ vom Messwert + 2 counts

Auflösung: 10 µV

d. h. 1 count = 10 µV (5½-Digit DMG)

$$\Delta_G = 0.005\,\% \cdot 1\,\text{V} + 2 \cdot 1\,\mu\text{V}$$

$$= 5 \cdot 10^{-4}\,\text{V} + 2 \cdot 10^{-5}\,\text{V}$$

$$= 52 \cdot 10^{-5}\,\text{V}$$

$$\delta_G = 0.052\,\%$$

Temperaturdrift: (0.1· angegebene Genauigkeit)/°C

$\Delta t = 27\,°C - 24\,°C = 3\,°C$

Damit ergibt sich für den Temperaturfehler:

$$\Delta_T = \left(0.0005\,\% \cdot 1\frac{V}{°C} + 2 \cdot 1\frac{\mu V}{°C}\right)$$

$$= \left(5 \cdot 10^{-6}\frac{V}{°C} + 2 \cdot 10^{-6}\frac{V}{°C}\right) \cdot 3\,°C$$

$$= 7 \cdot 10^{-6}\frac{V}{°C} \cdot 3\,°C$$

$$= 2.1 \cdot 10^{-5}\,V$$

Gesamtgenauigkeit: $\Delta = \Delta_G + \Delta_T$

$$= 52 \cdot 10^{-5}\,V + 2.1 \cdot 10^{-5}\,V$$

$$= 54.1 \cdot 10^{-5}\,V$$

$$\delta = 0.541\,‰$$

Fall 2.

Grundgenauigkeit: 1 % vom Messwert + 1 ‰ vom Bereich

$$\Delta_G = 1\,\% \cdot 1\,V + 0.1\,\% \cdot 2\,V$$

$$= 1 \cdot 10^{-2}\,V + 2 \cdot 10^{-3}\,V$$

$$= 12 \cdot 10^{-3}\,V$$

$$\delta_G = 1.2\,\%$$

Temperaturdrift: (0.7 ‰ vom Messwert + 0.2 ‰ vom Bereich)/°C

$\Delta t = 18\,°C - 10\,°C = 8\,°C$

Damit ergibt sich für den Temperaturfehler:

$$\Delta_T = \left(0.07\,\% \cdot 1\frac{V}{°C} + 0.02 \cdot 2\frac{V}{°C}\right) \cdot 8\,°C$$

$$= \left(7 \cdot 10^{-4}\frac{V}{°C} + 4 \cdot 10^{-4}\frac{V}{°C}\right) \cdot 8\,°C$$

$$= 11 \cdot 10^{-4}\frac{V}{°C} \cdot 8\,°C$$

$$= 8.8 \cdot 10^{-3}\,V$$

Gesamtgenauigkeit: $\Delta = \Delta_G + \Delta_T$

$$= 12 \cdot 10^{-3}\,V + 8.8 \cdot 10^{-3}\,V$$

$$= 20.8 \cdot 10^{-3}\,V$$

$$\delta = 2.08\,\%$$

Fall 3. Dieser Fall ist in Abbildung 1.13 grafisch dargestellt für Temperaturen zwischen 16 °C und 30 °C.

Grundgenauigkeit: 15 ppm vom Messwert + 6 ppm vom Bereich

$$\begin{aligned}\Delta_G &= 15\,\text{ppm} \cdot 1\,\text{V} + 6\,\text{ppm} \cdot 2\,\text{V} \\ &= 15 \cdot 10^{-6}\,\text{V} + 12 \cdot 10^{-6}\,\text{V} \\ &= 27 \cdot 10^{-6}\,\text{V} \\ &= 27\,\text{ppm}\end{aligned}$$

Temperaturdrift: (0.06 ‰ vom Messwert + 0.05 ‰ vom Bereich)/°C

$$\Delta t = 0\,°\text{C} \quad \text{(Verwendung innerhalb Spezifikationsgrenzen)}$$

$$\Delta_T = 0$$

Gesamtgenauigkeit: $\Delta = 27\,\text{ppm}$

1.2.5 Alterung

Aufgrund der oben schon erwähnten Alterung elektronischer Bauteile im Messgerät ändern sich die gemessenen Werte zeitabhängig. Dabei ist es nicht entscheidend, ob das Gerät während dieser Zeit benutzt wird oder ob es im Regal steht.

Diesen Effekt kann man ausbooten, indem man das Messgerät nachkalibrieren lässt. Dabei wird vom Hersteller oder von dessen Vertrieb in einem klimatisierten, elektrisch abgeschirmten (EMV) Messraum das Messgerät an sogenannten Eichstandards angeschlossen und die Anzeige auf den korrekten Wert abgeglichen. Dies kann man eventuell auch selbst tun; wenn man aber nicht sehr versiert ist in Messtechnik und nicht über eine Klimakammer und entsprechende Standardquellen verfügt, rate ich dringend davon ab!

Typische Angaben für die Genauigkeit erfolgen aus diesen Gründen für verschiedene Zeitintervalle nach der Kalibrierung. Es ist interessant zu bemerken, dass ein Gerät, das etwa ein Jahr beim Händler im Regal steht, eigentlich neu kalibriert werden muss, bevor es wieder seine volle Genauigkeit erreicht. Es ist jedoch fraglich, ob jeder Händler die Geräte vor der Auslieferung neu kalibriert.

Bei hochpräzisen Geräten erfolgen Genauigkeitsangaben für 24 Stunden (h), 90 Tage (d), 1 Jahr (a) und, 2 Jahre (nach der Kalibrierung). Ein typisches Beispiel liefert das in Tabelle 1.4 beschriebene Gerät (2 V-Bereich). Abbildung 1.14 verdeutlicht den zeitlichen Verfall der Genauigkeit. Dabei ist unmittelbar klar, dass sich die Spezifikation eines Gerätes nicht am 91. Tag von der 90-Tage-Spezifikation auf die 1-Jahres-Spezifikation ändert, genauso wie man nicht an seinem Geburtstag ein Jahr älter wird.

Tab. 1.4: Zeitlicher Verlauf der Genauigkeit von DMG.

Zeitraum	5 Min.	24 h	90d	1a	2a
Genauigkeit ppm vom Messwert + ppm vom Bereich	2 + 1.5	7 + 2	18 + 2	25 + 2	32 + 2
Gesamtgenauigkeit Messspannung 1 V, Messbereich 2 V	5	11	22	29	36

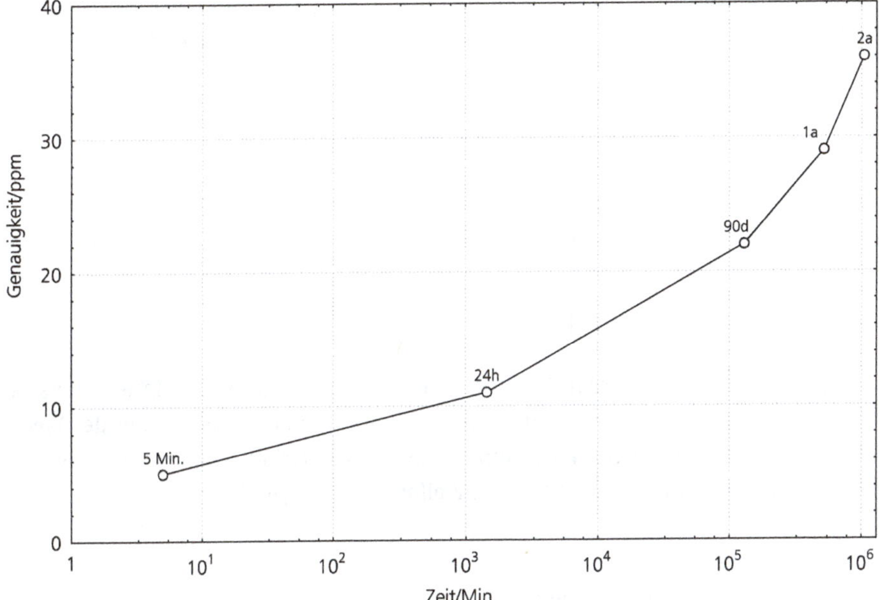

Abb. 1.14: Zeitlicher Verlauf der Genauigkeit von DMG.

1.2.6 Störfestigkeit

Misst man mit einem DMG eine Gleichspannung, die von störenden Wechselspannungsanteilen überlagert ist, so ergibt sich ein Messfehler. Solche Störspannungen können auf vielerlei Weise eingekoppelt werden; ausführliche Betrachtungen hierzu finden sich in Kapitel – *EMV und thermische Effekte*.

Wird beispielsweise bei einer 6½-stelligen Messung die Messspannung von 1 V durch eine Störspannung von nur 10 µV überlagert, so ist davon bereits das zweitletzte Digit der Messung betroffen (im Messbereich 1 V ist die Wertigkeit dieses Digits 10 µV).

Die Einkopplung von Störungen kann nun auf zweierlei Weise stattfinden. Zum einen kann die Einkopplung der Störung auf eine Eingangsleitung des Messgerätes erfolgen. Dies führt zu einer Überlagerung der Messgleichspannung mit einer Störwechselspannung; man spricht dann von einer Gegentakt- oder Normal-Mode-Störung. Andererseits kann die Einkopplung aber auch auf beide Eingangsleitungen des Messgerätes erfolgen. Dies führt durch Überlagerungsprozesse in der Eingangselektronik des Messverstärkers zu Fehlmessungen. In diesem Falle spricht man von Gleichtakt- oder Common-Mode-Störungen.

Bei Gegentaktstörungen werden die Auswirkungen reduziert durch die Integration der Messspannung. Digitalmessgeräte sind in der Regel integrierend aufgebaut, d. h. durch die Integration der Eingangsspannung fällt die Störung durch einen periodischen Wechselspannungsanteil heraus. Legt man am Eingang eine von einer Wechselspannung überlagerte Gleichspannung $U_=$ an, so lässt sich die Eingangsspannung U_{in} beschreiben durch:

$$U_{\text{in}} = U_= + U_0 \cdot \sin(2\pi f \cdot t + \varphi) \tag{1.11}$$

Integriert man über die Periodendauer T der Wechselspannung oder ein ganzzahliges Vielfaches hiervon, so fällt im Ergebnis der Wechselspannungsanteil heraus, da

$$\int U_0 \cdot \sin(2\pi f \cdot t + \varphi) dt = 0 \tag{1.12}$$

Dies ist unabhängig von der Phase φ und funktioniert so lange, wie die Integrationszeit des Messgerätes gleich oder ein ganzzahliges Vielfaches der Periodendauer der Wechselspannung ist, im Falle der Netzspannung also 20 ms. Deshalb ist die Integrationszeit der meisten Messgeräte ein ganzzahliges Vielfaches von 20 ms. Hat die Störung eine andere Frequenz, so kommt es zu mehr oder weniger gravierenden Effekten. Wie gut dies funktioniert, wird freilich auch durch die interne Elektronik des Messgerätes bestimmt; hinzu kommen noch eine Reihe von Filtertechniken, die die Auswirkungen der Störungen verringern. Angegeben wird üblicherweise das NMRR (Normal Mode Rejection Ratio) in dB. Es gibt an, wie gut Normal-Mode-Störungen von 50 Hz im Eingangskreis bei Gleichspannungsmessungen unterdrückt werden. Dabei gilt:

$$C_{\text{NMRR}}[\,\text{dB}] = 20 \cdot \log\left(\frac{U_{\text{Eink.}}}{U_{\text{Wirk}}}\right) \tag{1.13}$$

Dabei sind $C_{\text{NMRR}}[\,\text{dB}]$ das NMRR des Messgerätes in dB, $U_{\text{Eink.}}$ die eingekoppelte Störspannung und U_{Wirk} die im Messergebnis wirksame Störspannung, jeweils in V. Stellt man diese Formel nach U_{Wirk} um, so erhält man

$$U_{\text{Wirk}} = U_{\text{Eink.}} \cdot 10^{-C/20} \tag{1.14}$$

Wird also beispielsweise die in obigem Beispiel berechnete Störspannung von 10 µV auf den Eingang eines Messgerätes mit einem NMRR von 60 dB eingekoppelt, so wirkt sich diese aus wie eine Spannung von

$$U_{\text{Wirk}} = 10\,\mu\text{V} \cdot 10^{-60/20} = 10\,\text{nV}$$

Ein NMRR von 60 dB ist ein absolut üblicher Wert. Störungen mit der Frequenz der Netzversorgung (50 Hz) stellen den Löwenanteil der Einkopplungen. Gelegentlich werden neben dem 50 Hz-Wert für das NMRR aber auch Werte für andere Frequenzen angegeben, die es dem Anwender erlauben, eine Abschätzung der Auswirkungen anderer Störungen durchzuführen.

Gleichtaktstörungen (Common Mode) werden auf beide Adern der Messleitung gleichmäßig eingekoppelt. Der Eingang der Messgeräte sind als Differenzverstärker geschaltet. Dabei wird nur die Spannungsdifferenz zwischen den beiden Eingangsklemmen verstärkt; die Gleichtaktstörungen gehen also eigentlich nicht in das Messergebnis ein. Wie immer in der Elektronik hängt diese Tatsache jedoch von der Güte des Differenzverstärkers ab. Die Unterdrückung von Gleichtaktsignalen wird durch das sogenannte Common Mode Rejection Ratio (CMRR) angegeben. Bei 50 Hz liegen übliche Werte für das CMRR zwischen 80 dB und 120 dB. Für die Angabe des CMRR in dB gilt wie beim NMRR:

$$C_{\text{CMRR}}[\,\text{dB}] = 20 \cdot \log\left(\frac{U_{\text{Eink.}}}{U_{\text{Wirk}}}\right) \tag{1.15}$$

Dabei sind $C_{\text{CMRR}}[\,\text{dB}]$ das CMRR des Messgerätes in dB, $U_{\text{Eink.}}$ die eingekoppelte Störspannung und U_{Wirk} die im Messergebnis wirksame Störspannung, jeweils in V. Stellt man diese Formel nach U_{Wirk} um, so erhält man:

$$U_{\text{Wirk}} = U_{\text{Eink.}} \cdot 10^{-C/20} \tag{1.16}$$

Wird also beispielsweise durch ein magnetisches Feld eine sehr große Störspannung von 1 mV auf den Eingang eines Messgerätes mit einem CMRR von sehr guten 120 dB eingekoppelt, so wirkt sich diese aus wie eine Spannung von

$$U_{\text{Wirk}} = 1\,\text{mV} \cdot 10^{-120/20} = 1\,\text{nV}$$

Auch für das CMRR werden gelegentlich Werte für verschiedene Frequenzen angegeben. Im Unterschied zum NMRR findet man hier allerdings auch Angaben für das CMRR bei Gleichtaktstörungen durch Gleichspannung. Dies bedeutet, dass die beiden Eingangsbuchsen (High und Low) um den gleichen Spannungspegel gegenüber dem Bezugspotential (Masse) versetzt sind, denn auch dies kann selbstverständlich Fehlmessungen verursachen. Im Gegensatz zu NMRR-Werten gelten CMRR-Werte sowohl für Gleichspannungsmessungen als auch für Wechselspannungsmessungen. Angaben für NMRR und CMRR ohne Nennung der Frequenz beziehen sich immer auf 50 Hz und 60 Hz (europäischer und amerikanischer Markt). Da die beiden Frequenzen hinreichend dicht nebeneinander liegen, gelten die Angaben für beide Frequenzen.

1.2.7 Systemzeiten

Die Messfrequenz, etwas locker auch als Messgeschwindigkeit bezeichnet, beschreibt die Anzahl von Messungen, die pro Zeiteinheit gemacht werden. Die Angabe erfolgt meist in Messungen pro Sekunde (conversion rate in readings/second) Sie hängt ganz wesentlich von der Integrationszeit des Messgerätes ab; darüber hinaus gibt es auch andere Abhängigkeiten, beispielsweise von der Filterung der Messwerte (in Hardware durch Tiefpässe, aber auch in der Software durch Filteralgorithmen), die das Rauschen der Messwerte in Grenzen halten und auch für eine entsprechende Störfestigkeit sorgen. Die Messfrequenz wird daher gelegentlich, vornehmlich bei hochauflösenden Messinstrumenten, als Funktion der Auflösung angegeben.

Weit verbreitet für die Messfrequenz ist ein Wert von 3 Messungen pro Sekunde; aber es sind auch Geräte mit einer Messfrequenz von mehreren tausend Messungen pro Sekunde erhältlich. Letztere hohen Werte werden natürlich nicht bei Wechselspannungen erreicht, da es in der Regel erforderlich ist, die Messspannung über 10 Perioden oder mehr zu messen, um eine hinreichende Genauigkeit zu erreichen (bei Netzfrequenz also mehr als 200 ms). Solch hohe Datenraten können im Allgemeinen auch nicht mehr über den Busanschluss des Messgerätes an den Steuercomputer weitergegeben werden; das Gerät speichert die Messwerte in einem internen Speicher (Data Logger). Nach der Messung können sie dann in aller Ruhe abgerufen und weiterverarbeitet werden.

Tabelle 1.5 zeigt den Zusammenhang zwischen Messgeschwindigkeit, Auflösung geräteinternem Rauschen (im 10 V-Bereich) und der Störfestigkeit für ein schnelles, hochauflösendes DMG.

Tab. 1.5: Störfestigkeit eines schnellen, hochauflösenden DMG.

Messfrequenz	Auflösung	Rauschen	NMRR	CMRR
5/s	6½	2 μV_{rms}	60 dB	140 dB
50/s	6½	6 μV_{rms}	60 dB	140 dB
1000/s	5½	30 μV_{rms}	k. A.	80 dB
2000/s	4½	1 mV_{rms}	k. A.	80 dB

Andere Systemeigenschaften, die man im weitesten Sinne als „Systemgeschwindigkeiten“ (system speed) bezeichnen kann, beschreiben die Verarbeitungsgeschwindigkeit der Messwerte im Gerät. Man unterscheidet dabei die in Tabelle 1.6 beschriebenen Werte.

An den typischen Werten erkennt man, dass die Einstellzeit (settling time) eine längere Zeitspanne umfasst als die eigentliche Messfrequenz (conversion rate). Das liegt in Einschwingvorgängen innerhalb der Elektronik und innerhalb der Softwarefilteralgorithmen begründet und zeigt, dass man im Allgemeinen etwa 2 bis 3 Messungen benötigt, bis man eine stillstehende Anzeige erreicht.

Tab. 1.6: Störfestigkeit eines schnellen, hochauflösenden DMG.

Settling Time	Einstellzeit Zeit bis eine stillstehende Anzeige erreicht wird, oft funktionsabhängig
Range Change Time	Zeit, die erforderlich ist, um den Messbereich zu wechseln, gemessen von der Erteilung des Befehls (Tastendruck oder Rechnerkommando) bis zur fertigen Ausführung
Funktion Change Time	Zeit, die erforderlich ist, um die Funktion zu wechseln (etwa Widerstandsmessung zu Spannungsmessung), gemessen von der Erteilung des Befehls (Tastendruck oder Rechnerkommando) bis zur fertigen Ausführung
Autorange Time	Zeit, die für einen automatischen Messbereichswechsel erforderlich ist
ASCII Readings	Maximale Anzahl der über den Bus an einen Steuerrechner übertragenen Messwerte pro Sekunde

Die Settling Time ist bei automatisch arbeitenden Anlagen eine wichtige Zeitangabe, da ein Ablesen des Messwertes durch den Rechner vor Ablauf dieser Zeitspanne keinen Sinn ergibt, wenn sich vorher die Messgröße stark ändert oder die Funktion oder der Bereich des Messgerätes geändert wurden. Dies ist insbesondere gefährlich bei Messungen im Autorange-Modus, wo das Messgerät selbständig den Messbereich wechselt. Überdies muss man auch der Signalquelle oder dem Sensor häufig beim Bereichswechsel die Möglichkeit geben, wieder einen stabilen Zustand zu erreichen (man denke beispielsweise an die Selbsterwärmung von Widerständen bei Widerstandsmessung durch den Messstrom, der sich beim Bereichswechsel ändert). Deshalb gilt der Grundsatz:

– Bei automatisch arbeitenden Anlagen niemals im Autorange-Modus messen!

Die Überlegungen zur Einstellzeit sind darüber hinaus auch bei Systemen von Bedeutung, in denen mit einem einzigen DMG mehrere Messgrößen gemessen werden (siehe Kapitel – *Schaltmatrizen und Scanner*). Bei Handablesungen geschieht das Warten auf eine stillstehende Anzeige normalerweise ganz intuitiv. Leider verfügen Rechner nicht über die gesunde Intuition des erfahrenen Experimentators, sodass man entweder die settling time schlichtweg abwarten muss oder dass man entsprechende Algorithmen zur Plausibilitätsprüfung der Messwerte vorsehen muss.

Die für die ASCII-Readings angegebenen Zeiten sind häufig viel kleiner als die für eine Messung benötigte Zeit. Dies bedeutet, dass man beim schnellen Einlesen von Messwerten durch einen Steuerrechner viele gleiche Werte einliest, die auf einer einzigen Messung beruhen. Erst wenn das Messgerät eine neue Messung vollständig abgeschlossen hat, wird der über den Bus übertragene Wert aktualisiert. Solange kein neuer Messwert vorliegt, wird lustig immer wieder der alte Wert übertragen. In automatischen Messsystemen gilt also der Grundsatz:

– Zuerst eine Messung vom Steuerrechner aus veranlassen (triggern), dann die Einstellzeit abwarten und erst dann den Messwert einlesen!

Die oben erwähnte hohe Auslesegeschwindigkeit kann immer dann genutzt werden, wenn eine ganze Anzahl von Messungen gemacht wurden, die im DMG zwischengespeichert wurden und nun als Block in den Steuerrechner übertragen werden. Man nennt diesen Betriebsmodus Data Logger oder Block-Modus.

Tabelle 1.7 zeigt typische Systemzeiten eines schnellen 5½-Digit-DMG.

Tab. 1.7: Systemzeiten eines schnellen DMG.

Bezeichnung (englisch)	Bezeichnung (deutsch)	typ. Wert
Conversion Rate	Messfrequenz	200 ms
Settling Time	Einstellzeit	400 ms
Range Change Time	Bereichswechselzeit	20 ms
Function Change Time	Funktionswechselzeit	25 ms
Autorange Time	Zeit für die automatische Bereichswahl	30 ms
ASCII Readings	Auslesefrequenz	18 ms

1.3 Digitalmultimeter (DMM)

Digitalmultimeter sind digitale Messgeräte, die eine Vielzahl von elektrischen Größen in digitale Informationen umwandeln. Üblicherweise sind folgende Eingangsgrößen digitalisierbar:

- **Spannungen** (U)
  Gleichspannungen (DC, Direct Current)
  Wechselspannungen (AC, Alternating Current)
- **Ströme** (I)
  Gleichströme (DC)
  Wechselströme (AC)
- **Widerstände** (R)

Hinzu kommen noch in einigen Fällen noch andere Messgrößen wie z. B. Frequenzmessung, Kapazitäts- oder Induktivitätsmessung und sogar Temperaturmessung. Trotz der großen Funktionsvielfalt arbeiten alle Digitalmultimeter grundsätzlich nach folgendem Blockschaltbild (Abbildung 1.15).

Die Anschlüsse der Signalquelle werden auf die Eingangsklemmen High und Low aufgelegt. Eine Spannungsquelle, mit dem Pluspol auf High und dem Minuspol an Low angeschlossen, ergibt einen positiven Messwert; polt man die Quelle um, so ergibt sich ein negativer Messwert.

Je nach der Messgröße wird der Signalpfad

- AC-Verstärker und Präzisionsgleichrichter für Wechselspannungs- und Wechselstrommessungen
- DC-Verstärker für Gleichspannungs- und Gleichstrommessungen
- Widerstandskonverter für Widerstandsmessungen

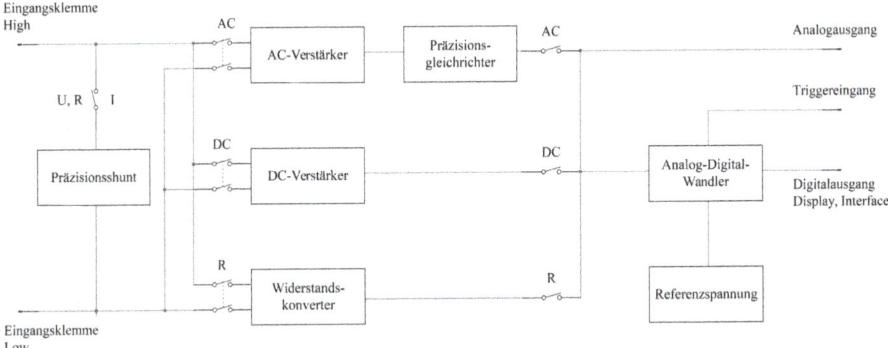

Abb. 1.15: Blockschaltbild eines Digitalmultimeters.

eingeschaltet. Hinzu kommt noch der Schalter für die Strommessung (*I*) im Falle der Strommessung; dabei wird nämlich der Spannungsabfall über einem Präzisions-Shuntwiderstand (Shunt-Amperemeter) gemessen. Im Falle von Spannungs- und Widerstandsmessungen ist dieser Schalter geöffnet. Abhängig vom gewählten Messbereich wird die Verstärkung dieser Signalwege so eingestellt, sodass sich Vollaussteuerung ergibt, wenn die Messgröße den größten im gewählten Messbereich darstellbaren Wert einnimmt.

Die Ausgänge von Präzisionsgleichrichter, DC-Verstärker und Widerstandskonverter führen ein Spannungssignal, das in der Amplitude normiert ist, d. h. die Vollaussteuerung eines jeden Messbereiches ergibt an dieser Stelle dieselbe Spannung. Dort befindet sich auch der Anschluss für einen eventuell vorhandenen Analogausgang (selbstverständlich über Trennverstärker entkoppelt, sodass durch die Beschaltung des Analogausgangs keine Rückwirkungen auf den angezeigten Messwert auftreten).

An dieser Stelle ist auch der Analog-Digitalwandler angeschlossen. Er wandelt die vorhandene Spannung in ein digitales Datenwort um. Dabei bestimmt der Wandler die Spannung durch Vergleich mit einer Referenzspannungsquelle, deren Genauigkeit und Stabilität entscheidend für die Auflösung und Stabilität der Messung ist. Der Digitalausgang des Wandlers speist nun die Anzeige des Messgerätes und eventuell vorhandene Interfaces, die das Ablesen der Messwerte durch einen Rechner erlauben. Im Allgemeinen werden diese Funktionen von einem Mikroprozessor ausgeführt, der auch alle anderen Steuerfunktionen des Messgerätes übernimmt, inklusive der vielleicht vorhandenen Fernsteuerfunktion über ein Interface.

Der Wandler wandelt die Messwerte in einen Digitalwert um; der Wertebereich ist dabei für das jeweilige Messgerät typisch. Bei hochwertigen Geräten lässt sich der Wertebereich einstellen. Dabei kann das höchstwertige Digit üblicherweise die Werte 0 und 1 (bei einem $X\frac{1}{2}$-stelligen DMM) oder die Werte 0, 1 und 2 oder 3 (bei einem $X\frac{3}{4}$-stelligen DMM) haben. X steht hierbei für die Anzahl der restlichen Digits. Ein $4\frac{1}{2}$-stelliges Messgerät hat etwa die Maximalanzeige 19999, ein $3\frac{3}{4}$-stelliges die Maximalanzeige 3999.

Dabei kann das Dezimalkomma an einer beliebigen Stelle der Anzeige stehen, um je nach Messbereich eine sinnvolle Anzeige zu ergeben. Gelegentlich wird für Zwischenstufen auch der Ausdruck 2/3 eingesetzt. Der eingestellte Messbereich (z. B. mV, MΩ, *A*) wird getrennt angezeigt, um die Anzeige richtig bewerten zu können. Die Maximalanzeige wird vom Wandler bei Vollaussteuerung eingenommen. Tabelle 1.1 (voriges Kapitel) gibt einen Überblick über einige gebräuchliche Anzeigebereiche. Die Kennzeichnung durch 1/2, 2/3 und 3/4 erscheint ziemlich willkürlich und sagt ohne Angabe der Maximalanzeige wenig aus.

Häufig findet man an Messgeräten einen weiteren Anschluss, den sogenannten Trigger-Eingang. Dieser Eingang löst im Gerät die Aufnahme eines Messwertes aus; er dient also zu Synchronisationszwecken und eignet sich zum Beispiel zur zeitgleichen Auslösung zweier Messungen durch zwei verschiedene Geräte, wenn zwei Messgrößen gegeneinander aufgetragen werden sollen (xy-Darstellung). Bei rechnergesteuerten Messplätzen soll dieser Modus immer gewählt werden (außer bei Data Loggern), da man so immer einen aktuellen Messwert erhält.

Im Folgenden sollen nun die verschiedenen Messmöglichkeiten der Digitalmultimeter näher erläutert werden.

1.3.1 Gleichspannungsmessungen

Die hier angestellten Betrachtungen gelten auch für Wechselspannungsmessungen mit DMM; für Wechselspannungsmessungen gelten jedoch zusätzliche Betrachtungen (siehe Wechselspannungsmessungen).

Misst man eine Spannung mit einem Messgerät, so wird die zu messende Messsignalquelle mit dem Innenwiderstand des Messgerätes belastet. Hieraus ergeben sich Messfehler, die je nach Auflösung und Eingangswiderstand des Messgerätes mehr oder weniger verheerend sind. Abbildung 1.16 verdeutlicht diesen Sachverhalt. Typische Eingangswiderstände von DMM liegen bei 1 GΩ.

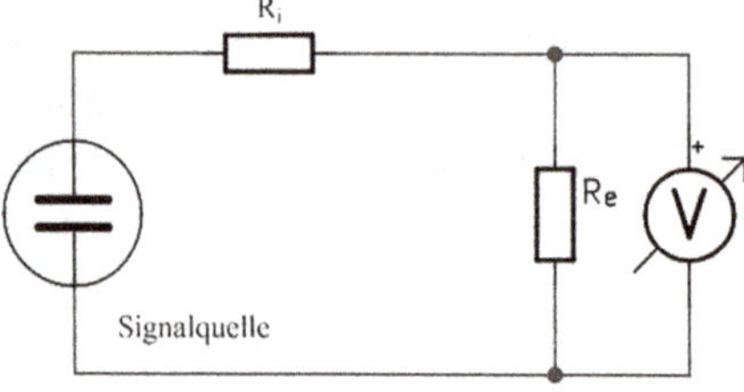

Abb. 1.16: Messgerät und Signalquelle mit Innenwiderständen.

Ein Rechenbeispiel soll für solche Probleme sensibilisieren. Der Innenwiderstand der Messsignalquelle R_i soll dabei 10 MΩ sein, der Eingangswiderstand R_e des Messgerätes 1 GΩ. Die unbelastete Spannung der Quelle U_0 sei 1 V. Gemessen wird nach der Maschenregel:

$$U_e = U_0 \cdot \frac{R_e}{R_i + R_e} \tag{1.17}$$

Setzt man die Beispielwerte ein, so erhält man:

$$U_e = 0.99009901\,\mathrm{V}$$

Der auftretende Messfehler ist damit fast 1 % groß! Eine solche Messung ist also auf höchstens zwei Dezimalstellen sinnvoll. Quellenwiderstände von 10 MΩ sind überhaupt nichts Exotisches; bei vielen Messungen an Kristallen oder Keramiken sind sie durchaus normal. Man erkennt, dass eine Spannungsmessung an einer hochohmigen Quelle mit einem DMM stets als kritisch zu betrachten ist; besser für solche Problemstellungen eignen sich Elektrometer, die über einen wesentlich höheren Innenwiderstand verfügen. Abbildung 1.17 zeigt einen Überblick über den Einfluss des Quelleninnenwiderstands auf den Messfehler. Als Parameter ist der Eingangswiderstand des Messgerätes gewählt; hier wurden die üblichen Werte zwischen 100 MΩ und 100 GΩ eingesetzt. Auf der *x*-Achse ist nun der Innenwiderstand der Signalquelle zwischen 1 kΩ und 100 GΩ eingetragen, auf der *y*-Achse der entstehende Fehler in Prozent.

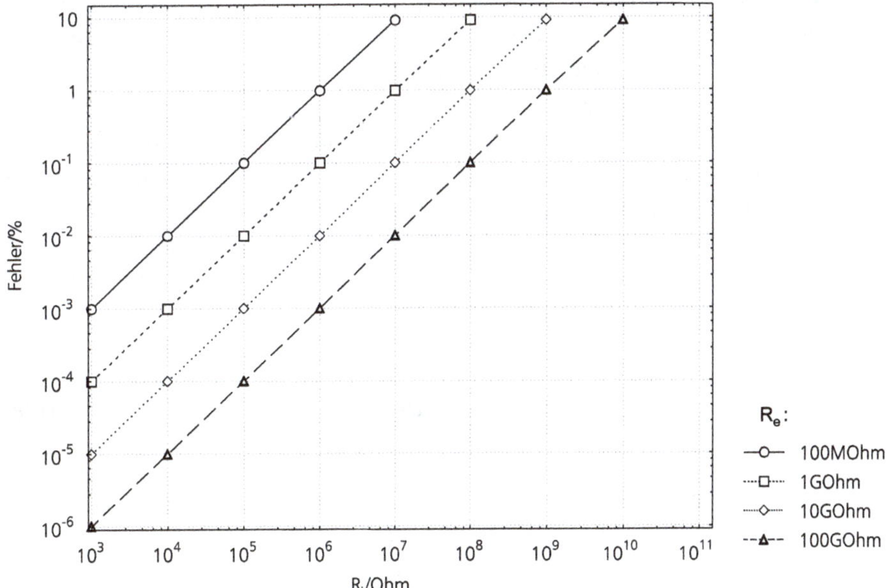

Abb. 1.17: Einfluss des Quelleninnenwiderstands auf den Messfehler.

Wegen der großen Dynamik der Werte wurden beide Achsen logarithmisch skaliert. Man erkennt, dass z. B. eine 5½-stellige Messung bei einem Quellenwiderstand von nur 1 MΩ selbst mit einem Messgerät mit einem außergewöhnlich hohen Eingangswiderstand (100 GΩ) nicht mehr unbeeinträchtigt möglich ist.

1.3.2 Wechselspannungsmessungen

Die hier geschilderten Betrachtungen gelten sinngemäß auch für Wechselstrommessungen.

Zum Messen von Wechselspannungen und Wechselströmen muss die Wechselspannung am Ausgang des Wechselspannungsverstärkers durch einen Präzisionsgleichrichter gleichgerichtet werden, da der Analog-Digital-Wandler nur Gleichspannungen verarbeiten kann (Abbildung 1.15). Der Analog-Digital-Wandler wandelt die Gleichspannung in eine Zahl um, die schließlich angezeigt wird.

Dabei unterscheidet man zwei Typen von Messgeräten:
- Mittelwertmessgeräte
  (Averaging, Betragsmittelwertmessung)
- Echteffektivwertmessgeräte
  (True RMS, True Root Mean Square)

Der Ausdruck „Mittelwertmessgerät“ ist eigentlich falsch; schließlich würde die Messung einer sinusförmigen Spannung bei einer echten Mittelwertbildung Null ergeben; es handelt sich um eine Betragsmittelwertbildung. Hierbei erfolgt die Gleichrichtung des Signals im Prinzip über Dioden als Vollweggleichrichter. Freilich sind zu den Dioden noch elektronische Schaltungen zur Linearisierung und zur Temperaturkompensation erforderlich. Für Effektivwertmessgeräte sind umfangreichere Analogrechenschaltungen zur Bildung des Gleichspannungssignals notwendig. Beide Verfahren sind im Einsatz; wegen des geringeren schaltungstechnischen Aufwandes wird die Betragsmittelwertmessung überwiegend in preiswerteren Messgeräten eingesetzt.

Die Gleichrichter von Mittelwertmessgeräten wandeln die angelegte Wechselspannung $U(t)$ nach folgender Formel in eine Gleichspannung um:

$$U_M = \frac{1}{T} \cdot \int_0^T |U(t)| dt \tag{1.18}$$

Dabei ist T die Messdauer, die groß sein soll gegen die größte im Signal enthaltene Periodendauer. Dies berücksichtigt die Tatsache, dass eine Wechselspannung nicht eine reine sinusförmige Spannung sein muss, sondern auch einen anderen Verlauf haben kann, was nach der sogenannten harmonischen Analyse (Zerlegung in Fourierreihen) einem Anteil von anderen Frequenzen entspricht.

Bei True-RMS-Geräten erfolgt die Bildung der Messgleichspannung durch

$$U_{\text{eff}} = \sqrt{\frac{1}{T} \cdot \int_0^T U^2(t)dt} \tag{1.19}$$

Berechnet man beide Werte für eine sinusförmige Wechselspannung von der Form

$$U(t) = U_0 \cdot \sin(\omega t + \varphi)$$

mit dem Scheitelwert U_0 und rechnet über eine Periode der Wechselspannung, so ergibt sich:

$$U_M = \frac{2U_0}{\pi} \tag{1.20}$$

Mit $U_{\text{eff}} = \frac{U_0}{\sqrt{2}}$ ergibt sich:

$$U_M \approx \frac{U_{\text{eff}}}{1.11} \tag{1.21}$$

Der Faktor 1.11 heißt Formfaktor und wird bei den Betragsmittelwertmessgeräten bereits berücksichtigt, sodass für sinusförmige Eingangsspannungen die Anzeigen von Echteffektivwertmessgeräten und Betragmittelwertbildnern nicht unterscheiden. Er ist im Allgemeinen bei solchen Messgeräten angegeben. Da die beiden Integrale in ihrem Wert jedoch stark von der Kurvenform abhängen, gilt das oben gesagte ausschließlich für Sinussignale.

Tabelle 1.8 zeigt einen Überblick über die Anzeigen, die sich für die verschiedenen Kurvenformen bei den beiden Verfahren ergeben. Die Eingangssignale sollen dabei alle den gleichen Scheitelwert U_0 von 1 V haben. In der Tabelle ist der Formfaktor von 1.11 für die Betragsmittelwertmessung berücksichtigt; so kommt es zu der vergleichsweise großen Missweisung bei Gleichspannungen (die normalerweise natürlich nicht im Wechselspannungsbereich gemessen werden) und Wechselspannungen mit rechteckförmigem Kurvenverlauf.

Man muss dies in Kauf nehmen, wenn man eine korrekte Anzeige bei sinusförmigen Wechselspannungen wünscht; Vorsicht ist allerdings auch bei solchen Wechselspannungen geboten, die mit einer Gleichspannung überlagert sind!

Ein für die Laborpraxis interessanter Fall sei im Folgenden zur Verdeutlichung vorgestellt: Es ist die Phasenanschnittsteuerung, die (leider) immer noch zur Regelung größerer Lasten im Labor Verwendung findet. Abbildung 1.18 zeigt die zugehörige Kurvenform; sie ist periodisch mit der Periodendauer T.

Tab. 1.8: Überblick über die Anzeigen bei verschiedenen Kurvenformen und Verfahren.

Eingangssignal	True RMS-Messung	Mittelwert-Messung	Messfehler Mittelwert	Formfaktor	Crest-Faktor
Sinus	$\frac{1}{\sqrt{2}} = 0.707\,V$	$\frac{1}{\sqrt{2}} = 0.707\,V$	0	$\frac{\pi}{2\sqrt{2}}$	$\sqrt{2}$
Phasenanschnitt	1.00 V	abhängig von t_o	abhängig von t_o	abhängig von t_o	abhängig von t_o
Gleichspannung	1.00 V	1.111 V	+11.1 %	1	1
Rechteck	1.00 V	1.111 V	+11.1 %	1	1
Dreieck	0.577 V	0.577 V	−3,8 %	$\frac{2}{\sqrt{3}}$	$\sqrt{3}$
Weißes Rauschen	0.707 V	0.822 V	+16.2 %	$\sqrt{\frac{\pi}{2}}$	$\sqrt{2}$

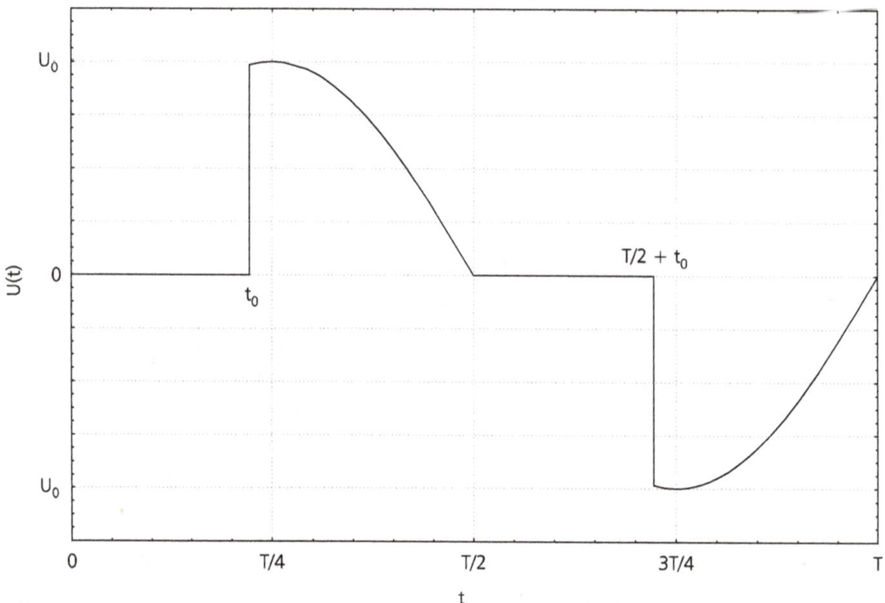

Abb. 1.18: Signalform einer Phasenanschnittsteuerung.

Diese Kurve wird mathematisch durch folgende Definition beschrieben:

$$U(t) = \begin{cases} 0 & 0 \leqslant t < t_0 \\ U_0 \cdot \sin(\frac{2\pi}{T} \cdot t) & t_0 \leqslant t < \frac{T}{2} \\ 0 & \frac{T}{2} \leqslant t < \frac{T}{2} + t_0 \\ U_0 \cdot \sin(\frac{2\pi}{T} \cdot t) & \frac{T}{2} + t_0 \leqslant t \leqslant T \end{cases}$$

Bei der Phasenanschnittsteuerung erfolgt die Lastregelung über folgenden Mechanismus: Beginnt eine Periode der Netzwechselspannung zum Zeitpunkt $t = 0$, so wird die Versorgungsspannung der Last zum Zeitpunkt t_0 eingeschaltet; zum Zeitpunkt $T/2$ wird die Spannung wieder abgeschaltet (durch eine spezielle Eigenschaft der eingesetzten Halbleiterschalter), um zu Zeitpunkt $T/2 + t_0$ wieder eingeschaltet zu werden. Dies wiederholt sich periodisch mit der Periode T der Netzwechselspannung (im Allgemeinen 20 ms). t_0 kann dabei von 0 bis $T/2$ variieren, da die Spannung innerhalb einer Halbwelle höchstens genau einmal ein- und ausgeschaltet wird. Damit ergibt sich eine Einstellung des Effektivwertes an der Last in Abhängigkeit von der Wahl des Zeitpunktes t_0. Als Schalter wählt man schnelle Halbleiterschalter (Triacs), die durch eine geeignete Elektronik entsprechend angesteuert werden.

Berechnet man den Effektivwert der Wechselspannung an der Last nach Gleichung (1.19), so ergibt sich:

$$U_{\text{eff}} = \sqrt{\frac{1}{T} \cdot \int_{t_0}^{T/2} U_0^2 \cdot \sin^2\left(\frac{2\pi}{T} \cdot t\right) dt + \int_{T/2+t_0}^{T} U_0^2 \cdot \sin^2\left(\frac{2\pi}{T} \cdot t\right) dt}$$

Führt man die Integration durch, so erhält man:

$$U_{\text{eff}} = U_0 \cdot \sqrt{\frac{T - 2t_0}{2T}} \tag{1.22}$$

Für den Betragsmittelwert erhält man nach Gleichung (1.18) folgendes Integral:

$$\begin{aligned} U_M &= \frac{1}{T} \cdot \int_{t_0}^{T/2} \left| U_0 \cdot \sin\left(\frac{2\pi}{T} \cdot t\right) \right| dt + \int_{T/2+t_0}^{T} \left| U_0 \cdot \sin\left(\frac{2\pi}{T} \cdot t\right) \right| dt \\ &= \frac{1}{T} \cdot \int_{t_0}^{T/2} U_0 \cdot \sin\left(\frac{2\pi}{T} \cdot t\right) dt - \int_{T/2+t_0}^{T} U_0 \cdot \sin\left(\frac{2\pi}{T} \cdot t\right) dt \end{aligned}$$

Wenn man lange genug rechnet, ergibt sich:

$$U_M = \frac{U_0}{\pi} \cdot \left[1 + \cos\left(\frac{2\pi}{T} \cdot t_0\right)\right] \tag{1.23}$$

Abbildung 1.19 veranschaulicht den Verlauf des Effektivspannung und des Betragsmittelwertes als Funktion des Einschaltzeitpunktes t_0. Dabei ist der Effektivwert der vollen Sinusspannung als $\hat{U}$ angesetzt (also im Falle der Netzwechselspannung 230 V); die Spannung (U_{eff} oder U_M) ist dabei in Einheiten von $\hat{U}$ angegeben. Auf der x-Achse ist der Einschaltzeitpunkt t_0 der Spannung in Einheiten der Periodendauer der Wechselspannung aufgetragen (bei Netzspannung 20 ms); sie variiert von 0 bis $T/2$.

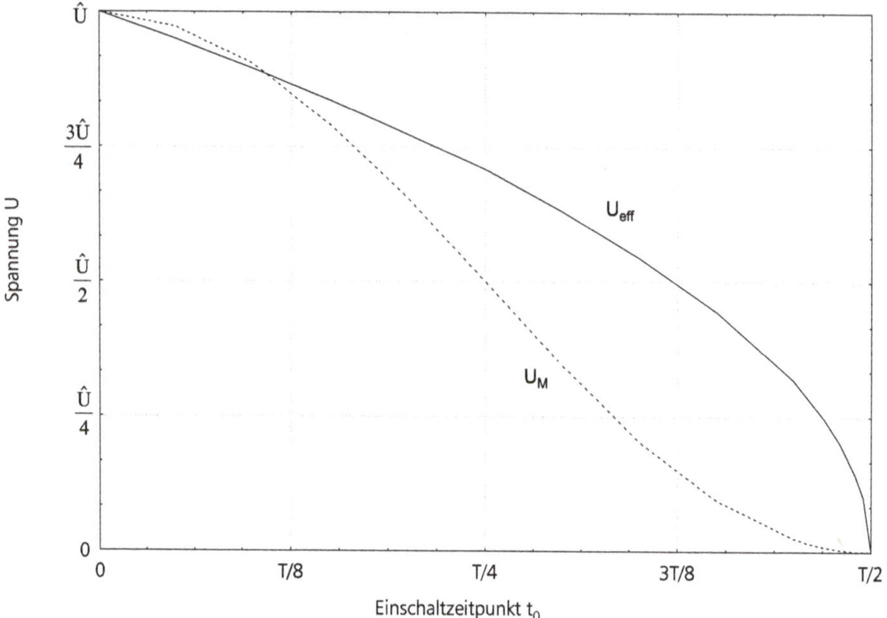

Abb. 1.19: Effektivspannung und Betragsmittelwert als Funktion des Einschaltzeitpunkts.

Bei der Kurve für den Effektivwert erkennt man klar die Wurzelfunktion. Bis etwa $0.11T$ liegt der Betragsmittelwert über dem Effektivwert, danach darunter. Die größte Differenz der Messwerte liegt bei etwa $0.44T$; bei Netzwechselspannung beträgt sie dort über 90 V!

Abbildung 1.20 zeigt den Verlauf des Formfaktors für die Phasenanschnittsteuerung. Wegen der hohen Dynamik des Formfaktors ist die Skaleneinteilung logarithmisch.

Im Prinzip würde auch die Messung des Scheitelwertes einer Wechselspannung zum Ergebnis führen, wenn man auch für eine Effektivwertangabe einen Formfaktor einführen würde (in diesem Falle 0.707). Im Prinzip kann eine Scheitelwertmessung ganz einfach erfolgen, indem man über eine Diode einen Kondensator auflädt, dessen Spannung man mit einem hochohmigen Voltmeter misst. Dabei muss man natürlich die Durchbruchspannung der Diode beachten, im Allgemeinen etwa 0.7 V (Siliziumdiode). Der Widerstand R begrenzt dabei die Belastung der Signalquelle (eines Vorverstärkers) durch Begrenzung des Ladestromes. Nach erfolgter Messung wird der Kondensator über den (elektronischen) Taster T entladen. Diese Schaltung (Abbildung 1.21) ist nicht sehr verbreitet.

Andere Schaltungen zur Messung des Scheitelwertes sind wesentlich komplizierter und benötigen einige Analogrechenschaltungen (Multiplizierer und Quadrierer und Addierer). Insgesamt ist die Scheitelwertmessung eher ungebräuchlich. In der Regel wird (bei besseren Messgeräten) der Effektivwert einer Wechselspannung gemessen.

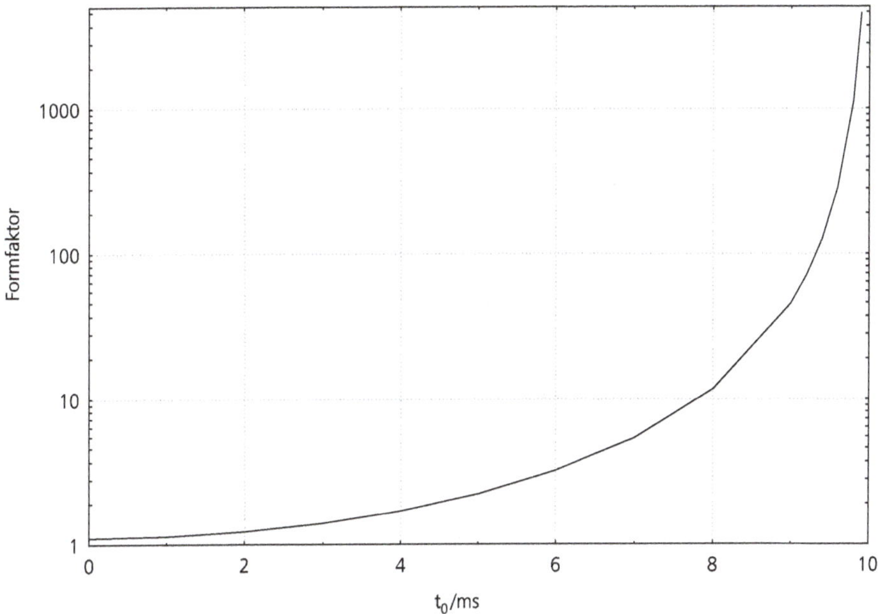

Abb. 1.20: Verlauf des Formfaktors für die Phasenanschnittsteuerung.

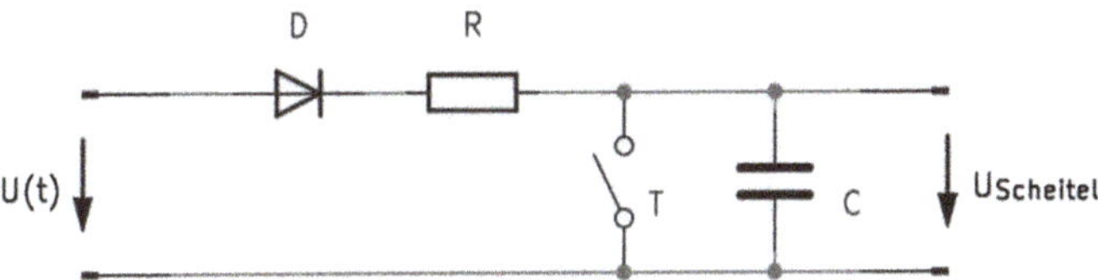

Abb. 1.21: Einfache Scheitelwertmessung.

Ein Gefühl dafür, wie stark das Ergebnis einer Scheitelwertmessung (und auch einer Betragsmittelwertmessung) von dem einer Effektivwertmessung abweicht (unter Berücksichtigung des Faktors 0.707), vermittelt der Crest-Faktor. Er ist definiert also das Verhältnis des Spitzenwertes zum Effektivwert der Wechselspannung:

$$C = \frac{U_0}{U_{\text{eff}}} \tag{1.24}$$

Je größer der Crest-Faktor der gemessenen Spannung ist (etwa bei Spannungen mit hohen Spitzen), desto stärker weichen die Ergebnisse der verschiedenen Messmethoden voneinander ab. Deshalb ist gelegentlich ein zusätzlicher Messfehler des Messgerätes in Abhängigkeit vom Crest-Faktor der Messspannung angegeben. Abbildung 1.22 zeigt eine solche typische Abhängigkeit; die Angabe auf der y-Achse erfolgt in Prozent vom Messwert.

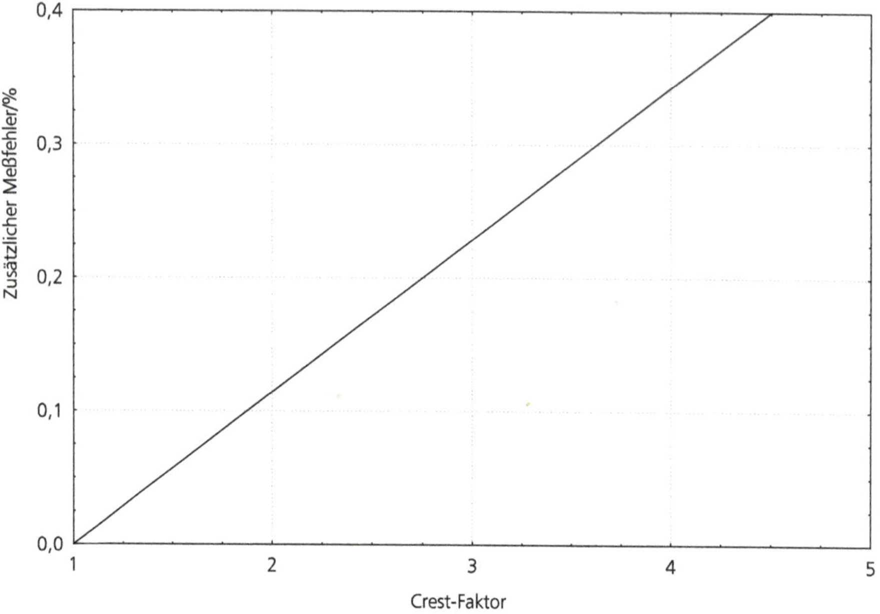

Abb. 1.22: Messfehler in Abhängigkeit vom Crest-Faktor der Messspannung.

Theoretisch kann bei allen Messverfahren (Effektivwert, Betragsmittelwert und Scheitelwert) als kürzeste Messzeit die Periodendauer der angelegten Wechselspannung gewählt werden, wie es bei der mathematischen Integration gemacht wird. Wollte man ein solches Messgerät bauen, so eignete es sich nur zum Messen von Wechselspannungen einer einzigen Frequenz oder von Frequenzen, die weit oberhalb der Messdauer liegen. Deshalb wählt man die Messzeiten für Wechselspannungen im Allgemeinen deutlich oberhalb 20 ms (Periodendauer der Netzfrequenz als häufigste Frequenz von gemessenen Wechselspannungen). Übliche Werte liegen bei 300 ms. Da der gemessene Wert für die Wechselspannung sowohl von der Anzahl der gemessenen Perioden als auch vom Frequenzgang der Elektronik abhängt, muss die Genauigkeit der Messung als Funktion der Frequenz der Messgröße betrachtet werden. Im Allgemeinen findet man entsprechende Bemerkungen zum Frequenzgang der Genauigkeit im Datenblatt des Messgerätes etwa die Angabe 10 Hz . . . 20 kHz bei der Genauigkeitsangabe für Wechselspannungen. Abbildung 1.23 zeigt den Frequenzgang der Genauigkeit eines guten Wechselspannungsvoltmeters mit einem weiten Arbeitsfrequenzbereich. (Messbereich 2 V, Messspannung 1 V). Die Frequenzachse ist logarithmisch aufgetragen.

Es gibt durchaus DMM, mit denen man Wechselspannungen bis zu einer Frequenz von 2 MHz hinauf messen kann; üblicherweise sind dann die Messfehler einige Prozent vom Messwert. Echte Hochfrequenzmessgeräte sind nicht als DMM (mit mehreren Funktionen) erhältlich, liefern aber bessere Ergebnisse bei hohen Frequenzen.

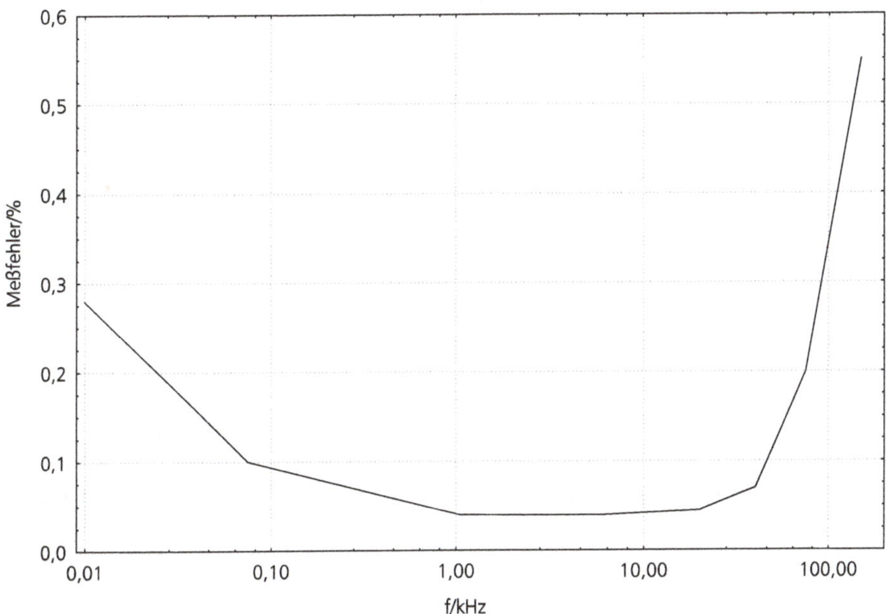

Abb. 1.23: Frequenzgang der Genauigkeit eines guten Wechselspannungsvoltmeters.

1.3.3 Widerstandsmessungen

Zur Messung von Widerständen mit DMM kommen zwei Techniken zum Einsatz:
- Konstantstromtechnik
- Ratiometertechnik

Bei der Widerstandsmessung in Konstantstromtechnik wird der Prüfling von einem konstanten Strom durchflossen und der Spannungsabfall gemessen. Bei der Ratiometertechnik wird der Spannungsabfall über einem bekannten Widerstand mit dem Spannungsabfall über dem Prüfling verglichen.

1.3.3.1 Widerstandsmessung in Konstantstromtechnik

Die Messung über die Konstantstromtechnik erfolgt über eine Stromeinprägung und Spannungsmessung. Dazu wird eine (interne) Konstantstromquelle an den zu messenden Widerstand angeschlossen und der Spannungsabfall über dem Widerstand gemessen. Abbildung 1.24 zeigt eine solche Anordnung.

Das DMM arbeitet dabei als Voltmeter; der Messbereich wird dabei nicht (2 V-Bereich) oder selten gewechselt (2 V/200 mV).

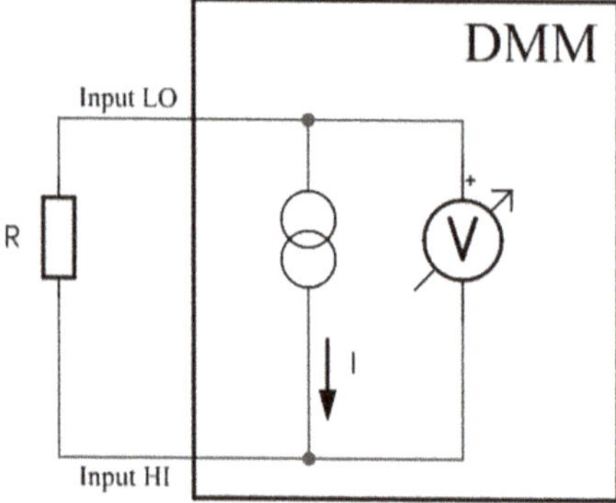

Abb. 1.24: Widerstandsmessung in Konstantstromtechnik.

Der Messwert für den Widerstand R ergibt sich aus dem eingeprägten Strom I nach dem Ohm'schen Gesetz:

$$R = \frac{U}{I}$$

Zur Messbereichsumschaltung wird der Strom der Konstantstromquelle umgeschaltet. Ein ausgezeichnetes Ohmmeter älterer Bauart beispielsweise hat die Autorin im Jahre 1979 gekauft. Es kostete damals inklusive Ohm-Messoption rund zwanzigtausend DM. Es arbeitete mit einem festen Messbereich von 200 mV und einer Stellenzahl von 7½ Digits und verfügte über die in Tabelle 1.9 eingetragenen Messbereiche und Messströme:

Aufgrund des Stromflusses durch den Prüfling erwärmt sich dieser durch die dort entstehenden elektrischen Verlustleistung. Sie errechnet sich durch:

$$P = U \cdot I = RI \cdot I = I^2 \cdot R$$

Gemäß dieser Formel ist die Verlustleistung im Prüfling an der oberen Messbereichsgrenze am höchsten. Dieser Wert ist auch in Tabelle 1.9 eingetragen.

Tab. 1.9: Kenndaten eines Digitalohmmeters in Konstantstromtechnik.

Messbereich	Messstrom	Auflösung	Leistung
20 Ω	10 mA	1 µΩ	2 mW
200 Ω	1 mA	10 µΩ	200 µW
2 kΩ	100 µA	100 µΩ	20 µW
20 kΩ	10 µA	1 mΩ	2 µW
200 kΩ	1 µA	10 mΩ	200 nW
2 MΩ	100 nA	100 mΩ	20 nW
20 MΩ	10 nA	1 Ω	2 nW

Die oben beschriebene Eigenerwärmung führt auch zu Widerstandsänderungen im Prüfling, da die Temperaturabhängigkeit des Widerstandes der Widerstandsmaterialien nicht Null ist. Der Effekt der Eigenerwärmung tritt am deutlichsten in Erscheinung, wenn mit Widerständen oder gar Thermistoren (Halbleiterwiderstände mit positivem Temperaturkoeffizienten) Temperatur gemessen werden soll. Hierbei hängt die Temperaturmissweisung ganz wesentlich davon ab, wie gut die entstehende Verlustleistung vom Temperaturfühler abgeführt werden kann. Diese Missweisung kann selbst bei geschickter Montage des Temperaturfühlers (ein Anschlussdraht an die Temperaturmessstelle angelötet, Messfühler in angelötete Metallfahne eingewickelt) durchaus 30 mK betragen; sie ist überdies temperaturabhängig. Als Vergleich sei hier angeführt, dass die durch das oben erwähnte Messgerät eingebrachten Messfehler nur eine Temperaturmissweisung von 4 mK verursachen. Beim Anlöten der Halbleitertemperaturfühler tritt übrigens eine Alterung ein, sodass eine Temperaturkalibrierung nach dem Anlöten erfolgen muss!

Ein sehr viel moderneres, hochgenaues DMM verfügt über Kenndaten, wie sie in Tabelle 1.10 beschrieben sind. Man erkennt, dass eine größere Anzahl von Messbereichen vorliegt, die auch deutlich höher hinaufreichen als bei dem einfacheren Gerät. Ferner wurden durch Messbereichsumschaltungen bei der Spannungsmessung einige Umschaltungen der Konstantstromquelle eingespart.

Tab. 1.10: Kenndaten eines modernen Digitalohmmeters in Konstantstromtechnik.

Messbereich	Messstrom	Messspannung	Auflösung	Leistung
20 Ω	9.2 mA	184 mV	1 μΩ	1.7 mW
200 Ω	980 μA	196 mV	10 μΩ	192 μW
2 kΩ	980 μA	1.96 V	100 μΩ	1.9 mW
20 kΩ	89 μA	1.78 V	1 mΩ	158 μW
200 kΩ	7 μA	1.4 V	10 mΩ	9.8 μW
2 MΩ	770 nA	1.54 V	100 mΩ	1.2 μW
20 MΩ	70 nA	1.4 V	1 Ω	98 nW
200 MΩ	4.4 nA	880 mV	10 Ω	3 nW
1 GΩ	4.4 nA	4.4 V	100 Ω	19 nW

Wegen der hohen Kosten für die Konstantstromquelle ist die Form der Widerstandsmessung heute zumindest bei den preiswerteren Geräten nicht mehr so gebräuchlich; man findet sie gelegentlich bei Geräten der gehobenen Preisklasse und insbesondere bei Geräten mit sehr hohen Messbereichen. Im Notfall muss man auf eine externe Stromquelle (evtl. programmier- und fernsteuerbar) zurückgreifen und den Spannungsabfall am Widerstand hochohmig messen, etwa mit einem Voltmeter oder einem Elektrometer.

Bei dem oben geschilderten Messaufbau geht der Widerstand der Zuleitung zum Prüfling voll in das Messergebnis ein. Dies tritt insbesondere bei der Messung niedriger Widerstände in Erscheinung. Immerhin ist die Auflösung eines hochauflösenden

Ohmmeters im 20 Ω-Bereich 1 μΩ. Eine normale Messleitung erreicht leicht 50 mΩ pro Meter Leitungslänge. Dies entspricht einem Messfehler von 0.5 %! Deshalb hat man die Buchsen für die Stromquelle und die Buchsen für die Spannungsmessung getrennt aus dem Messgerät herausgeführt. Man spricht dann von 4-Draht-Messung (im Gegensatz zu oben geschilderter 2-Draht-Messung). Abbildung 1.25 zeigt die Messanordnung.

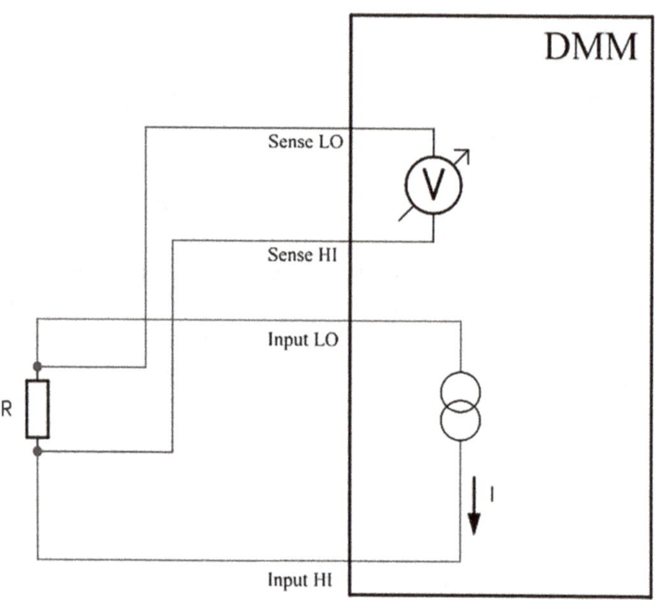

Abb. 1.25: Widerstandsmessung in 4-Draht-Technik.

In diesem Fall erfolgen Stromleitung und Spannungsmessung über getrennte Leitungen. Bei der Einprägung des konstanten Messstromes ergibt sich kein Fehler, da der Innenwiderstand der Messleitung und der Prüfling R in Reihe geschaltet sind und die Konstantstromquelle (relativ) unabhängig von dem angeschlossenen Lastwiderstand den eingestellten Messstrom fließen lässt.

Bei der Spannungsmessung ergibt sich jetzt nur noch ein Fehler aufgrund des Eingangswiderstandes des Messgerätes, der sehr hoch im Vergleich zum Innenwiderstand der Messleitung ist. Bei einem Eingangswiderstand von 1 GΩ und einer Messleitung von 100 mΩ ergibt sich hieraus ein Fehler von 10^{-10} (100 mΩ/1 GΩ). Dies stört weniger.

Freilich bleibt weiterhin der Fehler erhalten, der durch den Eingangswiderstand des Messgerätes verursacht wird, der als parallel zum Prüfling geschaltet betrachtet werden muss. Hier gelten die Fehlerbetrachtungen, die im Abschnitt über Gleichspannungsmessungen gemacht wurden. Dabei wird im Falle der Widerstandsmessung der Quellenwiderstand R_i durch den Prüfling R gegeben.

1.3.3.2 Widerstandsmessung in Ratiometertechnik

Bei der Widerstandsmessung in Ratiometertechnik wird statt der technisch sehr anspruchsvollen Konstantstromquelle eine Spannungsquelle (U_{Ohm}) benutzt die zwar gut zeitlich konstant sein muss, aber nicht unbedingt lastunabhängig. Freilich kann man nun nicht mehr einfach den Spannungsabfall an dem Prüfling messen und nach dem Ohm'schen Gesetz den Widerstand bestimmen. Vielmehr muss man den Prüfling R mit einem Referenzwiderstand R_{ref} in Serie schalten (Abbildung 1.26).

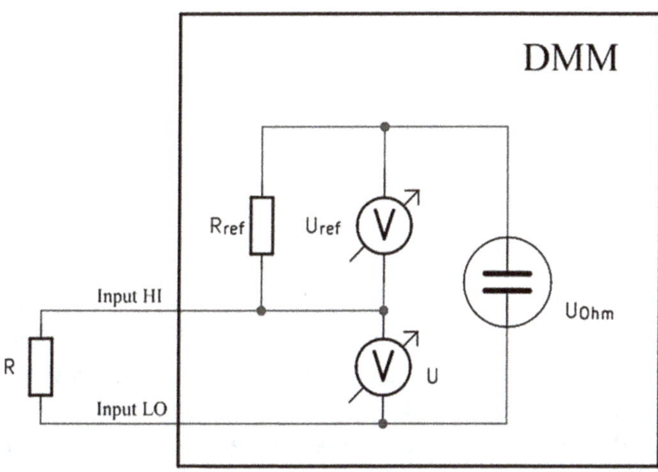

Abb. 1.26: Widerstandsmessung in Ratiometertechnik.

Nun muss man den Spannungsabfall an Prüfling (U) und Referenzwiderstand (U_{ref}) bestimmen. Dabei gilt die Maschenregel:

$$\frac{R}{R_{\text{ref}}} = \frac{U}{U_{\text{ref}}}$$

Ist der Referenzwiderstand R_{ref} bekannt, so errechnet sich der Widerstand des Prüflings also zu:

$$R = R_{\text{ref}} \cdot \frac{U}{U_{\text{ref}}} \tag{1.25}$$

Auch hier kann sich der Spannungsabfall über den stromführenden Messleitungen insbesondere bei der Messung kleiner Widerstände störend bemerkbar machen. Deshalb gibt es auch hier eine 4-Draht-Lösung, die diesem Fehler vermeidet. Abbildung 1.27 zeigt die Anordnung.

Auch hier werden wie bei der Konstantstromtechnik für die Messung des Spannungsabfalles über dem Prüfling separate Leitungen verwendet.

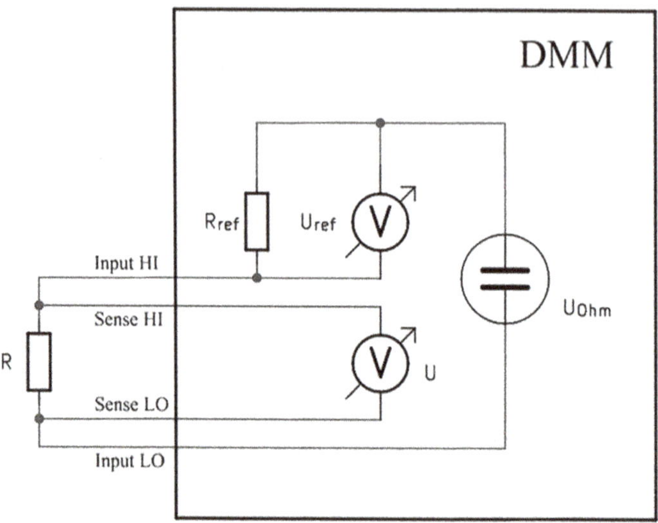

Abb. 1.27: Widerstandsmessung in Ratiometertechnik, 4-Draht-Technik.

Aus Gleichung (1.25) erkennt man sofort, dass neben dem Vorteil der geringeren Komplexität der Elektronik nun der Nachteil in Kauf genommen werden muss, dass zur Messung eines Widerstandes nun zwei Messungen erforderlich sind, nämlich die Messung von U und von U_{ref}. Die Rechenarbeit, die in obiger Formel zu realisieren ist, ist natürlich kein Problem, da DMM alle über einen Mikroprozessor verfügen. Eine solche Messung kann durchaus mit einer Einstellzeit von 2 Sekunden behaftet sein, und das bei einem DMM mit einer Messrate von 3 Messungen pro Sekunde. Eine weitere Hürde dieser Technik ist die Tatsache, dass die Genauigkeit, mit der R_{ref} bekannt ist, unmittelbar in das Messergebnis eingeht. Dies ist eine vergleichsweise niedrige Widerwärtigkeit, wenn man bedenkt, dass bei der Konstantstromtechnik die Genauigkeit des Messstromes unmittelbar in das Messergebnis eingeht. Im Grunde genommen entspricht die Messung von U_{ref} der Bestimmung des Stromes der Stromquelle, repräsentiert durch R_{ref} und U_{ref}.

Aus den Betrachtungen geht hervor, dass es mit der Ratiometertechnik gelingt, ebenso gute Messergebnisse zu erzielen wie mit der Konstantstromtechnik, insbesondere in Zusammenhang mit der Rechenkapazität der ohnehin vorhandenen Mikroprozessoren. Dennoch sind Messgeräte in Konstantstromtechnik nicht totzukriegen. Insbesondere bei Geräten mit sehr hohem Messbereichen (100 MΩ und mehr) ist diese Technik eine gute Lösung, da sehr große Referenzwiderstände Probleme bereiten.

Kleine Widerstände lassen sich nämlich besser mit hinreichend großer Genauigkeit produzieren (der Widerstandswert geht direkt ins Messergebnis ein). Ferner verfügen kleinere Widerstände auch über eine bessere Zeit- und Temperaturstabilität als große Widerstände. Das hängt damit zusammen, dass die Widerstandsfilme für große Widerstände sehr dünn sind (begrenzte Baugröße) und daher sehr anfällig für Defekte und Veränderungen im Materialgefüge, die sich aus thermischen und mechanischen Belastungen ergeben; sie sind teilweise reversibel (z. B. Temperaturdrift) und teilweise irreversibel (zeitliche Veränderungen des Materialgefüges). Kommen gar halbleitende Materialien für die Widerstandsschicht zur Anwendung, so kommt hierzu noch eine Spannungsabhängigkeit des Widerstandswertes, die nicht vernachlässigt werden kann.

Die Verwendung kleiner Referenzwiderstände bei der Messung großer Widerstände bedeutet aber auch kleine Spannungsabfälle und damit kleine Messbereiche bei der Spannungsmessung. Neben den Problemen bei der Messung kleiner Spannungen bringt dies zusätzlich eine Messbereichsumschaltung zwischen der Messung und der Referenzmessung, die die Genauigkeit des Messergebnisses beeinträchtigt. So ist das Konstantstromverfahren für die Messung großer Widerstände das bessere Verfahren.

Aus dem bisher Gesagten erkennt man, dass die Referenzwiderstände üblicherweise in derselben Größenordnung wie die Messwiderstände liegen (z. B. 20 kΩ-Bereich – $R_{ref} = 12.5\,\text{k}\Omega$). Nur bei dem kleinsten Widerstandsbereich (200 Ω) und dem größten Widerstandsbereich (200 MΩ) muss man trotzdem den Widerstand des nächsthöheren beziehungsweise nächstniedrigeren Bereiches wählen; dabei wird mit einer Messbereichsumschaltung gearbeitet.

Auch für die Wahl der Spannungsquelle sind enge Grenzen vorhanden. Kleine Spannungen kommen wegen der sich ergebenden kleinen Messspannungen nicht in Frage, große Spannungen kommen aus Gründen des Personenschutzes und wegen des Schutzes des Prüflings vor zu hohen Spannungen (oft nur einige Volt) nicht in Frage. So liegen die Leerlaufspannungen der meisten Widerstandsmessgeräte bei einigen Volt (häufig 5 V).

Einige Betrachtungen sollen die Unterschiede zwischen der Konstantstromtechnik und der Ratiometertechnik noch verdeutlichen.

Abbildung 1.28 zeigt die am Prüfling umgesetzte Leistung bei Messungen in den beiden Messtechniken. Dabei führt die umgesetzte Leistung zur Eigenerwärmung des Prüflings; dies ist beispielsweise bei Temperaturmessungen mit Metall- oder Halbleiterwiderständen von Bedeutung. Hierbei soll nicht etwa die unterschiedliche Größe der Verlustleistungen interessieren (es werden Geräte unterschiedlicher Auflösung betrachtet, was allerdings keine Auswirkungen auf die hier geführte Diskussion hat), sondern lediglich der unterschiedliche Verlauf der beiden Kurven. Man erkennt leicht, dass die Kurve für die Ratiometertechnik stark gekrümmt verläuft, während die für die Konstantstromtechnik gerade ist. Dies liegt darin begründet, dass die bei konstantem Messstrom umgesetzte Verlustleistung nach der Formel

$$P = I^2 \cdot R$$

linear mit R verläuft, während sie bei Messungen mit der Ratiometertechnik proportional zu

$$\frac{R}{(R + R_{ref})^2}$$

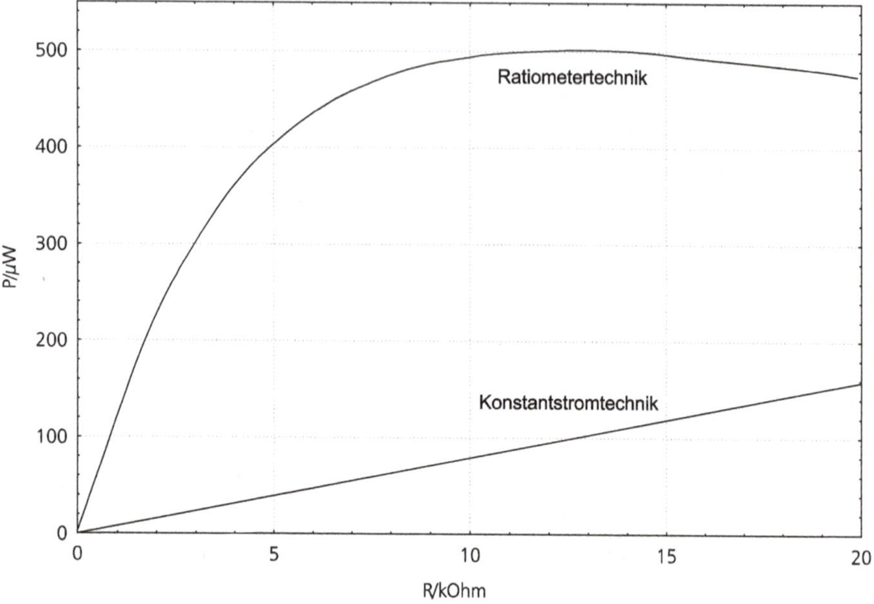

Abb. 1.28: Am Prüfling umgesetzte Leistung, Messungen in Ratiometer- und Konstantstromtechnik.

ansteigt, also extrem nichtlinear. Ein nichtlineares Verhalten der umgesetzten Verlustleistung und damit von Spannung und Strom durch den Prüfling aber bedeutet neben der nur schwer vorhersehbaren Eigenerwärmung Fehler bei einer Messung temperatur-, spannungs- oder stromabhängiger Widerstände, die nur schwer berücksichtigt werden können.

Interessant ist auch der Verlauf der Empfindlichkeit der Messungen nach den beiden Verfahren (Abbildung 1.29). Man erkennt, dass sich die Empfindlichkeit der Messung in Ratiometertechnik im Verlauf des Messbereiches kleiner wird, da der Referenzwiderstand konstant ist. Bei der Konstantstromtechnik bleibt die Empfindlichkeit im Messbereich konstant. Das bedeutet sofort, dass sich die Auflösung bei Messungen nach der Ratiometertechnik im Messbereich ändert.

Es muss dabei unbedingt beachtet werden, dass die hier zitierte Auflösung nicht die Auflösung der Messung beschreibt (die Stellenzahl), da diese später durch die Auflösung des Digital-Analog-Wandlers und der restlichen Elektronik gegeben wird. Dieser Effekt tritt gelegentlich als Grenzeffekt bei schwierigen Messungen in Erscheinung. Insbesondere beim Selbstbau der Messanordnung aus Referenzwiderstand, Konstantspannungsquelle und Digitalvoltmeter muss dieses Phänomen sorgfältig beachtet werden. Dies ist durchaus kein obskures Vorhaben. Der Aufbau einer Widerstandsmessung mit externer Konstantstromquelle beziehungsweise mit externem Referenzwiderstand und externer Konstantspannungsquelle kann durchaus sinnvoll sein, da man durch entsprechende Dimensionierung auf die speziellen Gegebenheiten der jeweiligen Messproblems einge-

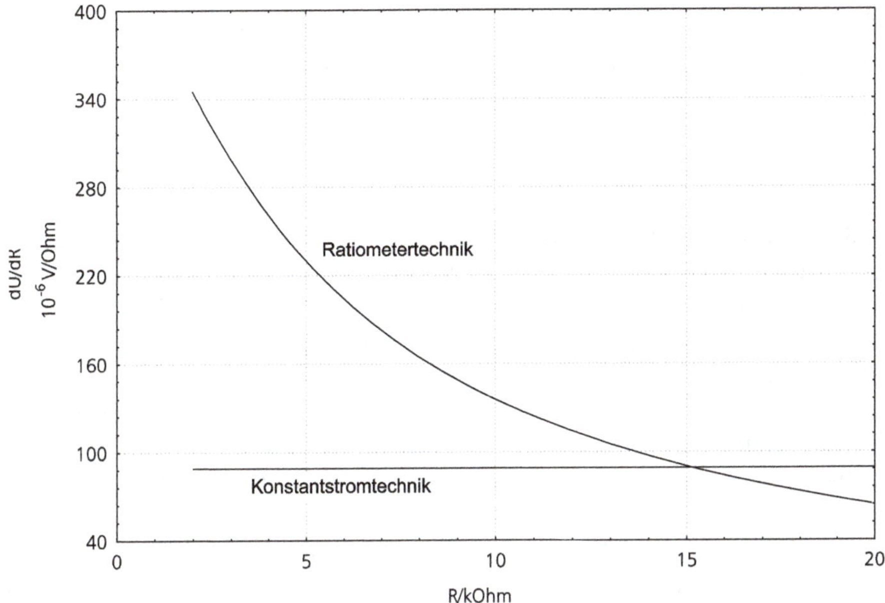

Abb. 1.29: Empfindlichkeit der Messungen bei Ratiometer- und Konstantstromtechnik.

hen kann, um so die erreicht Genauigkeit der Messung zu optimieren oder die Beeinflussung des Messsystems zu minimieren.

1.3.4 Diodentest

Bei manchen DMM finden sich ein oder mehrere Messbereiche zur Prüfung von Halbleitern (Diodentest). Hierbei wird die Durchbruchspannung des Halbleiters gemessen. Zur Anwendung kommt durchweg das Prinzip der Widerstandsmessung im Konstantstromverfahren; der Anschluss des Prüflings erfolgt analog. Angezeigt wird in der Regel jedoch nicht ein Widerstand, sondern die Spannung, die beim Beaufschlagen des Prüflings mit dem Prüfstrom gemessen wird.

Es gibt Messgeräte, die mit einem festen Strom arbeiten (typisch 1 mA) und Geräte mit einstellbaren Strömen, die deutlich niedriger ausfallen können (etwa 10 µA bis 100 µA). In der Regel arbeiten Messgeräte in einem festen Spannungsbereich zum Messen des Spannungsabfalles am Halbleiter (typische Werte liegen zwischen 3 V und 10 V). Bei Messgeräten mit höherem Spannungsmessbereich können auch Zenerdioden vermessen werden. Der Verlust der Genauigkeit durch eine Fehlanpassung des Spannungsmessbereichs an die zu messende Spannung (etwa bei einer Siliziumdiode 0.7 V) ist geringfügig gegen die Unsicherheiten, die durch die krumme stromabhängige Diodenkennlinie in die Messung eingebracht wird. Zur Aufnahme von Kennlinien eignet sich das DMM nicht so ohne weiteres (hierzu braucht man noch zusätzlich eine programmierbare Stromquelle, dann ist diese Aufgabe leicht lösbar).

1.3.5 Strommessungen

Bei Strommessungen mit DMM wird grundsätzlich der Spannungsabfall über einem Referenzwiderstand (Shunt) gemessen. In Abbildung 1.15 ist dieser Widerstand als Präzisionsshunt eingetragen; das Messsystem arbeitet im Prinzip als Voltmeter. Die Genauigkeit des Shunt geht dabei direkt in das Messergebnis ein; die ist insbesondere bei Instabilitäten des Widerstandswertes zu beachten. Solche Instabilitäten sind die Temperaturabhängigkeit des Widerstandswertes, seine Zeitabhängigkeit bedingt durch Altern und, falls halbleitende Materialien eingesetzt werden, seine Spannungsabhängigkeit.

Diese Instabilitäten sind um so kleiner, je kleiner der Widerstandswert ist, da man dann entsprechend gute Materialien für den Widerstandsaufbau verwenden kann (Metalle) und die verwendeten leitenden Schichten nicht zu dünn werden, sodass mikroskopische Effekte (wie etwa Fehlstellen im Metallatomgitter) nicht so stark ins Gewicht fallen.

Andererseits erscheint es sinnvoll, den Shunt nicht zu klein zu wählen, da sonst der durch den Messstrom hervorgerufene Spannungsabfall so klein wird, dass er in einem kleinen Messbereich gemessen werden muss. In kleinen Messbereichen spielen nämlich Rauschen und Driften der Elektronik des Messsystems eine größere Rolle als in größeren Messbereichen.

Üblich sind deshalb Widerstandswerte, bei denen sich Spannungsabfälle zwischen 250 mV und 1.5 V ergeben. Tabelle 1.11 zeigt Werte für Shunts und Spannungsabfälle eines üblichen 5½-Digit DMM's.

Tab. 1.11: Werte für Shunts und Spannungsabfälle eines üblichen 5½-Digit DMM.

Messbereich	Shuntwiderstand	Messspannung
200 µA	1500 Ω	300 mV
2 mA	150 Ω	300 mV
20 mA	15 Ω	300 mV
200 mA	1.5 Ω	300 mV
2 A	0.4 Ω	800 mV
10 A	30 mΩ	300 mV

Man erkennt, dass hier bei dem 2 A-Bereich einen Kompromiss zwischen Widerstandswert und Messspannung eingegangen wurde. Der Widerstand von 0.4 Ω ist in konventioneller Technik mit der entsprechenden Belastbarkeit herstellbar; ein niedrigerer Widerstandswert erfordert eine andere Technik (Draht). Sie kommt nur bei dem

10 A-Bereich zur Anwendung, der für ein solches Messgerät eher als exotisch anzusehen ist. Hier spielt auch die Selbsterwärmung des Widerstandes durch den Messstrom schon eine bedeutende Rolle. Sie verringert die erreichbare Messgenauigkeit um 0.15 % des Messwertes.

Werden Ströme in Kreisen mit niedrigen Lastwiderständen gemessen, so muss auch der Widerstand der Zuleitungen zum Amperemeter berücksichtigt werden. Da das Messgerät in Serie mit dem Lastwiderstand liegt, wird dabei nicht etwa die Strommessung falsch, sondern es wird der Strom im Stromkreis beeinflusst. Nach dem Ohm'schen Gesetz gilt für den Strom:

$$I = \frac{U}{R + R_Z}$$

Dabei ist R der Lastwiderstand, R_Z der Widerstand der Zuleitung zum Messgerät. Bei dem eingeführten Fehler (nicht Messfehler) kommt es nicht auf die absolute Größe des Stromes I an. Berechnet man den Fehler, so wendet man folgenden Trick an:

$$I = \frac{U}{R + R_z} = \frac{U}{R} \cdot \frac{R}{R + R_Z}$$

Dabei ist U/R der Strom, der im ungestörten Stromkreis fließen würde. Der Term

$$\frac{R}{R + R_Z} \tag{1.26}$$

beschreibt den eingeführten Fehler. Ein Beispiel zeigt dem Einfluss. Dazu sei der Lastwiderstand mit einem Wert von 100 Ω für Kleinsignalanwendungen im normalen Bereich angesiedelt. Die Zuleitung zum Amperemeter soll 100 mΩ haben. Dann ergibt sich der eingeführte Fehler zu:

$$\frac{R}{R + R_Z} = \frac{100}{100 + 0.1} = 0.999$$

Der resultierende Fehler beträgt also bereits 0.1 %; damit ist beispielsweise eine 5½-Digit-Messung so ohne weiteres nicht mehr aussagekräftig. In solchen Fällen kann man versuchen, den Widerstand der Messgerätezuleitung zu verringern (dicker und kürzer). Eine andere Möglichkeit ist der Einbau eines kleinen Shunts in den Messkreis und das hochohmige Messen des Spannungsabfalles etwa mit einem Elektrometer.

Abbildung 1.30 zeigt die Prinzipschaltung eines Shunt-Amperemeters.

Das Verfahren des festen Shunts (R_S) im Messkreis und der Strommessung durch ein Voltmeter ist auch dann sinnvoll, wenn mit diesem Voltmeter auch andere Messgrößen bestimmt werden und es deshalb nur zeitweise mit Hilfe von Relais in den Messkreis eingekoppelt wird. Ausführliche Betrachtungen hierzu finden sich in Kapitel 1.6 – *Signalschalter*. Im Falle der Einschaltung eines Amperemeters (Abbildung 1.30 rechts,

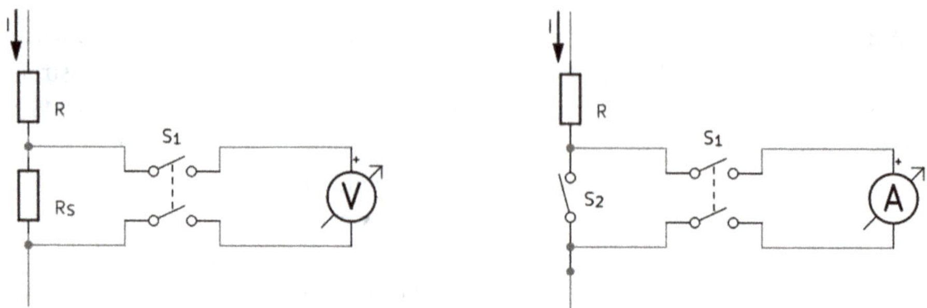

Abb. 1.30: Schaltungsprinzip eines Shunt-Amperemeters mit internem Shunt.

Strommessung aus) müssen die Anschlusspunkte des Amperemeters während der anderen Messungen mit einem Relais überbrückt werden; dieses Relais koppelt dann für die Strommessung das Amperemeter in den Messkreis ein (Strommessung ein: S_2 geöffnet, S_1 geschlossen). Dabei tritt zu dem Shunt im Amperemeter auch noch der Widerstand des Relais hinzu, sodass Messungen erheblich gestört werden können. Bei dem Festeinbau eines Shunts mit der Zuschaltung der Spannungsmessung (Abbildung 1.30, links Strommessung aus) bleibt wegen des hohen Eingangswiderstandes des DMM in Spannungsmessung der Messkreis praktisch unbeeinflusst (Strommessung ein: S_1 geschlossen).

Ein weiteres Problem stellt die Messung von Strömen in Kreisen mit kleinen Spannungen dar. Hierbei spielt der Spannungsabfall am internen Shunt des DMM bereits eine Rolle. Auch hierbei entsteht nicht eigentlich ein Messfehler, sondern eine Beeinflussung des Messkreises durch das Amperemeter. Nach der Maschenregel errechnet sich der Strom zu:

$$I = \frac{U - U_S}{R}$$

Den eingeführten Fehler berechnet man durch denselben Trick wie eben:

$$I = \frac{U - U_S}{R} = \frac{U}{R} \cdot \left(1 - \frac{U_S}{U}\right)$$

Auch hier ist U/R der Strom, der in dem ungestörten Stromkreis fließen würde. Der Fehler berechnet nun sich zu:

$$\left(1 - \frac{U_S}{U}\right) \tag{1.27}$$

Misst man beispielsweise in einem Messkreis, in dem die Spannung durch einen Halbleiterübergang generiert wird, also klein ist, so ergibt sich ein katastrophaler Fehler. Dann ist U etwa 0.7 V; nimmt man das oben beschriebene DMM als Amperemeter im 200 µA-Bereich, so ist bei Vollausschlag U_S = 300 mV. Dann ergibt sich ein Fehler von

$$1 - \frac{0.3}{0.7} = 0.57$$

Eine Messung unter solchen Umständen (induzierter Fehler 43 %) ist undenkbar. In einem solchen Fall greift man am besten zu einem sehr kleinen Festshunt und misst den Spannungsabfall mit einem Elektrometer (siehe Elektrometer). Auch die Messung mit einem Picoamperemeter (siehe Picoamperemeter) ist möglich. In beiden Fällen ist der Spannungsabfall über dem Shunt gegenüber dem obigen Beispiel leicht um 3 Zehnerpotenzen niedriger. Entsprechend niedriger ist dann auch der eingeführte Fehler (0.047 %).

Bei der Auswahl des externen Shuntwiderstands muss darauf geachtet werden, dass der Shunt sehr stabil ist; am günstigsten sind Shunts, die aus Widerstandsdraht aus Metall gewickelt sind. Auch muss der Widerstandswert hinreichend genau (Auflösung der Messung) bekannt sein und gelegentlich überprüft werden (Alterung, Zerstörung durch hohe Ströme usw.).

1.3.6 Sonstige Messungen mit Digitalmultimetern

Manche DMM verfügen über eine Frequenzmesseinrichtung. Sie arbeiten häufig mit gegenüber den reinen Frequenzmessgeräten eingeschränkten Funktionen und Spezifikationen. Genaueres hierüber findet sich in Kapitel 1.5.4 *(Frequenz-, Periodendauer und Zeitmessung)*. Analoges gilt auch für Temperaturmessungen mit DMM (siehe Kapitel 1.5.5).

1.4 Elektrometer (EM)

Elektrometer sind wie Digitalmultimeter digitale Messgeräte, die eine Vielzahl von elektrischen Größen in digitale Informationen umwandeln. Üblicherweise sind folgende Eingangsgrößen digitalisierbar:
- Gleichspannungen (U)
- Gleichströme (I)
- Widerstände (R)
- Ladungen (Q)

Elektrometer unterscheiden sich von DMM durch ihren extrem hohen Eingangswiderstand, der durch spezielle schaltungstechnische Maßnahmen erreicht wird (spezielle Eingangsverstärker). Typische Eingangswiderstände liegen zwischen 100 TΩ und 10000 TΩ (10^{14} Ω bis 10^{16} Ω). Dadurch eignen sich Elektrometer für Messungen von
- sehr kleinen Strömen, typisch < 100 pA ($10^{-10} A$)
- sehr großen Widerständen, typisch > 1 GΩ (10^9 Ω)
- Ladungen

Elektrometer eignen sich grundsätzlich nicht für Wechselspannungs- oder Wechselstrommessungen. Sie arbeiten für die Strom- und Ladungsmessungen nach dem Feedback-Prinzip (siehe Abbildung 1.6 und Abbildung 1.9); die Widerstandsmessungen erfolgen nach Abbildung 1.10.

Hinter den Verstärkern der Eingangsschaltkreise findet sich in Elektrometern noch ein weiterer Verstärker, der letztendlich zu einem Analog-Digital-Wandler wie bei einem Digitalmultimeter führt. In diesem DC-Verstärker wird das Signal der Eingangsschaltkreise auf einen normierten Pegel (meist 200 mV oder 2 V) verstärkt. Es sei noch bemerkt, dass Ausführungen zur Verschaltung von Vorverstärkerausgang und Guard-Ausgang von Elektrometern in Kapitel 2.7 Abschirmung – *COM, Guard, Screen und Earth* zu finden sind.

Im Folgenden sollen nun die verschiedenen Messmöglichkeiten der Elektrometer näher erläutert werden.

1.4.1 Gleichspannungsmessungen

Wie beim DMM wird beim Elektrometer die Messsignalquelle mit dem Innenwiderstand des Messgerätes belastet. Hieraus ergeben sich die gleichen Messfehler; aufgrund des höheren Innenwiderstandes ist der Fehler bei EM jedoch 5 bis 7 Zehnerpotenzen kleiner als bei DMM.

Hierzu ein Rechenbeispiel. Dazu soll eine Spannung an einer Quelle mit dem keineswegs extrem hohen Innenwiderstand R_i von 1 MΩ gemessen werden. Nach Gleichung (1.17) ergibt sich folgende Messfehler:

- Digitalmultimeter: 1 % (R_i = 100 MΩ)
- Elektrometer: 0.01 ppm (R_i = 100 TΩ)

Hieraus ergibt sich sofort, dass bei der Messung mit einem DMM bereits das letzte Digit einer 3½-stelligen Messung falsch ist; mit einem Elektrometer kann man hingegen getrost eine 7½-stellige Messung durchführen.

Abbildung 1.31 zeigt den durch die Belastung der Quelle entstehenden Messfehler. Die *y*-Achse der Abbildung ist wie Abbildung 1.17 gewählt, die den gleichen Fehler für DMM darstellt. Man beachte jedoch den Unterschied in der Größenordnung bei der Einteilung der *x*-Achse!

1.4.2 Widerstandsmessungen

Mit einem Elektrometer können bei entsprechender Verschaltung folgende Verfahren zur Widerstandsmessung herangezogen werden:

- Konstantstromverfahren mit interner Stromquelle
- Ratiometerverfahren mit externer Spannungsquelle
- Konstantstromverfahren mit externer Stromquelle

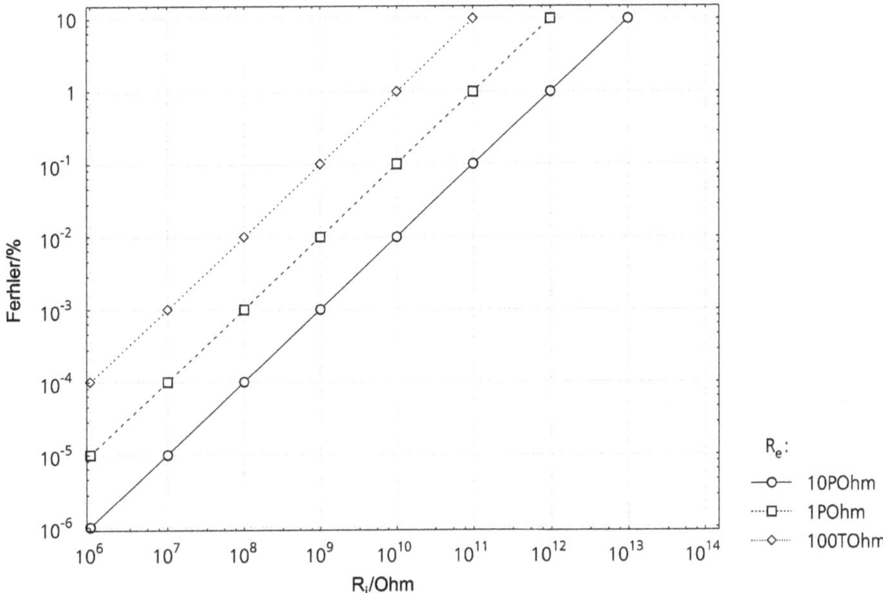

Abb. 1.31: Messfehler durch den Innenwiderstand des Messgerätes.

Nicht bei allen Elektrometern sind alle Verfahren möglich, da nicht immer alle notwendigen Anschlüsse aus dem Gerät herausgeführt sind oder intern nicht die entsprechenden Schaltungsvoraussetzungen erfüllt sind. Aufschluss hierüber gibt das Datenblatt des *Elektrometers*. Die externe Gerätebeschaltung ist in Kapitel 1.1 – *Elektrotechnische Grundlagen*, Abschnitt – *Widerstandsmessungen* erklärt.

Am einfachsten ist dabei die Messung mit interner Stromquelle, da man kein zusätzliches Gerät (externe Spannungs- oder Stromquelle) benötigt. Bei der Messung sehr hoher Widerstände kommt in der Regel die Ratiometertechnik mit externer Spannungsquelle zum Einsatz, da die Bereitstellung von Konstantströmen in der Größenordnung 10^{-16} A technisch sehr schwierig ist. Das wäre aber die Voraussetzung zur Messung eines Widerstandes von etwa 10 PΩ(10^{16} Ω) im 1 V-Bereich nach dem Konstantstromverfahren. Messungen in solchen Größenordnungen sind mit DMM undenkbar. Selbst bei einem Digitalmultimeter mit einem sehr hohen Eingangswiderstand von 100 GΩ beträgt der Eingangswiderstand des Messgerätes nur 10^{-5} des Widerstandes des Prüflings! Dementsprechend hoch ist der Messfehler. Die Messung nach dem Konstantstromverfahren mit externer Quelle hat den Vorteil, dass man den gewünschten Messstrom der Messaufgabe anpassen kann, was bei der Verwendung der internen Quelle nicht der Fall ist.

Im Übrigen gelten die in Kapitel 1.3 – *Digitalmultimeter*, Abschnitt – *Widerstandsmessungen* angestellten Überlegungen.

1.4.3 Strommessungen

Im Gegensatz zu DMM kommen bei Strommessungen mit EM sowohl die Messung nach dem Shunt-Prinzip als auch nach dem Feedback-Prinzip zum Einsatz (siehe Kapitel 1.1 – *Elektrotechnische Grundlagen*).

Im Falle der Messung als Shunt-Amperemeter ist der Shuntwiderstand extern zu verschalten. Bei der Dimensionierung gelten die in Kapitel 1.3 – *Digitalmultimeter*, Abschnitt – *Strommessungen* angestellten Überlegungen. Messungen nach dem Feedback-Amperemeter-Prinzip sind sehr viel empfindlicher; dennoch können in Systemen mit mehreren Messstellen, die über Relais mit einem einzigen Messgerät bedient werden, Messungen mit (mehreren) externen Shuntwiderständen sinnvoll sein (siehe Kapitel 1.3 – *DMM*, Abschnitt – *Strommessungen*).

1.5 Spezielle Messungen

Über Digitalmultimeter und Elektrometer hinaus gibt es eine Reihe von Messgeräten, die zwar meist aus Standardgeräten abgeleitet sind, aber für spezielle Messungen optimiert sind. Sie verfügen meist über einen eingeschränkten Funktionsumfang.

1.5.1 Messungen im Nanovoltbereich

Nanovoltmeter sind Spannungsmessgeräte, die zur Messung besonders kleiner Spannungen optimiert sind. Im Gegensatz hierzu sind Elektrometer zwar auch zur Messung kleiner Spannungen geeignet, aber zur Messung an Quellen mit hohem Innenwiderstand optimiert. Die unterschiedliche Optimierung erfolgt wegen des Rauschens. Der hohe Eingangswiderstand des Elektrometers rauscht stärker als der sehr viel niedrigere Eingangswiderstand des Nanovoltmeters. Er liegt üblicherweise in der Größenordnung von 1 GΩ bis 10 GΩ, liegt also um 4 bis 7 Zehnerpotenzen unterhalb des Eingangswiderstandes eines typischen EM. Beim Messen mit Nanovoltmetern müssen demzufolge Messfehler durch die Belastung der Signalquelle berücksichtigt werden, wie es bereits im Kapitel 1.3 – *DMM*, Abschnitt – *Spannungsmessungen* geschildert wurde.

Der große Vorteil der Nanovoltmeter liegt darin, dass durch entsprechende schaltungstechnische Maßnahmen die Driften gegenüber den von EM und DMM optimiert wurden; so lassen sich für kleinere Spannungen stabilere und besser reproduzierbare Messungen durchführen. Dies wird erreicht durch eine Messung des Offset zwischen den Messungen der Messspannung. So kann der Offset und seine Drift im Messergebnis berücksichtigt werden.

1.5.2 Messungen im Picoamperebereich

Picoamperemeter sind aufgebaut wie Elektrometer, verfügen jedoch ausschließlich über Funktionen zum Messen von Strömen. Dadurch sind sie einfach billiger. Gelegentlich finden sich Picoamperemeter mit logarithmischem Ausgang (dB) oder mit schnellen Antwortzeiten als Feedback-Picoamperemeter.

1.5.3 Messungen im Mikroohmbereich

Mikroohmmeter sind, wie der Name schon sagt, Ohmmeter zur Messung besonders kleiner Widerstände. Typische Auflösungen bewegen sich im 10 µΩ-Bereich. Aufgrund der hohen Auflösung müssen die Messungen immer im 4-Draht-Verfahren erfolgen. Zur Ausschaltung thermischer Spannungen wird ein gepulster Messstrom verwendet, der eine Messung der an den Kontaktstellen erzeugten Themospannungen erlaubt, sodass die hierdurch verursachten Fehler aus dem Messergebnis herausgerechnet werden können (Offset Compensation).

Häufig verfügen Mikroohmmeter noch über einen besonderen Messmodus: den Dry-Test-Mode. In diesem Messmodus wird der Spannungsabfall am Testobjekt auf eine sehr kleine Spannung begrenzt (Größenordnung 20 mV). Diese Begrenzung vermeidet ein Durchbrennen von Oxidschichten (Puncturing), die bei beispielsweise der Güteprüfung von Relaiskontakten oder Steckkontakten eine Rolle spielen. Schon kleine Spannungen erzeugen an diesen sehr dünnen Schichten große Feldstärken gemäß

$$E = \frac{U}{d} \tag{1.28}$$

sodass es zum Durchbrennen kommt. In der obigen Gleichung ist E die elektrische Feldstärke, U die anliegende Spannung und d die Dicke der Oxidschicht. Bei einer Schichtdicke von etwa 1 µm und einer Spannung von 100 mV entsteht so eine Feldstärke von 1 MV/m!

1.5.4 Frequenz-, Periodendauer- und Zeitmessung

Bei der Frequenzmessung wird grundsätzlich die Anzahl der Perioden eines Referenzoszillators während der Periodendauer der Messspannung gezählt und hieraus Frequenz und Periodendauer errechnet; in der Regel kann der Experimentator wählen, ob er die Anzeige der Frequenz oder der Periodendauer wünscht. Auf die gleiche Weise wird auch die Zeit zwischen Ereignissen gemessen; im Unterschied zur Frequenzmessung werden jedoch Spannungsimpulse zum Starten und Stoppen der Zählung über die entsprechenden Eingänge des Messgerätes eingegeben.

Die Messzeit wird Torzeit (Gate Time) genannt. Innerhalb dieser Torzeit wird bei der Frequenzmessung eine Periode der Messspannung gesucht (mittels Suche nach einem Nulldurchgang einer bestimmten Polarität, also beispielsweise von negativer Eingangsspannung zu positiver Eingangsspannung) und dann die Zählung der Perioden des Referenzoszillators gestartet. Die Zählung wird beim nächsten Nulldurchgang gleicher Polarität gestoppt.

Die Torzeit bestimmt die kleinste messbare Frequenz, da in dieser Zeit eine Periode der Messfrequenz sicher erkannt werden muss. So kann beispielsweise bei einer Torzeit von 1 s eine Frequenz von 3 Hz noch sicher gemessen werden. Weil Messfrequenz und Torzeit nämlich nicht synchron sind, erscheint der nächste Nulldurchgang der richtigen Polarität ungünstigstenfalls 1/3 s nach Start der Torzeit. Ihr Ende erscheint dann nach 2/3 s, also sicher noch innerhalb der Torzeit. Bei geringeren Frequenzen kann das Ende der Periode aus der Torzeit herausfallen.

Die Torzeit bestimmt auch die Auflösung der Messung. Je länger nämlich die Torzeit ist, desto größer ist auch die Anzahl der Perioden des Referenzoszillators, die gezählt werden. Ist beispielsweise die Frequenz des Referenzoszillators 3.33 MHz, so werden bei einer Torzeit von 1 s maximal $3.33 \cdot 10^6$ Perioden gezählt. Das entspricht einer Auflösung von 0.3 ppm und einer Anzeige von 7 Stellen. Die Torzeit kann voll genutzt werden, wenn die Zählung über möglichst viele Perioden der Messspannung erfolgt. Dies kann durch Zwischenspeichern der Werte des Zählers bei den entsprechenden Nulldurchgängen erfolgen. Nach Ablauf der Torzeit wird der Zählerstand und die Anzahl der gemessenen Perioden ausgelesen und zur Frequenz verrechnet. Dann wird das Messergebnis angezeigt und eine neue Messung gestartet. Wenn deren Ergebnis vorliegt, wird der angezeigte Messwert durch den neuen Messwert ersetzt. Typische Torzeiten liegen zwischen 100 µs und 100 s. Sie können im Allgemeinen dekadisch eingestellt werden.

Eine weitere wichtige Angabe ist der Eingangsspannungsbereich, in dem die Frequenzmessung durchgeführt werden kann. Er bestimmt den maximalen und den minimalen Effektivwert der Messspannung. Der untere Wert wird dabei durch die Spannung bestimmt, bei der der Komparator im Messgerät unter Berücksichtigung der Auflösung den Nulldurchgang der Messspannung noch sicher erkennen kann. Der obere Wert ergibt sich durch die Spannungsfestigkeit der Eingangselektronik des Messgerätes. Ein typischer Wert für einen Eingangsspannungsbereich ist 100 mV_{eff} bis 750 V_{eff}. Die Genauigkeit der Messung ergibt sich aus der Periodendauer der Referenzfrequenz und der Genauigkeit, mit der der Komparator im Messgerät den Nulldurchgang der Eingangsspannung erkennt. Gute Frequenzmessgeräte verfügen über eine Einstellmöglichkeit für die Verstärkung des Eingangssignals, sodass eine Anpassung des Messsignals an die elektrischen Eigenschaften des Komparators möglich ist. Ferner kann im Eingangsverstärker ein Tiefpassfilter zur Eliminierung von Hochfrequenzrauschen eingefügt werden. Freilich kann dieses Filter nur bei der Messung niedriger Frequenzen (beispielsweise bis etwa 100 kHz) eingesetzt werden.

Gelegentlich kann mit einem solchen Messgerät auch die Phasenverschiebung zwischen zwei Wechselspannungssignalen gemessen werden. Hierbei wird die Periodenzählung beim Referenzoszillator durch den Nulldurchgang des ersten Messsignals gestartet und durch den nächsten Nulldurchgang des zweiten Messsignals wieder gestoppt.

Standardzähler haben einen Messbereich von 0 Hz bis zu einigen hundert Megahertz. Spezielle Geräte sind für Anwendungen bis zu einigen Gigahertz erhältlich. Messungen der Periodendauer und damit auch der Zeitdauer zwischen Ereignissen sind so standardmäßig in einem Bereich von wenigen Nanosekunden bis zu einigen 1000 Sekunden möglich.

Wird die Frequenzmessung mit einem geeigneten DMM durchgeführt, so stehen häufig im Vergleich zu „richtigen" Frequenzzählern nur wenig Einstellmöglichkeiten zur Verfügung; in der Regel muss man sich mit 3 Torzeiten begnügen. Tabelle 1.12 zeigt typische Daten für ein Mittelklasse-DMM mit Frequenzmessbereich.

Tab. 1.12: Typische Daten für ein Mittelklasse-DMM mit Frequenzmessbereich.

Modus	Torzeit	Auflösung	Stellenzahl
fast	10 ms	30 ppm	5
medium	100 ms	3 ppm	6
slow	1 s	0.3 ppm	7

1.5.5 Temperaturmessung

Einige DMM's verfügen eine Möglichkeit zur Temperaturmessung. Sie erlaubt die Messung von Temperaturen mit Hilfe von verschiedenen Temperatursensoren. Der Temperatursensor wird an den Messeingang des DMM angeklemmt. In manchen DMM's wird im Gerät für bestimmte Temperatursensoren bereits auf die Temperatur umgerechnet und diese angezeigt; es ist also eine Kalibrierkurve des jeweilig verwendeten Temperatursensors vorhanden. Bei einigen Sensortypen erfolgt keine Umrechnung des Messwertes in Temperatur; hier ist im Messgerät keine Kalibrierkurve vorhanden. Es gibt auch spezielle Temperaturmessgeräte, die für andere Messungen nicht benutzt werden können; sie sind in der Regel für die Messungen von Temperaturen mit Platindrahtfühlern und/oder Thermoelementen optimiert und verfügen auch über dementsprechende Kalibrierungen. Im Folgenden werden die gebräuchlichsten Temperatursensoren und Messverfahren kurz beschrieben.

1.5.5.1 Thermistoren (NTC)

Thermistoren sind Halbleiter, die zu Temperaturmesszwecken herangezogen werden können. Sie werden aus polykristallinen oder keramischen Mischoxidmaterialien hergestellt. Sie werden meist perlenförmig mit einem Durchmesser von 1 bis 2 mm angeboten, sodass eine gute thermische Kontaktierung an die Messstelle schwerfällt. Die

Autorin löste dieses Problem, indem er einen elektrischen Anschluss des Thermistors an ein Silberblech von etwa 1 cm^2 anlötete. Dieses Silberblech stellte den Wärmekontakt zur Messstelle her, wobei darauf geachtet werden muss, dass kein elektrischer Kontakt zur Messstelle entsteht (elektrische Störungen). Diese Isolierung kann durch eine dünne Isolationsfolie aus Kunststoff oder Glimmer hergestellt werden; angeklebt werden die verschiedenen Elemente beispielsweise mit Wärmeleitpaste (aus dem Elektronikfachhandel); gegebenenfalls reicht auch eine einfache Klemmung aus.

Theoretisch sollte der Widerstand eines Halbleiters in einem normalen Temperaturbereich mit steigender Temperatur exponentiell abnehmen, da die Anzahl der für die Stromleitung zur Verfügung stehenden Ladungsträger mit steigender Temperatur exponentiell zunimmt:

$$R(T) = A \cdot e^{-B \cdot T} + C \tag{1.29}$$

Dabei ist $R(T)$ der temperaturabhängige Widerstand des Sensors; T die absolute Temperatur in K und A, B und C sind Konstanten.

Durch Fehler im Aufbau des Halbleitermaterials kommt es zu Abweichungen vom idealen Verhalten. Als bester Ansatz für einen Polynomfit gilt der Ansatz:

$$\frac{1}{T} = \sum_{n} [c_n \cdot (\ln(R))^n] \tag{1.30}$$

in diesem Polynom sind c_n die Konstanten, die durch einen Fit aus der Kalibrierung $\ln(R)$ gegen $1/T$ bestimmt werden müssen. Ein Least Squares Fit eignet sich beispielsweise gut für diese Aufgabenstellung. Bei der Temperaturmessung wird dann R gemessen, aus dem Polynom $1/T$ bestimmt und schließlich die Temperatur errechnet.

Eine Interpolation bis zum vierten Grad (Summe von $n = 0$ bis $n = 4$) liefert im Allgemeinen eine Genauigkeit von besser als 20 mK. Widerstandstafeln, die den Thermistoren beim Verkauf beiliegen, liefern üblicherweise Genauigkeiten von 0.5 K (YSI und Fenwall beispielsweise).

Thermistoren müssen wegen Fehlstellen im Sensoraufbau künstlich gealtert werden, da sie sonst ihren Kennwiderstand im Laufe der Zeit ändern. Kalibrierte Temperatursensoren werden im Allgemeinen vom Hersteller gealtert. Dennoch kann es erforderlich sein, eine Neukalibrierung vorzunehmen, wenn die Anschlussdrähte angelötet wurden, insbesondere, wenn eine Hartlötung vorgenommen wurde (etwa wegen der Gefahr der Zinnpest oder der Verwendung oberhalb des Erweichungspunkts von Lötzinn). Man kann die Alterung auch selbst vornehmen, indem man die Thermistoren vor der Anwendung 1000 Stunden lang bei einer Temperatur von etwa 100 °C lagert. Das ist mehr als ein Monat im Trockenschrank des Labors.

Thermistoren können in einem Temperaturbereich von etwa −60 °C bis hinauf nach 200 °C benutzt werden, in Sonderfällen aber auch bis zu Temperaturen von −200 °C hinab oder bis 350 °C hinauf. Sie werden mit unterschiedlichen Raumtemperaturwiderständen hergestellt. Dieser Wert wird gerne als Kennwiderstand R_{25} bezeichnet; das ist der Widerstandswert bei einer Temperatur bei 25 °C. Er wird als Kenngröße immer angegeben; in der Praxis kommen Werte zwischen 1 Ω und 500 kΩ vor. Thermistoren verändern ihren Widerstand im Gesamttemperaturbereich um reichlich 8 Zehnerpotenzen, der sich mit Widerstandsmessgeräten messtechnisch nicht so ohne weiteres überstreichen lässt. Daher muss man je nach Einsatztemperaturbereich den Widerstand nach seinem Raumtemperaturwert sorgfältig aussuchen. Für Messungen im Tieftemperaturbereich beispielsweise werden Widerstände mit wenigen Ohm bei Raumtemperatur gewählt; für Hochtemperaturmessungen nimmt man Widerstände mit einigen hundert Kiloohm bei Raumtemperatur. Ein typischer Thermistor mit einem Kennwiderstand von 30 kΩ hat bei –40 °C einen Widerstand von rund 900 kΩ und bei 120 °C von nur noch 1 Ω. Die Empfindlichkeit liegt im Verwendungsbereich zwischen 3 %/K und 5 %/K.

Die durch den Messstrom im Thermistor umgesetzte Heizleistung führt zur Eigenerwärmung des Messfühlers. Deshalb ist nach der Beaufschlagung mit dem Messstrom (und selbstverständlich nach einer Änderung des Stromes beim Messbereichswechsel) das thermische Gleichgewicht abzuwarten. Am besten schaltet man den Messstrom gar nicht ab; dies bedeutet jedoch, dass man entweder eine Widerstandsmessung mit einer externen Quelle vorsehen muss oder dass man das für die Temperaturmessung eingestellte Messgerät während der gesamten Versuchsdauer für nichts anderes benutzen kann. Eine gute thermische Kontaktierung zur Messstelle ist sehr wichtig; dies ist keine einfache Forderung, da der Körper des Messfühlers im Allgemeinen aus Epoxidharz besteht. Eine völlige Umschließung des Fühlers und möglicherweise das Ankleben oder Anlöten an die Messstelle ist unumgänglich. Bei einem Thermistor in ruhender Luft gilt für die Temperaturüberhöhung ΔT durch den Messstrom:

$$\Delta T = \frac{P}{G_{\text{th}}} = \frac{I^2 \cdot R}{G_{\text{th}}} \tag{1.31}$$

Dabei ist $P = I^2 \cdot R$ die im Thermistor durch den Messstrom verursachte Heizleistung, R der Widerstand des Thermistors und G_{th} in W / K der Wärmeleitwert des Thermistors bezüglich der Umgebung. Er ist im Datenblatt angegeben. ΔT ist wegen der Temperaturabhängigkeit aller beteiligten Größen temperaturabhängig. Ein typischer Wert für G_{th} ist 1.5 mW/K. Bei dem obigen Beispielthermistor mit 30 kΩ bei 20 °C ergibt sich mit einem Messstrom von 7 µA (200 kΩ-Bereich, gutes Ohmmeter) eine Temperaturmissweisung von

$$\Delta T = \frac{(7 \cdot 10^{-6})^2 \cdot 30 \cdot 10^3}{1.5 \cdot 10^{-3}} K = 980\,\mu\text{K}$$

also fast von 1 mK!

Da die Eigenerwärmung temperaturabhängig (Widerstand des Sensors, Messbereichswechsel mit Messstromwechsel!) ist und von den Randbedingungen der Messung (thermische Ankopplung usw.) abhängig ist, lässt sie sich nicht ohne weiteres rechnerisch berücksichtigen. Das kann tatsächlich nur durch Kalibrieren unter vergleichbaren Messbedingungen in einem Thermostaten erfolgen (gleiche Temperaturbereiche, gleiche thermische Ankopplung, gleiche Messgeräte und Messbereiche). Um für den Messbereichswechsel zu sensibilisieren, soll die oben genannte Missweisung an der Bereichsgrenze 20 kΩ für den 200 kΩ-Bereich und den 20 kΩ-Bereich errechnet werden:

$$\text{200 k}\Omega\text{-Bereich:} \quad \Delta T = \frac{(7 \cdot 10^{-6})^2 \cdot 20 \cdot 10^3}{1.5 \cdot 10^{-3}} K = 653\,\mu\text{K}$$

$$\text{20 k}\Omega\text{-Bereich:} \quad \Delta T = \frac{(89 \cdot 10^{-6})^2 \cdot 20 \cdot 10^3}{1.5 \cdot 10^{-3}} K = 106\,\text{mK}$$

Beim Messbereichswechsel an der Bereichsgrenze ändert sich also die Temperaturanzeige um rund 0.1 °C!

Misst man nicht im Konstantstromverfahren, so berechnet sich ΔT zu

$$\Delta T = \frac{U}{R \cdot G_{\text{th}}} \tag{1.32}$$

U ist dann der Spannungsabfall über dem Sensor. Bei der Berechnung der Missweisung spielt das verwendete Messverfahren (Konstantstromtechnik oder Ratiometertechnik) eine Rolle. Die Frage, welches Verfahren vom Standpunkt der Selbsterwärmung das günstigere Messverfahren ist, beantwortet Abbildung 1.28 und die dort geführte Diskussion zugunsten des Konstantstromverfahrens. Sinngemäß gelten die obigen Diskussionen für alle Temperaturmessungen, die auf Widerstandsmessungen beruhen.

Thermistoren zeichnen sich durch einen großen Temperaturkoeffizienten und geringe Baugrößen aus. Dadurch ergeben sich hohe Temperaturauflösungen und schnelle Reaktionszeiten. Spezielle Temperaturmessgeräte mit Eichungen für Thermistoren sind meines Wissens nicht im Handel erhältlich. Man muss also den Widerstand mit Digitalohmmetern oder Elektrometern messen und selbst kalibrieren.

1.5.5.2 Platindrahtwiderstände

Platindrahtwiderstände zur Temperaturmessung sind weit verbreitet. Sie bestehen aus einem Glas- oder Keramikkörper, in dem sich ein Widerstand aus Platindraht (gewickelt) befindet.

Abbildungen 1.32 und 1.33 zeigen typische Platindrahtfühler. Solche Fühler kommen am häufigsten als zylindrische Fühler mit zwei Anschlussdrähten auf den Markt. Für eine 4-Draht-Messung müssen in der Nähe des Fühlers je 2 Drähte angeschlossen werden. Die Maße des Glas- oder Keramikkörpers bewegen sich für den Durchmesser zwischen 1 mm und 5 mm; die Länge liegt üblicherweise zwischen 10 mm und 60 mm.

Aufgrund der Störung der Elektronenbewegung durch thermische Bewegung der Atomrümpfe kommt es in Metallen mit steigender Temperatur zu einer steigenden Behinderung der Stromleitung, sodass der Widerstand mit der Temperatur ansteigt:

$$R(\vartheta) = R_o \cdot (1 + \alpha \cdot \vartheta) \tag{1.33}$$

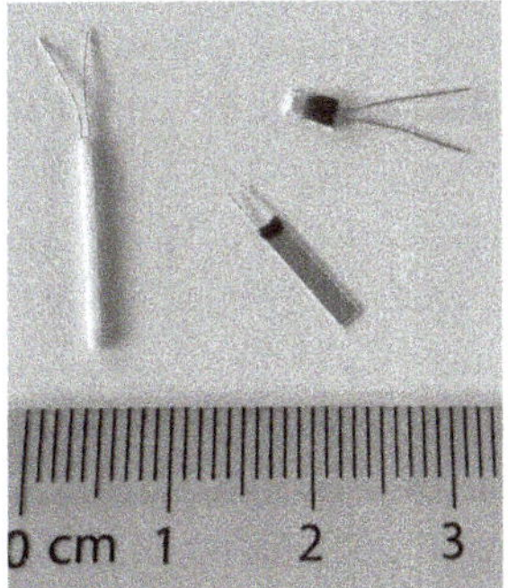

Abb. 1.32: Typische Platindrahtfühler.

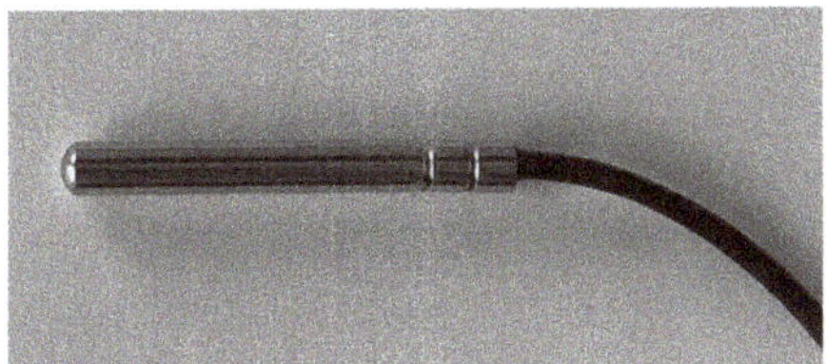

Abb. 1.33: Vorkonfektionierter Pt-1000.

Dabei ist ϑ die Temperatur in °C, R_0 der Widerstand des Messfühlers bei 0 °C und α der Temperaturkoeffizient in 1/°C. Der Temperaturkoeffizient α liegt für Platin bei einem Wert von $3.9 \cdot 10^{-3}$/°C, für Nickel bei $5.39 \cdot 10^{-3}$/°C. Damit ergibt sich für einen PT-100-Widerstand eine Empfindlichkeit von etwa 0.4 %/°C, also rund eine Zehnerpotenz weniger als bei Thermistoren. Dafür ist die Temperaturmessung wegen des annähernd linearen Zusammenhanges zwischen der Temperatur und dem Widerstand einfacher; ferner sind geeichte Instrumente vorhanden. Einige DMM erlauben nämlich den Anschluss von genormten sogenannten PT-100-Widerständen speziell zur Temperaturmessung, die bei 0 °C einen Widerstand von 100 Ω haben. Die Temperaturmessung erfolgt dann als Widerstandsmessung. Freilich ist eine solche Messung mit jedem Ohmmeter möglich; die hier beschriebene Methode hat allerdings den Vorteil, dass im Messgerät der Widerstand bereits in Temperatur umgerechnet und in °C angezeigt wird, während man anderenfalls die Temperatur im Rechner berechnen muss. Gelegentlich werden bei der Berechnung der Temperatur aus dem gemessenen Widerstandswert auch Terme höherer Ordnung berücksichtigt, die Nichtlinearitäten durch nicht-ideales Verhalten des Metalldrahtes berücksichtigen. Im Labor ist die Anzeige der Temperatur im Display des Messgerätes ein unschätzbarer Vorteil, weil ein kurzer Blick auf die Anzeige genügt, um einen Überblick über den thermischen Zustand des Messsystems zu bekommen.

Bei dem Messwiderstand handelt es sich in der Regel einen Drahtwiderstand und nicht um einen Metallfilmwiderstand, da mikroskopische Effekte den linearen Zusammenhang zwischen Temperatur und Widerstand stören würden und die Widerstände alterungsanfällig würden. Meist kommen die Sensoren mit einem Widerstand von 100 Ω bei 0 °C zur Anwendung (PT-100-Widerstände); erhältlich sind aber auch PT-50 und PT-25-Widerstände (50 Ω beziehungsweise 25 Ω bei 0 °C), letztere auch sehr fein kalibriert (etwa von Rosemount, Genauigkeit im zig-Millikelvinbereich). Darüber hinaus gibt es Widerstände mit einem höheren 0 °C-Wert, nämlich mit 200 Ω, 500 Ω und 1000 Ω. Für diese Messwiderstände ist die Auflösung der Temperaturmessung bei gleicher Auflösung des Messgerätes entsprechend besser; dafür erkauft man sich die Nachteile des höheren Widerstandes. Ferner gibt es auch biegsame Ausführungen, etwa als Folie, zur Messung auf nicht ebenen Oberflächen. Solche Widerstände haben wegen der elastischen Isolierung aus Kunststoff (PTFE, Teflon) einen deutlich eingeschränkten Temperaturbereich (siehe auch Isolationswerkstoffe) von etwa 70 °C bis 200 °C. Ferner ist der Widerstand als Metallfilmwiderstand ausgeführt, was zu einer schlechteren Genauigkeit und Stabilität führt.

Auch Platindrahtwiderstände erwärmen sich durch den Messstrom. Hierzu gelten die gleichen Betrachtungen wie im Abschnitt über Thermistoren (Gleichungen (1.31) und (1.32)). Berechnet man die Selbsterwärmung für die gleichen Bedingungen wie bei Thermistoren (25 °C, damit der 200 Ω-Bereich, Messstrom 1 mA, Konstantstromverfahren, $G_{\text{th}} = 1.5\,\text{mK/W}$), so ergibt sich:

$$\Delta T = \frac{(1 \cdot 10^{-3})^2 \cdot 110}{1.5 \cdot 10^{-3}} K = 73\,\text{mK}$$

Damit ist die Missweisung durch Selbsterwärmung unter sonst gleichen Randbedingungen rund 75 Mal so hoch wie bei Thermistoren. Dem kann dadurch etwas entgegengewirkt werden, dass die thermische Kontaktierung besser durchgeführt wird, was sich in einem Abnehmen von G_{th} und damit auch in einem Abnehmen von ΔT auswirkt. Dies ist praktisch auch möglich, weil sich Platindrahtwiderstände durch ihre zylindrische Form mit beiden Widerstandsanschlüssen an einer Seite besser zum Einbau in Temperaturmessstellen eignen als Thermistoren, die häufig ballige Pillenformen haben und damit ihre sichere thermische Kontaktierung schwer machen.

Platindrahtwiderstände werden sehr genau gefertigt und sind deshalb als Temperaturfühler „von der Stange" mit guter Genauigkeit geeignet. Ihre Kalibrierung liegt im Allgemeinen nach DIN43760 für IPTS-68 (International Practical Temperature Scale, beinhaltet die Definition der Temperaturskala) vor. Die DIN-Norm definiert den Zusammenhang zwischen dem Widerstand und der Temperatur. Solche Widerstände sind als Glasausführung in einem Temperaturbereich von −250 °C bis nach 500 °C hinauf einsetzbar; als Keramikausführung ergibt sich ein nach oben erweiterter Temperaturbereich bis 1100 °C. Messgeräte mit direkter Temperaturanzeige verfügen häufig über einen hier gegenüber eingeschränkten Messbereich, beispielsweise −100 °C bis 600 °C.

Standardmäßig sind in Deutschland die nach DIN43760 (IEC751) kalibrierten Platindrahtfühler erhältlich. Diese Norm legt den Zusammenhang zwischen Widerstand und Temperatur (sogenannte Grundwerte) sowie die höchsten durch die Herstellung erlaubten Abweichungen von den Grundwerten in einem Temperaturbereich von −200 °C bis 850 °C fest.

Tabelle 1.13 zeigt die Grundwerte eines PT-100 Fühlers nach DIN43760 in Ohm. Die DIN legt die Grundwerte in 10 K-Schritten fest; dazwischen kann linear interpoliert werden. Die Tabelle nimmt dabei Rücksicht auf Nichtlinearitäten im $R(\vartheta)$-Zusammenhang. Das bedeutet, dass die nichtlineare Kurve stückweise linear dargestellt wird.

Tab. 1.13: Grundwerte eines PT-100 Fühlers nach DIN 43760.

ϑ/°C	**−90**	**−80**	**−70**	**−60**	**−50**	**−40**	**−30**	**−20**	**−10**	**0**
−200	–	–	–	–	–	–	–	–	–	18.49
−100	22.80	27.08	31.32	35.53	39.71	43.87	48.00	52.11	56.19	60.25
0	64.30	68.33	72.33	76.33	80.31	84.27	88.22	92.16	96.09	100.00
ϑ/°C	**0**	**10**	**20**	**30**	**40**	**50**	**60**	**70**	**80**	**90**
0	100.00	103.90	107.79	111.67	115.54	119.40	123.24	127.07	130.89	134.70
100	138.50	142.29	146.06	149.82	153.58	157.31	161.04	164.76	168.46	172.16
200	175.84	179.51	183.17	186.12	190.45	194.07	197.69	201.29	204.88	208.45
300	212.02	215.57	219.12	222.65	226.17	229.67	233.17	236.65	240.13	243.59
400	247.04	250.48	253.90	257.32	260.72	264.11	267.49	270.86	274.22	277.56
500	280.90	284.22	287.53	290.83	294.11	297.39	300.65	303.91	307.15	310.38
600	313.59	316.80	319.99	323.18	326.35	329.51	332.66	335.79	338.92	342.03
700	345.13	348.22	351.30	354.37	357.42	360.47	363.50	366.52	369.53	372.52
800	375.51	378.48	381.45	384.40	387.34	390.26	–	–	–	–

Abbildung 1.34 verdeutlicht noch einmal die Nichtlinearität. Sie zeigt die Empfindlichkeit $\Delta R/\Delta\vartheta$ des PT-100-Fühlers über seinen Einsatztemperaturbereich. Man erkennt, dass die Empfindlichkeit mit steigender Temperatur im Einsatztemperaturbereich um ca. 30 % abnimmt. Man erkennt ferner, dass hinab bis zu einer Temperatur von etwa −80 °C $\Delta R/\Delta\vartheta$ nahezu konstant ist, der $R(\vartheta)$-Zusammenhang also durch eine quadratische Gleichung beschrieben werden kann.

Unterhalb von −80 °C spielen Effekte höherer Ordnung bereits eine so große Rolle, dass der $R(\vartheta)$-Zusammenhänge nicht mehr mit hinreichend hoher Genauigkeit durch ein Polynom zweiter Ordnung beschrieben werden kann.

Führt man ein Fitprogramm für den Temperaturbereich 0 °C bis 800 °C durch, so erhält man für die Konstanten des Polynoms

$$\begin{aligned} R(\vartheta) &= c_2 \cdot \vartheta^2 + c_1 \cdot \vartheta + c_0 \\ c_2 &= -5.8003612 \cdot 10^{-5} \cdot \Omega/°\mathrm{C}^2 \\ c_1 &= 0.39079063 \cdot \Omega/°\mathrm{C}^2 \\ c_0 &= 100.00101\,\Omega \end{aligned}$$

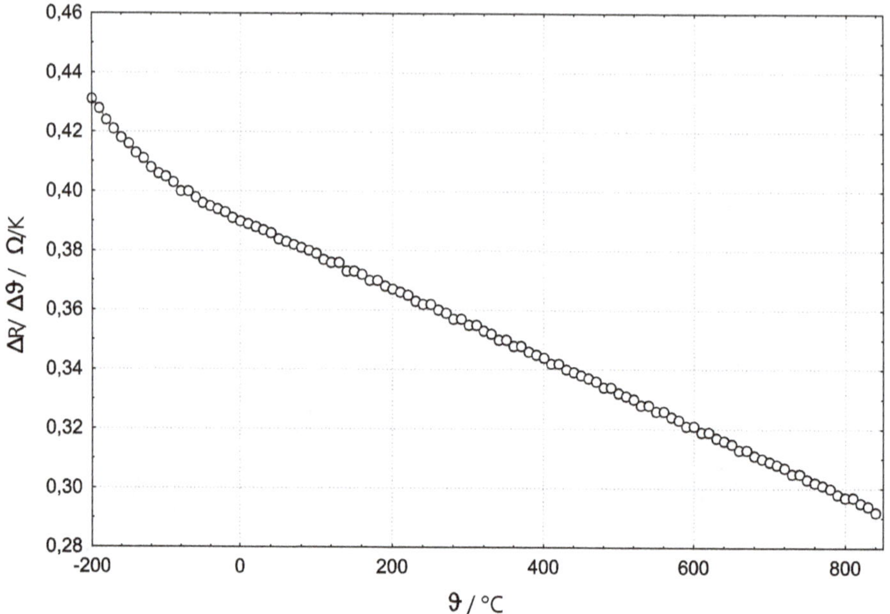

Abb. 1.34: Nichtlinearität. der Empfindlichkeit $\Delta R/\Delta\vartheta$ des PT-100-Fühlers.

Dabei sind die Residuen mit Werten unter 0.005 Ω durchweg besser als die Tabellenwerte, was bedeutet, dass der quadratische Fit eine mehr als ausreichend Genauigkeit liefert.

Anders verhält es sich, wenn man den gesamten Temperaturbereich der DIN43760 fittet (–200 °C bis 850 °C). Hier muss man bereits ein Fitpolynom 7. Ordnung wählen, um etwa vergleichbare Residuen zu erhalten. Sie liegen dann unterhalb 0.01 Ω und betreffen damit die letzte in der Tabelle angegebene Stelle gerade eben nicht mehr. Dennoch liegen die Ergebnisse immer noch deutlich innerhalb der Grenzen, die durch Fehler bei der Herstellung der Messwiderstände auftreten. Das zugehörige Fitpolynom mit seinen Koeffizienten lautet:

$$
\begin{aligned}
R(\vartheta) &= c_7\vartheta^7 + c_6\vartheta^6 + c_5\vartheta^5 + c_4\vartheta^4 + c_3\vartheta^3 + c_2\vartheta^2 + c_1\vartheta + c_0 \\
c_7 &= 1,2809240 \cdot 10^{-19} \cdot \Omega/°\mathrm{C}^7 \\
c_6 &= -3.6578945 \cdot 10^{-16} \cdot \Omega/°\mathrm{C}^6 \\
c_5 &= 4.0137402 \cdot 10^{-13} \cdot \Omega/°\mathrm{C}^5 \\
c_4 &= -2.0943174 \cdot 10^{-10} \cdot \Omega/°\mathrm{C}^4 \\
c_3 &= 5.0951023 \cdot 10^{-8} \cdot \Omega/°\mathrm{C}^3 \\
c_2 &= -6.2250878 \cdot 10^{-5} \cdot \Omega/°\mathrm{C}^2
\end{aligned}
$$

$$c_1 = 0.39066269 \cdot \Omega/°C$$
$$c_0 = 100.01316\,\Omega$$

Bei der Herstellung der Messwiderstände treten Ungenauigkeiten auf, die auf Ungenauigkeiten im verwendeten Material und bei der Verarbeitung zurückzuführen sind. Für die Genauigkeiten von Platindrahtmesswiderständen wurden deshalb zwei Klassen definiert, die einerseits die Herstellung billiger Massenware und andererseits die Herstellung etwas teuerer Präzisionsfühler erlaubt. Die Klassen werden mit A und B bezeichnet, wobei A die Klasse mit der höheren Genauigkeit ist. Die maximal tolerierten Abweichungen sind temperaturabhängig und werden durch die Gleichungen

$$\Delta\vartheta = R_0 \cdot 10^{-2} \cdot (0.15 + 0.002 \cdot \vartheta) \quad \text{für Klasse A}$$
$$\Delta\vartheta = R_0 \cdot 10^{-2} \cdot (0.30 + 0.005 \cdot \vartheta) \quad \text{für Klasse B}$$

gegeben. Darin ist ϑ die Temperatur in °C und R der Widerstandswert des Messfühlers bei 0 °C in Ω.

Um ein Gefühl für die erreichbare Genauigkeit zu erhalten, sind in Tabelle 1.14 die zugehörigen Werte eingetragen. Man erkennt leicht, dass es bei hohen Temperaturen zu beträchtlichen Abweichungen der gemessenen von der wirklichen Temperatur kommen kann. Ist dies nicht tolerierter, so muss man selbst eine Kalibrierung vornehmen. Es darf aber nicht vergessen werden, dass die untenstehende Tabelle nur die absolute Genauigkeit betrifft und überhaupt nichts über die Auflösung der Temperaturmessung aussagt!

Tab. 1.14: Zulässige Abweichungen bei PT-100-Fühlern.

	Zulässige Abweichungen (DIN 43760)	
	Klasse A	**Klasse B**
ϑ/°C	**$\Delta\vartheta$/°C**	**$\Delta\vartheta$/°C**
−200	±0.55	±1.3
−100	±0.35	±0.8
0	±0.15	±0.3
100	±0.35	±0.8
200	±0.55	±1.3
300	±0.75	±1.8
400	±0.95	±2.3
500	±1.15	±2.8
600	±1.45	±3.3
700	k. A.	±3.8
800	k. A.	±4.3
850	k. A.	±4.6

1.5.5.3 Thermoelemente

Treten zwei Metalle in Kontakt zueinander, so wechseln Elektronen von einem Metall in das andere hinüber (vom Metall mit der höheren Austrittsarbeit in das Metall mit der niedrigeren Austrittsarbeit, Seebeck-Effekt). So entsteht eine elektrische Kontaktspannung, die sogenannte Thermospannung. Die Energie, die die Elektronen benötigen, um von einem Metall in das andere Metall überzuwechseln, wird aus der thermischen Energie gewonnen. Da die thermische Energie von der Temperatur abhängt, ist auch die Thermospannung temperaturabhängig. Abbildung 1.35 zeigt eine solche Anordnung aus den Metallen A und B.

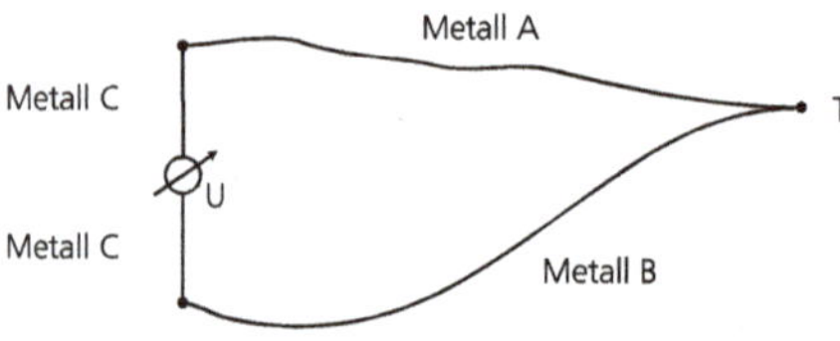

Abb. 1.35: Thermoelementanordnung zur Temperaturmessung.

Da alle Übergänge zwischen Metallen Thermoelemente darstellen, bilden auch die Anschlüsse des Messgerätes (Metall C) Thermoelemente (Metall A – Metall C und Metall B – Metall C). Deshalb müssten eigentlich die Anschlüsse temperiert werden, sodass die dort entstehenden Thermospannungen konstant sind und somit herauskalibriert werden können. Dies stellt je nach der gewünschten Auflösung der Messung (beispielsweise 1 mK) höchste Anforderungen an die Temperierung, da die Anschlüsse schließlich zugänglich sein müssen.

Ein kleiner Umweg hilft aus dem Dilemma: Man installiert zwei Metall-Übergänge, also eine Metall A – Metall B – Metall A Kombination, wie sie Abbildung 1.36 zeigt. Die beiden Kontaktstellen sollen sich auf den Temperaturen T_1 beziehungsweise T_2 befinden. Mit einer solchen Anordnung misst man die Temperaturdifferenz $T_1 - T_2$, da sich die beiden entstehenden Thermospannungen wegen der Umkehrung der Metallfolgen gegenseitig verringern, ja sogar bei $T_1 = T_2$ aufheben. Wählt man nun als Metall A das Material der Messgeräteanschlüsse (beispielsweise Kupfer), so ergibt sich hierdurch

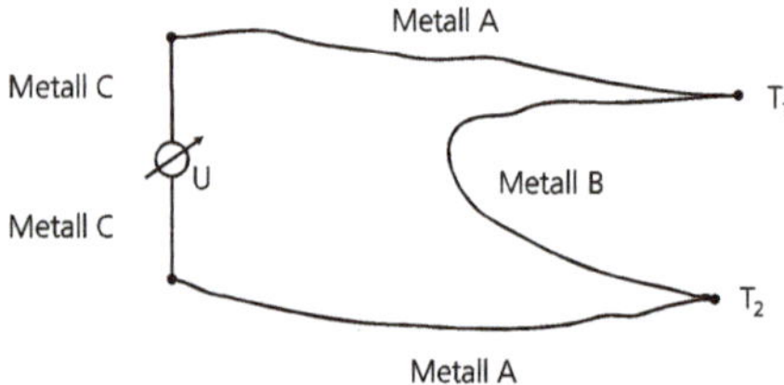

Abb. 1.36: Thermoelementanordnung zur Differenztemperaturmessung.

kein Messfehler. Wählt man als Metall A nicht das Material der Anschlüsse, so ergeben sich zwei weitere Thermoelemente an den Übergangsstellen zum Messgeräteanschluss (Metall C). Im Unterschied zu vorher sind die beiden Thermoelemente jedoch gleich (Metall C – Metall A) und in der Materialfolge entgegengesetzt gerichtet, sodass sich Ihre Thermospannungen aufheben, wenn ihre Temperatur gleich ist. Diese Forderung ist ungleich leichter zu erfüllen als die der Temperierung, indem man beispielsweise die beiden Anschlussstellen auf einen thermisch gut leitenden, möglichst massiven Block montiert und thermisch isoliert (siehe Kapitel 2 – *Thermische Störungen*). Sind die beiden Messstellen örtlich voneinander entfernt, so muss das Thermoelement verlängert werden. Hierzu dient eine sogenannte Ausgleichsleitung, die zur Thermospannung keinen Beitrag liefert und in der Regel aus den gleichen Materialien besteht wie die Schenkel des Thermoelements. Die Eigenschaften von Ausgleichsleitungen sind im Allgemeinen bis zu einer Temperatur von 200 °C garantiert; wir werden sehen, dass dies nur ein geringer Wert ist.

Beide oben erklärte Messverfahren existieren. Misst man Temperaturdifferenzen, so empfiehlt sich auf jeden Fall das zweitgenannte Verfahren; will man hiermit die Absoluttemperatur bestimmen, so muss die zweite Messstelle temperiert werden (Referenztemperatur), was immerhin leichter zu realisieren ist als die Temperierung der Anschlüsse, da die Referenztemperaturmessstelle nicht zugänglich sein muss.

Der Zusammenhang zwischen Temperatur und Messspannung bei Thermoelementen ist im normalen Temperaturbereich einigermaßen linear:

$$U_{\text{therm}} = \alpha \cdot (T_1 - T_2) \tag{1.34}$$

Dabei ist α die Thermokraft oder thermoelektrische Konstante; sie ist materialabhängig und wird im Allgemeinen in µV/K angegeben (Tabelle 1.15). T_1 und T_2 sind die Temperaturen der beiden Kontaktstellen. Für höhere Genauigkeiten muss freilich mit einem Polynom in $T_1 - T_2$ gerechnet werden. Die eine Kontaktstelle wird als Messstelle verwendet; die andere Kontaktstelle ist die Referenzstelle. Ihre Temperatur muss bekannt sein, da das Verfahren nur Temperaturdifferenzen bestimmt. Die Referenzstelle ist üblicherweise temperiert. Es gibt spezielle Temperaturmessgeräte, bei denen eine temperierte Referenzmessstelle eingebaut ist. Werden Temperaturdifferenzen als Messsignal gemessen, so ist auch die zweite Temperaturmessstelle im Messsystem platziert.

Auch bei Thermoelementen treten durch nichtideale Materialien Nichtlinearitäten auf, die bei Messgeräten, die die gemessene Thermospannung direkt in Temperaturen umrechnen, in der Regel berücksichtigt werden.

Die verschiedenen gebräuchlichen Thermoelemente unterscheiden sich durch die verschiedenen Metalle, aus denen sie aufgebaut sind. Damit unterscheiden sie sich in ihrer Empfindlichkeit und in ihrem Einsatztemperaturbereich. Üblich sind Thermoelemente mit den in Tabelle 1.15 genannten Materialkombinationen:

Tab. 1.15: Thermospannungen gebräuchlicher Metallkombinationen.

Typ	Bezeichnung	Temperaturbereich	Empfindlichkeit
Kupfer-Konstantan	T	−200 °C ··· + 600 °C	40 µV/K
Eisen-Konstantan	J	−200 °C ··· + 800 °C	52.5 µV/K
Nickelchrom- Nickel	N	0 °C ··· + 1200 °C	40 µV/K
Platin-Platinrhodium	R, S, B	0 °C ··· + 1600 °C	5.65 µV/K
Nickelchrom- Konstantan	E	−200 °C ··· + 800 °C	53 µV/K
Chromel- Alumel	K	−190 °C ··· + 1200 °C	41 µV/K

Die in dieser Tabelle aufgeführten Materialien setzen sich folgendermaßen zusammen:

Kupfer:	Reinkupfer (100 %)
Konstantan:	55 % Cu, 45 % Ni oder alternativ
	55 % Cu, 44 % Ni, 1 % Mn
Eisen:	Reineisen (100 %)
Nickelchrom:	90 % Ni, 10 % Cr
Nickel:	95 % Ni, Rest Mn, Al, Si
Platin/Rhodium:	90 % Pt, 10 % Rh
Platin:	Reinplatin (100 %)
Chromel:	89 % Ni, 9.8 % Cr, 1 % Fe, 0.2 % Mg
Alumel:	94 % Ni, 2 % Al, 1 % Si, 2.5 % Mg, 0.5 % Fe

Hinzu kommen häufig noch geringfügige andere Legierungsbestandteile, die zur Einstellung der Thermokraft eingesetzt werden. Die angegebenen Werte für die Empfindlichkeit sind nur Richtwerte (bei 0 °C), da die Empfindlichkeit temperaturabhängig ist, d. h. der in Gleichung (1.34) dargestellte ideale Zusammenhang ist in der Praxis nicht streng erfüllt. Deshalb sind die Werte für die Thermospannung, die in den einschlägigen Normen DIN43710 und IEC584-1 erfasst wurden, wie bei Platindrahtfühlern in einer Tabelle von Grundwerten festgelegt. Tabelle 1.16 zeigt diese Grundwerte für die Thermospannung der verschiedenen Thermoelemente.

Mit guten Messgeräten lassen sich (außer bei Platin-Platin-Rhodium) Auflösungen von 1 mK erreichen (das entspricht einer Spannung 40 bis 50 nV). Mit einem Nanovoltmeter lässt sich eine etwa zehnfach höhere Auflösung erreichen. Benötigt man noch höhere Auflösungen, so lassen sich Thermoelemente ausgezeichnet kaskadieren.

Die Tabellen 1.17 und 1.18 zeigen die Genauigkeitsklassen der üblichen erhältlichen Thermoelemente.

Man erkennt leicht, dass die in Tabelle 1.17 angegebenen Werte für die Genauigkeit deutlich temperaturabhängig sind. Die relative Ungenauigkeit in der Temperaturmes-

Tab. 1.16: Grundwerte für die Thermospannung verschiedener Thermoelemente.

	Typ								
ϑ/°C	*T*	*E*	*J*	*K*	*S*	*R*	*B*	*U*	*L*
−200	−5.603	−8.824	−7.890	−5.891	-	-	-	−5.70	−8.15
−100	−3.378	−5.237	−4.632	−3.553	-	-	-	−3.40	−4.75
0	0	0	0	0	0	0	0	0	0
100	4.277	6.317	5.268	4.095	0.645	0.647	0.033	4.25	5.37
200	9.286	13.419	10.777	8.137	1.440	1.468	0.178	9.20	10.95
300	14.860	21.033	16.325	12.207	2.323	2.400	0.431	14.90	16.56
400	20.869	28.943	21.846	16.395	3.260	3.407	0.786	21.00	22.16
500		36.999	27.388	20.640	4.234	4.471	1.241	27.41	27.85
600		45.085	33.096	24.902	5.237	5.582	1.791	34.31	33.67
700		53.110	39.130	29.128	6.274	6.741	2.430	-	39.72
800		61.022	45.498	33.277	7.345	7.949	3.154	-	46.22
900		68.783	51.875	37.325	8.448	9.203	3.957	-	53.14
1000		76.358	57.942	41.269	9.585	10.503	4.833	-	-
1100			63.777	45.108	10.754	11.846	5.777		
1200			69.536	48.828	11.947	13.224	6.783		
1300				52.398	13.155	14.624	7.845		
1400					14.368	16.035	8.952		
1500					15.576	17.445	10.094		
1600					16.771	18.842	11.257		
1700					17.942	20.215	12.428		
1800							13.585		

sung ergibt sich aus Streuungen bei der Herstellung der Thermoelemente (Materialzusammensetzung, Reinheit, Verschweißung der Drähte usw.). Dies bedeutet, dass eine höhere Genauigkeit nur durch Kalibrierung erreicht werden kann; dabei muss natürlich für jedes verwendete Thermoelement eine eigene Kalibrierung durchgeführt werden.

Für käufliche Standardthermoelemente wurden deshalb wie bei den Platindrahtfühlern Genauigkeitsklassen mit den entsprechenden Grenzabweichungen definiert, die in Tabelle 1.17 angegeben sind. In dieser Tabelle bedeuten:

$\Delta\vartheta_V/°C$: Verwendungsbereich des Thermoelements in °C

$\Delta\vartheta_G/°C$: Temperaturbereich, für den die Genauigkeitsangabe gilt

$\Delta\vartheta/°C$: Genauigkeit in °C

$\Delta\vartheta_{max}/°C$: Maximale Abweichung der gemessenen von der wirklichen Temperatur

Thermoelemente werden in der Regel so geliefert, dass die Grenzabweichungen für Temperaturen oberhalb von −40 °C eingehalten werden; unterhalb dieser Temperatur können sie durchaus größer sein als die in Klasse 3 angegebenen Grenzabweichungen. Nur spezielle selektierte Thermoelemente halten die Grenzabweichungen auch unterhalb von −40 °C ein.

Tab. 1.17: Genauigkeitsklassen mit Grenzabweichungen bei Thermoelementen.

Typ	Klasse	$\Delta\vartheta_V$/°C	$\Delta\vartheta$/°C	$\Delta\vartheta_G$/°C	$\Delta\vartheta_{max}$/°C
B	1	–	–	–	–
	2	600 ... 1700	$0.0025 \cdot \vartheta$	600 ... 1700	1.5 ... 4.3
	3	600 ... 1700	$0.005 \cdot \vartheta$	600 ... 800	4.0
				800 ... 1700	4.0 ... 8.5
E	1	–40 ... 800	$0.004 \cdot \vartheta$	–40 ... 375	1.5
				375 ... 800	1.5 ... 3.2
	2	–40 ... 900	$0.0075 \cdot \vartheta$	–40 ... 333	2.5
				333 ... 900	2.5 ... 6.8
	3	–200 ... 40	$0.015 \cdot \vartheta$	–167 ... 40	2.5
				40 ... 200 –167	0,6 ... 3.0
J	1	–40 ... 750	$0.004 \cdot \vartheta$	–40 ... 375	1.5
				375 ... 750	1.5 ... 3.0
	2	–40 ... 750	$0.0075 \cdot \vartheta$	–40 ... 333	2.5
				333 ... 750	2.5 ... 5.6
	3	–	–	–	–
K	1	–40 ... 1000	$0.004 \cdot \vartheta$	–40 ... 375	1.5
				375 ... 1000	1.5 ... 4.0
	2	–40 ... 1200	$0.0075 \cdot \vartheta$	–40 ... 333	2.5
				333 ... 1200	2.5 ... 9.0
	3	–200 ... 40	$0.015 \cdot \vartheta$	–167 ... 40	2.5
				–200 ... –167	3.0 ... 2.5
R S	1	0 ... 1600	$(1 + (\vartheta - 1100) \cdot 0.003)$	0 ... 1100	1.0
				1100 ... 1600	1.0 ... 2.5
	2	0 ... 1600	$0.0025 \cdot \vartheta$	0 ... 600	1.5
				600 ... 1600	1.5 ... 4.0
	3	–	–	–	–
T	1	–40 ... 350	$0.004 \cdot \vartheta$	–40 ... 125	0.5
				125 ... 350	0.5 ... 1.4
	2	–40 ... 350	$0.0075 \cdot \vartheta$	–40 ... 133	1.0
				133 ... 350	1.0 ... 2.6
	3	–200 ... 40	$0.0075 \cdot \vartheta$	–133 ... 40	1.0
				–200 ... –133	1.5 ... 1.0

Wie auch bei den Widerstandsthermometern können für die Temperaturbestimmung Fitpolynome angegeben werden, die es erlauben, aus der gemessenen Spannung die Temperatur auszurechnen. Tabelle 1.18 zeigt die Koeffizienten von möglichen Fitpolynomen für einige Thermoelementtypen. Die Genauigkeit der Fitpolynome wurde

Tab. 1.18: Koeffizienten von Fitpolynomen für einige Thermoelementtypen (2-teilig).

Typ	Fitbereich/°C	Polynomgrad	Koeffizienten	Δ_F^{max}/°C	Δ_G^{min}/°C
B	+100 ... 1800	5	$c_0 = 0.0098355958$	0.2	1.5
			$c_1 = -0.00037594744$		
			$c_2 = 6.3390507 \cdot 10^{-6}$		
			$c_3 = -1.5843406 \cdot 10^{-9}$		
			$c_4 = 6.4567886 \cdot 10^{-13}$		
			$c_5 = -2.0239464 \cdot 10^{-16}$		
E	−200 ... 1000	6	$c_0 = -0.011789927$	0.3	1.5
			$c_1 = 0.05840113$		
			$c_2 = 5.5839929 \cdot 10^{-5}$		
			$c_3 = -6.8068337 \cdot 10^{-8}$		
			$c_4 = 4.8517941 \cdot 10^{-11}$		
			$c_5 = -2.5027738 \cdot 10^{-14}$		
			$c_6 = 6.7086331 \cdot 10^{-18}$		
J	−200 ... 1200	7	$c_0 = -0.030689767$	0.7	1.5
			$c_1 = 0.050289344$		
			$c_2 = 3.5265627 \cdot 10^{-5}$		
			$c_3 = -9.3951997 \cdot 10^{-8}$		
			$c_4 = 5.4422353 \cdot 10^{-11}$		
			$c_5 = 1.3413463 \cdot 10^{-13}$		
			$c_6 = -1.8727913 \cdot 10^{-16}$		
			$c_7 = 6.5132193 \cdot 10^{-20}$		
K	−200 ... 1300	7	$c_0 = 0.036802275$	0.9	1.5
			$c_1 = 0.038905809$		
			$c_2 = 1.8367914 \cdot 10^{-5}$		
			$c_3 = -8.5301716 \cdot 10^{-8}$		
			$c_4 = 2.1295233 \cdot 10^{-10}$		
			$c_5 = -2.650756 \cdot 10^{-13}$		
			$c_6 = 1.5706974 \cdot 10^{-16}$		
			$c_7 = -3.5699195 \cdot 10^{-20}$		
L	−200 ... 900	7	$c_0 = 0.0064145865$	0.3	k. A.
			$c_1 = 0.051523406$		
			$c_2 = 2.8645415 \cdot 10^{-5}$		
			$c_3 = -8.8906664 \cdot 10^{-8}$		
			$c_4 = 1.4905759 \cdot 10^{-10}$		
			$c_5 = -1.4637083 \cdot 10^{-13}$		
			$c_6 = 9.805355 \cdot 10^{-17}$		
			$c_7 = -3.1574033 \cdot 10^{-20}$		

dabei der Genauigkeitsklasse 1 und dort dem Bestwert angepasst. Deshalb ergeben sich relativ hohe Polynomgrade. Andererseits braucht man sich so während der Temperaturberechnung bei keiner Temperatur mehr Sorgen wegen der Genauigkeit des Fitpolynoms zu machen.

In Zeiten, wo Rechnerkapazität nichts kostet, ist dieses Vorgehen weit verbreitet, auch wenn es wissenschaftlich gesehen unvernünftig ist. Das zugrundeliegende Poly-

Tab. 1.19: Koeffizienten von Fitpolynomen für einige Thermoelementtypen (2-teilig).

Typ	Fitbereich/°C	Polynomgrad	Koeffizienten	Δ_F^{max}/°C	Δ_G^{min}/°C
R	100 ... 1700	6	$c_0 = -0.013923077$	0.1	1
			$c_1 = 0.0055562441$		
			$c_2 = 1.1932384 \cdot 10^{-5}$		
			$c_3 = -1.5732603 \cdot 10^{-8}$		
			$c_4 = 1.3793033 \cdot 10^{-11}$		
			$c_5 = -6.0218573 \cdot 10^{-15}$		
			$c_6 = 9.8992686 \cdot 10^{-19}$		
S		6	$c_0 = -0.019472851$	0.2	1
			$c_1 = 0.0057486962$		
			$c_2 = 1.0243016 \cdot 10^{-5}$		
			$c_3 = -1.4709346 \cdot 10^{-8}$		
			$c_4 = 1.3139489 \cdot 10^{-11}$		
			$c_5 = -5.7742591 \cdot 10^{-15}$		
			$c_6 = 9.569293 \cdot 10^{-19}$		
T	−200 ... 400	5	$c_0 = -0.002012987$	0.06	0.5
			$c_1 = 0.038631591$		
			$c_2 = 4.5080682 \cdot 10^{-5}$		
			$c_3 = -3.4511364 \cdot 10^{-8}$		
			$c_4 = 2.4507576 \cdot 10^{-11}$		
			$c_5 = -2.0833333 \cdot 10^{-14}$		
U	−200 ... 600	6	$c_0 = 0.0092354312$	0.4	k. A.
			$c_1 = 0.038327324$		
			$c_2 = 3.9605688 \cdot 10^{-5}$		
			$c_3 = -1.1696387 \cdot 10^{-8}$		
			$c_4 = 9.1858974 \cdot 10^{-11}$		
			$c_5 = -3.4858974 \cdot 10^{-13}$		
			$c_6 = 3.1666667 \cdot 10^{-16}$		

nom lautet:

$$\vartheta(U) = c_7 \cdot U^7 + c_6 \cdot U^6 + c_5 \cdot U^5 + c_4 \cdot U^4 + c_3 \cdot U^2 + c_2 \cdot U^2 + c_1 \cdot U + c_0$$

Dabei sind

ϑ	Temperatur in °C
U	Gemessene Spannung in mV
Δ_F^{max}/°C	Maximale Abweichung des Fits von den Grundwerten
Δ_G^{min}/°C	Kleinster Wert für die zulässige Abweichung der Grundwerte von den wirklichen Werten.

Die gefitteten Werte für die Polynomkoeffizienten zeigen die Tabellen 1.18 und 1.19 für die verschiedenen Thermoelementtypen und die verschiedenen Polynomgrade der Fits.

Normalerweise werden Thermoelemente aus Drähten der entsprechenden Materialien hergestellt. Dies hat den Nachteil, dass bei der Temperaturmessung an metallischen Körpern eine direkte galvanische Kopplung zwischen dem Messobjekt und dem Messfühler entsteht, die das elektrische Potential des Messobjektes in das Messgerät überträgt. Dies kann erhebliche Störungen der Messungen bewirken. Trägt das Messobjekt eine Spannung, die größer als die sogenannte Schutzkleinspannung ($50V_=$) ist, so resultiert hieraus eine Gefährdung des Laborpersonals. Ferner ist auch die Spannungsfestigkeit des Messgeräteeingangs zu beachten.

Darüber hinaus resultiert aus der ungeschirmten Leitungsführung eine stärkere Einstreuung von Störpotentialen und Störspannungen, die zu erheblichen Missweisungen der Messung führen können (siehe Kapitel 2 – *Störungen von Messungen*).

Auch ist es günstig, die Messstelle vor mechanischen und chemischen Einflüssen zu schützen. Deshalb werden häufig sogenannte Koaxialthermoelemente benutzt. Bei ihnen sind die beiden Leiter mit der Temperaturmessstelle von einem metallischen Mantel umgeben (deshalb heißen sie auch manchmal Mantelthermoelemente), der elektrisch von den beiden metallischen Leitern isoliert ist; der Mantel kann als Schirmung der Messeleitung und der Messstellen genutzt werden. Abbildung 1.37 zeigt den Aufbau eines solchen Mantelthermoelements.

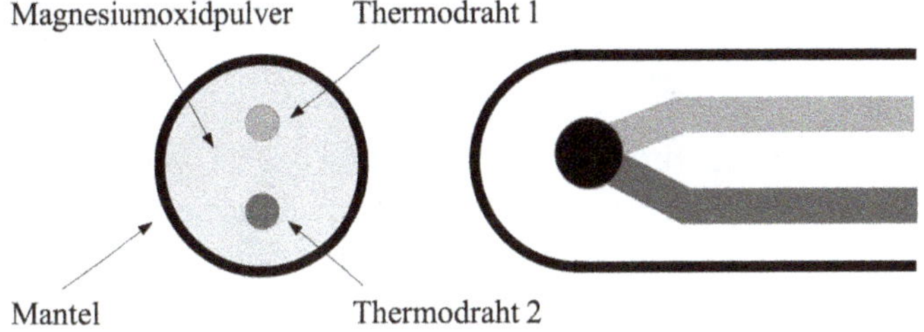

Abb. 1.37: Aufbau eines Mantelthermoelements.

Bei der Herstellung der Mantelthermoelemente wird zunächst ein Rohr dickeren Durchmessers mit Thermoelement und einer Isoliermasse, meist Magnesiumoxidpulver gefüllt. Dann wird das Rohr gezogen, bis sein Durchmesser den gewünschten Solldurchmesser erreicht hat. Durch das Ziehen verringert sich der Durchmesser, wodurch das Isolierpulver verdichtet wird, sodass es wie ein festes, jedoch in sich bewegliches Isoliermaterial wirkt. Auf diese Weise lassen sich Isolationswiderstände von etwa 10^9 Ω/m bei Raumtemperatur erzielen. Mantelthermoelemente sind wegen der geringen Wandstärken auch biegsam.

Um die verschiedenen Thermoelementsorten identifizieren zu können, wurden Farbcodes eingeführt, da wegen ihrer mechanischen Dimensionen eine Beschriftung nur schwer (oder gar nicht) identifizierbar wäre. Wie leicht zu ahnen, konnte man sich dabei international (durch die IEC584) und national (durch die DIN43713/43714) nicht auf einen einheitlichen Code einigen. Wenn man einmal von den verschiedenen Platin-Rhodium-Legierungen absieht, so wurden bei der Codierung unterschiedliche Doppelbelegungen durch die beiden Normen vermieden, sodass einer einwandfreien Identifizierung durch den Farbcode nichts im Wege steht. Tabelle 1.20 zeigt den Farbcode.

Tab. 1.20: Farbcode von Mantelthermoelementen.

Typ	Bezeichnung	IEC 584			DIN 43713/43714		
		Mantelfarbe	Adernfarbe		Mantelfarbe	Adernfarbe	
			+	–		+	–
NiCr–CuNi	E	vt	vt	ws	–	–	–
Fe–CuNi	J	sw	sw	ws	–	–	–
NiCr–Ni	K	gn	gn	ws	gn	rt	gn
Fe–CuNi	L	–	–	–	bl	rt	bl
NiCrSi–NiSi	N	ra	ra	ws	–	–	–
Pt–Pt13Rh	R	or	or	ws	ws	rt	ws
Pt–Pt10Rh	S	or	or	ws	ws	rt	ws
Cu–CuNi	T	br	br	ws	–	–	–
Cu–CuNi	U	–	–	–	br	rt	br

In der Tabelle werden Abkürzungen zur Bezeichnung der Farben verwendet. Diese Abkürzungen sind der Elektrotechnik entnommen und dort allgemein üblich. Sie dienen dort zur Bezeichnung von Widerstandswerten und Adern von Leitungen. Für denjenigen, dem diese Abkürzungen nicht geläufig sind, sind sie in Tabelle 1.21 zusammengestellt.

Tab. 1.21: Abkürzungen der Farbcodes.

Abkürzung	Farbe
sw	schwarz
br	braun
rt	rot
or	orange
ge	gelb
gn	grün
bl	blau
vt	violett
gr	grau
ws	weiß
ra	rosa

Mantelthermoelemente werden kommerziell mit verschiedenen Thermopaaren angeboten. Hier sind praktisch alle oben angeführten Paarungen vorhanden. Darüber hinaus werden auch verschiedene mechanische Dimensionen und verschiedene Mantelwerkstoffe angeboten.

Bei den Mantelwerkstoffen sind verschiedene Stähle im Handel; dazu gehören im Wesentlichen Edelstahl wegen seiner guten Beständigkeit gegen chemische Einwirkungen und hitzebeständige Stähle, vorwiegend für die Thermoelemente zur Messung hoher Temperaturen (über 1000 °C).

Bei den mechanischen Dimensionen können Außendurchmesser typisch zwischen 0.25 mm und 8 mm gewählt werden; mit der Vergrößerung des Außendurchmessers vergrößern sich auch die Durchmesser der Messdrähte, was die Thermoelemente mechanisch stabiler und damit leichter handhabbar, aber auch träger macht (wegen ihrer Wärmekapazität und der Temperaturleitfähigkeit des Isolationsmaterials).

Solch ein Mantelthermoelement hat von außen die Eigenschaften eines Drahtes; es ist biegsam und kann deshalb an die geometrischen Gegebenheiten des Messobjektes und der Umgebung angepasst werden. Beim Biegen ist der Mindestbiegeradius zu beachten; kleinere Biegeradien führen zu Beschädigungen der Thermoelementdrähte im Inneren des Mantelthermoelements (durch den größeren Druck der Magnesiumoxidkörnchen auf die Drähte) und schließlich zur Lockerung der Isoliermasse. Ferner muss bei der Benutzung von Mantelthermoelementen darauf geachtet werden, dass an der Anschlussseite durch Verbiegung der Anschlussdrähte kein Kurzschluss der Drähte untereinander oder zur Ummantelung auftritt. Eine Befestigung des Mantels vor der Anschlussstelle sowie eine Verklemmung der weiterführenden Verkabelung an einem festen Punkt ist sehr ratsam.

Handelt es sich nicht um ein komplett vorkonfektioniertes Thermoelement, etwa mit Steckanschluss, so endet es offen. Dann ist es vorteilhaft, das Ende des Thermoelements mit einer Vergussmasse zu verschließen; dadurch werden sie erheblich unempfindlicher gegen Berührung und Verbiegung. Hierzu kommen, je nach Temperaturbereich der Anschlussstelle, verschiedene Kleber und Kunststoffe (etwa Epoxidharz) in Frage. Die Autorin selbst hat in einem weiten Temperaturbereich (−200 °C ⋯ + 400 °C) gute Erfahrungen mit Wasserglas gemacht. Dieses muss, wie alle Vergussmassen, vor dem Start der Messungen sehr sorgfältig getrocknet werden.

An der Anschlussstelle liegt das Ende des Mantelthermoelementes offen; deshalb kann dort Wasser aus der Luftfeuchtigkeit einkriechen. Dieses Wasser führt zu einer Verringerung des Isolationswiderstandes, die kaum kalkulierbar und beherrschbar ist, da sie beispielsweise vom Wetter abhängt. Der Isolationswiderstand, der sonst durchaus in der Größenordnung einiger Gigaohm liegt, kann sich dann um bis zu 6 Zehnerpotenzen verschlechtern. Trägt der Mantel des Thermoelements aufgrund seiner Ankopplung an die Messstelle jedoch deren Potential, so kann es zu empfindlichen Störungen der Messung kommen (siehe Kapitel 2 – *Störungen von Messungen*). Auch aus diesem Grunde ist es ratsam, das Ende des Mantelthermoelementes mit einer Vergussmasse zu verschließen.

Mantelthermoelemente werden in bestimmten Längen geliefert, die man innerhalb gewisser Grenzen wählen kann. Müssen sie gekürzt werden, so erfordert dies insbesondere bei kleineren Durchmessern einiges Geschick. Zunächst muss, etwa mit einer kleinen Bastler-Fräsmaschine, der Mantel um die entsprechende Länge gekürzt werden. Dazu verwendet man eine kleine Trennscheibe oder einen kleinen Fräser. Dabei muss sorgfältig darauf geachtet werden, dass das Innere des Mantelthermoelementes nicht beschädigt wird. Keinesfalls darf in die Isoliermasse gefräst werden, da dann die Gefahr besteht, dass die Thermoelementdrähte beschädigt werden. Die nun freie Hülse des Mantels kann im Allgemeinen jedoch nicht einfach abgezogen werden wie die Isolierung eines Kabels; dazu ist das Isolierpulver zu stark verpresst. Vielmehr muss nun der Mantel an zwei gegenüberliegenden Seiten längs aufgefräst werden, sodass zwei Halbschalen entstehen, die mit einer Pinzette von den Thermoelementdrähten abgezogen werden können. Leider reicht es nicht aus, einen einzigen Schlitz zu fräsen und dann den Mantel aufzubiegen, da die dabei auf die Thermoelementdrähte wirkenden Kräfte zu einer Beschädigung der Drähte oder gar zum Abreißen führen.

Das Kürzen beschränkt sich übrigens nicht nur auf die geometrischen Gegebenheiten des Messobjektes; vielmehr brechen die Thermoelementdrähte besonders bei kleinen Durchmessern nach mehrmaligem Biegen einfach ab. Dies rührt daher, dass sich bei der Herstellung der Mantelthermoelemente beim Ziehen Körnchen des Isolierpulvers fest in die Drähte einprägen und zu einer lokalen Beschädigung führen. Brechen Drähte an der Austrittsstelle aus dem Mantel ab (dort treten die größten Verbiegungen auf), so muss der Mantel je nach Geschick des Experimentators um etwa 1 cm gekürzt werden, sodass nun die Anschlussstellen wieder frei liegen.

Thermoelemente zeichnen sich insbesondere durch einen weiten Einsatztemperaturbereich und eine geringe Baugröße mit der daraus resultierenden schnellen Ansprechzeit aus. Bei Messgeräten, bei denen die Temperatur direkt angezeigt wird, muss die verwendete Thermoelementtype eingegeben werden, da sich die verschiedenen Typen durch verschiedene Kalibrierungen (siehe Tabelle 1.15) unterscheiden. Thermoelemente haben ferner den Vorteil, dass sie keine Erwärmung der Messstelle durch Stromfluss erzeugen, wenn ihre Spannung hinreichend hochohmig gemessen wird (Heizleistungen in der Größenordnung 10^{-22} W und weniger). Zur Messung von Temperaturdifferenzen eignen sich Thermoelemente aufgrund ihres Aufbaus besonders gut.

1.5.5.4 Siliziumtemperaturfühler

Siliziumtemperaturfühler erhalten ihre Widerstandscharakteristik durch die mit steigender Temperatur zunehmende Behinderung der Stromleitung durch die thermische Bewegung der Atomrümpfe. Dadurch ergibt sich in dem eingeschränkten Einsatztemperaturbereich von −50 °C ⋯ + 150 °C näherungsweise folgende Charakteristik:

$$R(\vartheta) = R_{25} \cdot \left[1 + \alpha \cdot (\vartheta - 25) + \beta \cdot (\vartheta - 25)^2\right]$$

Dabei ist R_{25} der Nennwiderstand (Widerstand bei 25 °C) und ϑ die Temperatur in °C. α und β sind Konstante; typische Werte sind $\alpha = 7.65 \cdot 10^{-3}/°C$ und $\beta = 1.65 \cdot 10^{-5}/°C^2$. Im Einsatztemperaturbereich ergibt sich damit eine mittlere Empfindlichkeit von etwa 0.75 %/°C. Damit sind sie etwas besser als PT-100-Widerstände, aber immer noch erheblich schlechter als Thermistoren, obwohl sie deren unangenehme Eigenschaften (wie die Empfindlichkeit gegen Altern beispielsweise) teilen. Dafür ist ihre Kennlinie erheblich weniger gekrümmt als die von Thermistoren, aber auch deutlich stärker als die von PT-100-Widerständen. Ihre Eigenerwärmung liegt aufgrund ihres höheren Widerstands mit rund 16 mK (nach Gleichung (1.31), 20 kΩ Bereich mit Messstrom 89 µA und $G_{th} = 1.5$ mK/W) unterhalb der des PT-100 und oberhalb der des Thermistors.

Für Siliziumtemperaturfühler, deren Einsatzgebiet weniger in der Messtechnik als vielmehr in der Elektronik liegt, stehen keine kalbrierten Messgeräte zur Verfügung; man muss also für hohe Genauigkeiten wie bei Thermistoren den Widerstand mit Digitalohmmetern oder Elektrometern messen und selbst kalibrieren.

1.5.5.5 Vergleich der Temperatursensoren

Für die Temperaturmessung kommen also eine Vielzahl von Sensortypen in Frage, die sich im Anwendungsbereich, in ihren Daten und im Preis deutlich unterscheiden. Tabelle 1.22 zeigt einen Vergleich der charakteristischen Daten üblicher Temperatursensoren.

Tab. 1.22: Charakteristische Daten üblicher Temperatursensoren.

Sensortyp	Temperaturbereich	Messsignal-bereich	Empfindlichkeit	Eigenschaften
Thermistor	−60 °C . . . 200 °C (−200 °C . . . 350 °C)	1 Ω . . . 100 MΩ	3 %/K . . . 5 %/K (% v. Widerstand)	schnell, klein, gute Auflösung
PT-100	−220 °C . . . 630 °C	15 Ω . . . 350 Ω	0.385 %/K (% v. Widerstand)	gute absolute Genauigkeit, geeicht erhältlich, geeichte Messgeräte erhältlich
Thermo-element (versch. Typen)	−200 °C . . . 1600 °C	0 V . . . 60 mV	40 µV/K . . . 53 µV/K (5 µV/K)	schnell, klein, keine Eigenerwärmung, weiter Temperaturbereich geeichte Messgeräte erhältlich
Silizium-fühler	−50 °C . . . 150 °C	1 kΩ . . . 5 kΩ	0.75 %/K(% v. Widerstand)	wenig gekrümmte Kennlinie, brauchbare Empfindlichkeit

1.5.5.6 Kalibrierung von Temperaturfühlern

Zum Kalibrieren von Temperaturfühlern benötigt man zwei Temperaturmesssysteme: ein System für den zu kalibrierenden Temperaturfühler und ein System mit einem geeichten Referenzfühler. Beide Temperaturfühler werden in einen Thermostaten eingesetzt, der den zu kalibrierenden Temperaturbereich überstreicht. Dann wird dieser Temperaturbereich von dem Thermostaten überstrichen und Punkt für Punkt die Temperatur mit dem Referenzfühler gemessen und die Messgröße des zu kalibrierenden Fühlers (Spannung oder Widerstand) aufgeschrieben. Ist kein Thermostat beschaffbar, der den gesamten Temperaturbereich überstreicht, so muss zwischendurch umgebaut werden.

Zwischen den einzelnen Kalibrierpunkten wird die Temperatur des Thermostaten erhöht. Dies ist leichter als ein Abwärtslauf, da Abkühlprozesse in üblichen Messaufbauten nicht so schnell und so kontrolliert ablaufen wie Aufheizprozesse. Dies liegt daran, dass man zwar sehr leicht kontrolliert Wärmeenergie zuführen kann (etwa über elektrische Heizer), dass die kontrollierte Wärmeabfuhr jedoch nicht so leicht möglich ist. Bis zu einer Genauigkeit von 1 mK ist es im Allgemeinen ausreichend, alle 5 K einen Messpunkt aufzunehmen. Nach der Temperaturerhöhung ist es erforderlich, sehr sorgfältig das Temperaturgleichgewicht abzuwarten. In der Wartestellung soll der Referenzfühler die Temperaturmessung ausführen; seine Werte geben Aufschluss darüber, wann sich das Temperaturgleichgewicht eingestellt hat. Die Temperaturmessung mit dem zu kalibrierenden Fühler muss genau so erfolgen wie später in der Messung. Bleibt er während der Messung fortwährend im Messzustand, so muss dies auch bei der Kalibrierung der Fall sein; wird er zwischen den Messungen inaktiv geschaltet, so muss dies auch bei der Kalibrierung erfolgen. Alle Parameter von Messung und Kalibrierung am zu kalibrierenden Fühler müssen absolut gleich sein, um unkalkulierbare Fehler auszuschließen. Dies kann sonst große Anzeigefehler hervorrufen; man denke doch nur einmal an die Selbsterwärmung von Thermistoren bei der Ausführung der Temperaturmessung als Widerstandsmessung.

Selbstverständlich ist es nicht ausreichend, pro Temperaturpunkt einen einzigen Messpunkt aufzunehmen. Dies liegt einerseits daran, dass der Thermostat nicht für eine wirklich konstante Temperatur sorgt (es gibt eine Drift und ein Ungleichgewicht) und anderseits daran, dass auch die beiden Messungen Streuungen aufweisen. Man kommt gut mit 10 Messungen pro Temperaturpunkt aus. Nach dem Aussortieren von Ausreißern werden die restlichen Messungen gemittelt; dieses Ergebnis wird dann als Kalibrierung verwendet. Eine solche Kalibrierung lässt sich am leichtesten in einem automatisierten Messaufbau durchführen, da Temperaturausgleichsvorgänge langsam sind und so nicht die Geduld und der Nachtschlaf des Experimentators strapaziert werden.

Am besten ist, wenn man für den zu kalibrierenden Fühler die Verkabelung benutzt, die auch später am Messort eingesetzt werden soll. Ist dies zu aufwendig oder schlicht unmöglich, so muss eine vergleichbare Verkabelung für den zu kalibrierenden Fühler erstellt werden. Auf jeden Fall muss beim Kalibrieren die gleiche Verdrahtungsart benutzt werden wie im späteren Messaufbau (also nicht die Kalibrierung in 4-Draht-Messung, die Messung in 2-Draht-Messung oder umgekehrt!). Ferner hat es sich bewährt, beim Kalibrieren das gleiche Messgerät oder mindestens den gleichen Messgerätetyp für den zu kalibrierenden Fühler einzusetzen wie später für die Messung; dann sind alle messbereichsabhängigen Fehler und alle messgeräteabhängigen Fehler bei Kalibrierung und Messung gleich und verursachen keine zusätzlichen unbekannten Fehler im Messergebnis. Es ist klar, dass dieser Aufwand nur bei Messungen mit hohen Anforderungen an die Genauigkeit gerechtfertigt ist. Aber schon Messungen mit einer Genauigkeit von 10 mK in einem „normalen" Temperaturbereich, also zwischen −200 °C und +400 °C, lassen sich keinesfalls ohne einen solchen Kalibrierlauf durchführen. Messungen mit einer Genauigkeit von 1 mK erfordern bereits einen sehr hohen Mess- und Kalibrieraufwand. Unterhalb −200 °C sollte in jedem Falle kalibriert werden, um auch nur einigermaßen sinnvolle Temperaturanzeigen zu erhalten. Oberhalb von 400 °C kann praktisch nur noch mit Thermoelementen gemessen werden. Daraus ergibt sich eine deutliche Verschlechterung der Genauigkeit.

Sind alle Messwerte vorhanden, so wird für die praktische Arbeit eine Kalibrierkurve mit einem geeigneten Fitprogramm erzeugt (etwa Marquards Least Squares). Es ergibt sich ein Polynom oder eine logarithmische Kurve (für Thermistoren, siehe dort), dessen Grad sich nach den Anforderungen an die Genauigkeit ergibt; dies lässt sich beim Fitten durch verschiedene Testläufe festlegen. Die Genauigkeit des Fits wird vom Fitprogramm angegeben.

Abbildung 1.38 zeigt die Genauigkeit der Temperaturkalibrierung eines Thermistors, die die Autorin einmal durchgeführt hat. Hier sind die Abweichungen der durch das Fitpolynom des Thermistors errechneten Temperaturwerte gegen die durch den Kalibrierfühler bestimmten Temperaturwerte aufgetragen.

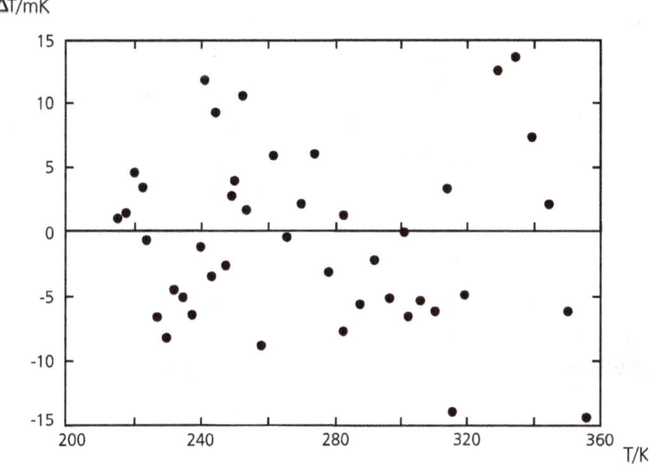

Abb. 1.38: Genauigkeit der Kalibrierung eines Thermistors.

Bei der Kalibrierung wurde nach Gleichung (1.30) mit einem Polynom vierten Grades gefittet. Man sieht, dass die Abweichungen über den gesamten Verwendungsbereich des Thermistors von 160 K geringer als 15 mK sind. Die Widerstandsmessung am Thermistor erfolgte mit einem 7½-stelligen Digitalohmmeter. Freilich dauert eine solche Kalibrierung, je nach Messplatzaufbau und Messgerätekonfiguration, durchaus 2 bis 3 Tage.

1.5.5.7 Temperaturmessgeräte (TMG)

Messgeräte, die eigens für Temperaturmessungen konzipiert wurden, stellen speziell angepasste DMMs dar. Sie können in der Regel zur Temperaturmessung mit PT-100-Fühlern oder mit Thermoelementen benutzt werden. Die Messung mit Platindrahtwiderständen ist vergleichsweise unkritisch; bei der Messung mit Thermoelementen muss darauf geachtet werden, dass auch die Vergleichsstelle für die Messung vorhanden sein muss, da Thermoelemente keine Absoluttemperaturmessung erlauben, sondern nur Differenztemperaturmessungen. Dieses Problem taucht selbstverständlich nur bei der Temperaturmessung mit Thermoelementen auf und nicht bei Differenzmessungen, wie sie beispielsweise als Eingangssignal für Temperaturregelstrecken benötigt werden. Sinnigerweise bieten manche Temperaturmessgeräte einen Analogausgang an, der als Eingangssignal für Temperaturregler genutzt werden kann.

Bei einigen Geräten kann die Referenzmessstelle an einem temperierten Ort im Messgerät montiert werden. Dies erleichtert die Messungen ungemein, da sich der Experimentator nicht mit der Bereitstellung einer temperaturgeregelten Referenzmessstelle herumschlagen muss. Sind die Geräte mit einem Scanner (vgl. Kapitel 1.6 – *Signalschalter*) zur Messung mehrerer Temperaturmessstellen ausgerüstet, und befindet sich die Referenzmessstelle im Messgerät, so muss darauf geachtet werden, dass nur eine Sorte von Thermoelementen eingesetzt werden kann, da sich die Kalibrierungen verschiedener Thermoelemente unterscheiden.

Übliche Thermoelemente liegen bei der Thermospannung zwischen 40 µV/K und 55 µV/K (außer PT-PtRh). Rechnet man mit 50 µV/K, so entspricht die Auflösung von 1 µV einer Temperatur von 20 mK. Da die Elektronik eines Messgerätes immer besser sein muss als die gewünschte Auflösung, kommt man mit einer 1 µV-Elektronik bestenfalls zu einer Temperaturauflösung von 100 mK. Bei Pt-Pt/Rh-Thermoelementen (Typen R, S und B) erhält man also den höchst bescheidenen Wert von 1 K! Deshalb werden diese Thermoelemente eigentlich nur bei sehr hohen Temperaturen eingesetzt (> 1200 °C).

Bei der Messung mit Thermoelementen muss darauf geachtet werden, dass der Widerstand der Messfühler nicht zu groß wird (was keineswegs selbstverständlich ist, da Thermoelementmaterialien nicht die besten Stromleiter sind und die Drähte oft sehr dünn sind). Der Eingangswiderstand typischer TMGs liegt bei 1 GΩ. Bei einer Auflösung von 1 µV auf einen Spannungsbereich von 100 mV ergibt sich für die Auflösung ein Wert von 10^{-5}, der unmittelbar auf den Quellenwiderstand übertragen werden kann. Soll das letzte Digit noch richtig sein, so muss eine Stelle weiter gerechnet werden, woraus sich für den maximalen Widerstand des Thermoelements $R_{\mathrm{th,max}}$ ergibt

$$R_{\text{th,max}} = 10^{-6} \cdot 1\,\text{G}\Omega = 1\,\text{k}\Omega$$

Da in vielen Fällen Thermoelemente unabgeschirmt betrieben werden, verfügen TMGs über Eingangsfilter, die das CMRR und das NMRR um etwa 20 dB anheben. Ansonsten kann alleine durch Brummeinstreuungen (50 Hz) eine Temperaturmessung unmöglich werden (siehe Kapitel 2 – *Störungen von Messungen*).

Messungen der Temperatur mit TMGs und Platindrahttemperaturfühlern sind unkritisch. Dabei wird die Temperatur durch eine Widerstandsmessung bestimmt; deshalb gelten hier uneingeschränkt die Bemerkungen zur Widerstandsmessung. Eine Referenztemperaturmessstelle ist selbstverständlich nicht erforderlich. Im Messgerät wird direkt die Temperatur angezeigt, da eine Standard-Kalibrierkurve (meist IPTS-68) im Gerät vorhanden ist. Eine höhere Genauigkeit lässt sich im Bedarfsfalle erzielen, indem mit einem Digitalohmmeter gemessen wird und zuvor eine Kalibrierung des jeweilig benutzen Messfühlers durchgeführt wird.

1.6 Signalschalter

Will der Experimentator nicht für jede Messgröße in einem Versuchsaufbau ein eigenes Messgerät spendieren, so müssen einem vorhandenen Messinstrument die verschiedensten Messsignale zugeführt werden. Durch die Umschaltung von Messbereich, Funktion und Betriebsmodus muss nun dieses Messgerät den wechselnden Anforderungen dieser verschiedenen Messsignale angepasst werden. Deshalb nehmen Signalschalter in automatisch arbeitenden Messsystemen eine Schlüsselposition ein. Dabei muss beim Entwurf des Messsystems aus Messgerät und Signalschaltern darauf geachtet werden, dass die Messgrößen durch die entsprechenden Schaltungen nicht gestört werden. Schalten kann Messwerte auf zweierlei Weise beeinflussen:

- durch Beeinflussung des Messsystems (Beispiel: Ein zu messender Strom verändert sich durch Aufschalten des Messgerätes)
- durch Beeinflussung des Messsignals (Beispiel: Die Beeinflussung einer Widerstandsmessung durch den Widerstand des Signalschalters)

Erste Überlegungen hierzu finden sich bereits in Kapitel 1.3 – *Digitalmultimeter*, Abschnitt – *Strommessung*.

Als Messinstrument in solchen Messsystemen finden wegen ihrer vielfältigen Messmöglichkeiten im Allgemeinen Digitalmultimeter Anwendung; Systeme mit Elektrometern oder anderen besonders empfindlichem Messgeräten sind im Zusammenhang mit Signalschaltern wegen ihrer Empfindlichkeit als kritisch anzusehen. In diesen Fällen sind besondere Sorgfalt bei der Auslegung und weitreichende Kenntnisse der Fehlerquellen erforderlich. Als Schalter kommen prinzipiell Relais oder Halbleiterschalter (Solid State Relais) in Frage. Wegen der geforderten hohen Isolationswiderstände (Vermeidung einer elektrischen Verkopplung der Messgrößen) und der galvanischen Trennung von Steuerspannung und Messsignal werden eigentlich immer Relais eingesetzt. Aufgrund der Anordnung dieser Relais in gedruckten Schaltungen (wegen der Fernsteuerelektronik) kommen praktisch immer Miniaturrelais zum Einsatz. Dort wo deren Eigenschaften beispielsweise wegen der geringen Schaltleistung der Miniaturrelais nicht ausreichen, wird die Schaltung als indirekte Steuerung realisiert, d. h. das Miniaturrelais steuert ein Leistungsrelais an, das die Last schaltet. Hier kommen als Lastrelais unter Umständen auch wieder Solid State Relais in Frage. Die galvanische Trennung von Steuerstromkreis und Laststromkreis wird dann durch das ansteuernde Relais realisiert; es darf aber nicht vergessen werden, dass bei der Verwendung von Triacs als Solid State Relais wegen der fehlenden galvanischen Trennung des Triacs das Versorgungspotential nunmehr am Miniaturrelais anliegt. Auf entsprechende Isolationswiderstände und Sicherheitsmaßnahmen muss daher streng geachtet werden.

Im Folgenden sollen zunächst die Eigenschaften von Signalschaltern näher beleuchtet werden; hierauf folgt eine Untersuchung der verschiedenen möglichen Schalteranordnungen. Zum Schluss des Kapitels folgen einige Bemerkungen zu kritischen Messungen über Signalschalter wie etwa die Messung von kleinen Spannungen.

1.6.1 Aufbau von Signalschaltern (Relais)

Ein Relais besteht prinzipiell aus einer Magnetspule und den Relaiskontakten, die den Signalpfad bilden. Wird die Magnetspule von einem ausreichend hohen Strom durchflossen, so erzeugt sie ein Magnetfeld, das über eine geeignete Anordnung der Kontakte oder geeignete mechanische Einrichtungen den Signalpfad je nach Bauart des Relais schließt oder öffnet. Abbildung 1.39 zeigt das Schaltbild eines einfachen Relais.

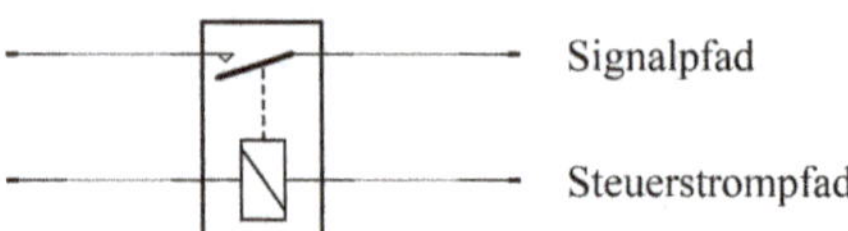

Abb. 1.39: Schaltbild eines einfachen Relais.

Ein idealer Signalschalter soll den Messaufbau nicht beeinflussen. Aus dieser Forderung leiten sich unmittelbar die Anforderungen an einen idealen Signalschalter ab:
- Widerstand (Impedanz) des Signalpfades im geschlossenen Zustand 0 Ω
- Widerstand (Impedanz) des Signalpfades im offenen Zustand: ∞
- keine Kopplung des Signalpfades mit dem Steuerstromkreis
- keine Kopplung zwischen benachbarten Signalschaltern, die sich beispielsweise auf derselben gedruckten Schaltung befinden
- keine Signalabhängigkeit der obigen Eigenschaften (Spannungsabhängigkeit, Frequenzabhängigkeit, Stromabhängigkeit)

Es leuchtet sofort ein, dass diese Forderungen in der Praxis nicht erfüllt werden können; insbesondere können nicht alle Forderungen gleichzeitig erfüllt werden. Daher wurden unterschiedliche Relaistypen entwickelt, die sich für die unterschiedlichen Aufgaben unterschiedlich gut eignen. So gibt es zum Beispiel Relais, die sich zum Schalten von Signalen hoher Frequenzen eignen, und andere, welche sich zum Schalten kleiner Spannungen besonders gut eignen. Ferner kommen je nach Verwendungszweck verschiedene Kontaktanordnungen in Frage.

Im Folgenden sollen nun die verschiedenen Kontaktanordnungen und Relaisarten beleuchtet werden. Ein weiterer Abschnitt beschäftigt sich dann mit den Eigenschaften von Relais.

1.6.1.1 Kontaktanordnungen

Je nachdem, welche Schaltvorgänge ein Relais ausführen kann, unterscheidet man folgende Kontaktanordnungen. Tabelle 1.23 zeigt eine Übersicht über die gebräuchlichsten Relais, die als Signalschalter Verwendung finden.

Tab. 1.23: Übersicht über die gebräuchlichsten Relais.

Relais	Beschreibung	Typ	Signalpfadzustand	Englische Beschreibung
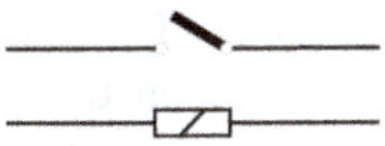	Schließer einpolig	A	offen	single pole single throw
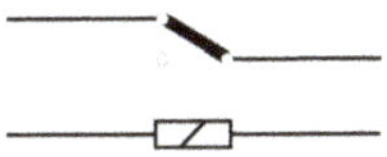	Öffner einpolig	B	geschlossen	single pole single throw
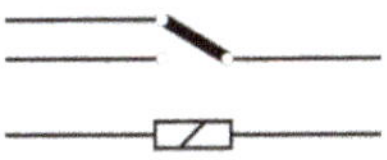	Umschalter einpolig	C	Ruhekontakt geschlossen Arbeitskontakt offen	single pole double throw
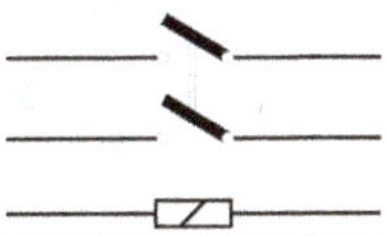	Schließer zweipolig	A	offen	double pole single throw
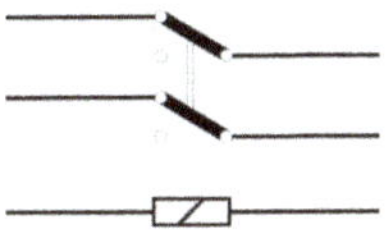	Öffner zweipolig	B	geschlossen	double pole single throw
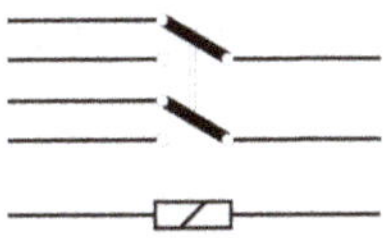	Umschalter zweipolig	C	Ruhekontakte geschlossen Arbeitskontakte offen	double pole double throw

Der Signalpfadzustand in der Tabelle ist bei stromlosem Steuerstromkreis angegeben. Der Relaistyp (A, B oder C) ist eine in Datentabellen häufig genutzte Kennzeichnung; ein A in der Typenkennzeichnung bezeichnet ein Relais mit einem oder mehreren Schließern, ein B eines mit Öffnern und ein C eines mit Umschaltern. Die englische Bezeichnung ist hier mit angegeben, da diese Bezeichnungen häufig in englisch abgefassten Datenblättern von Signalschalteranordnungen genutzt werden.

Bei Relais gelten grundsätzlich folgende Bezeichnungen:

- **Schließer:** Der Signalpfad ist geschlossen, wenn der Steuerstrom fließt.
- **Öffner:** Der Signalpfad ist offen,wenn der Steuerstrom fließt.
- **Umschalter:** Es existieren zwei Signalpfade mit einem gemeinsamen Kontakt; der eine Signalpfad arbeitet als Öffner, der andere als Schließer. Ein solcher Umschalter wird häufig auch Wechsler genannt.

Ein Schließer wird häufig auch Arbeitskontakt genannt, ein Öffner Ruhekontakt; die Bezeichnungen rühren vom Zustand des Steuerstromkreises bei geschlossenem Signalpfad her. Wenn der Steuerstromkreis arbeitet, ist der Arbeitskontakt geschlossen, wenn der Steuerstromkreis ruht, ist der Ruhekontakt geschlossen.

1.6.1.2 Relaisarten

Die hier vorgestellten Relaisarten stellen lediglich eine zweckmäßige Auswahl dar; sie repräsentieren die für Signalschalter überwiegend eingesetzten Arten. Zur Unterscheidung sind besondere Eigenschaften der entsprechenden Relaisart hervorgehoben. Ursachen und Bedeutung dieser Eigenschaften werden im nächsten Abschnitt (*Eigenschaften von Relais*) diskutiert.

Für Signalschalter kommen überwiegend drei Arten von Relais in Frage:

- Elektromechanische Relais
- Trockene Reedrelais
- Quecksilberbenetzte Reedrelais

Elektromechanische Relais bestehen aus einem Elektromagnet mit einem Eisenkern und einem Hebelarm (Anker), der den Kontaktsatz bewegt. Der Elektromagnet liegt im Steuerstromkreis, der Kontaktsatz bildet den Signalpfad. Abbildung 1.40 zeigt den Aufbau eines solchen Relais.

Elektromechanische Relais sind robust und mit sehr komplexen Kontaktanordnungen erhältlich. Sie eignen sich vorwiegend zum Schalten größerer Leistungen.

Trockene Reedrelais, oft kurz auch als Reedrelais bezeichnet, arbeiten nach einem raffinierteren Prinzip. Abbildung 1.41 zeigt den Aufbau eines solchen Relais.

Beim Auftreten einer externen Magnetfeldquelle (Spule oder Permanentmagnet) wird der magnetische Fluss durch die (ferro-)magnetischen Kontakte geschlossen. Diese sind so angeordnet, dass ohne Magnetfeld ein Spalt die Kontakte trennt; der Schaltkontakt ist offen. Der Schluss des magnetischen Flusses erfolgt dadurch, dass sich die

Abb. 1.40: Aufbau eines elektromechanischen Relais.

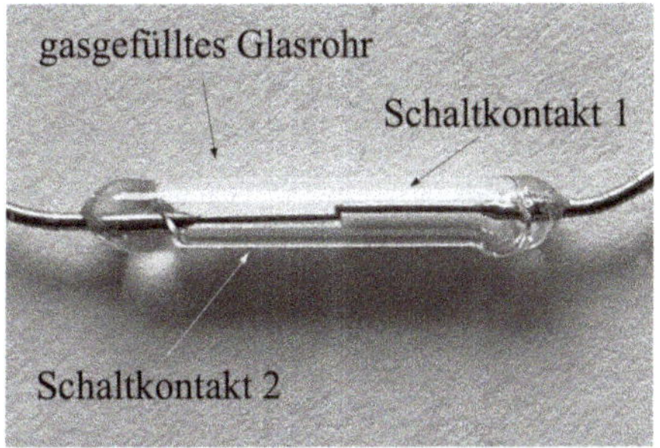

Abb. 1.41: Aufbau eines trockenen Reedrelais.

Kontakte aufeinander zubewegen und so auch der Schaltkontakt geschlossen wird. Die Kontakte sind in einem geschlossenen Gehäuse untergebracht, das sie vor Verschmutzung und anderen atmosphärischen Einflüssen schützt. Man spricht deshalb auch von gekapselten Relais. Dies ist nicht zu verwechseln mit elektromechanischen Relais mit Staubschutzhaube, die manchmal auch als „gekapselt" bezeichnet werden. Das Gehäuse gekapselter Reedrelais kann überdies mit einem Schutzgas gefüllt sein (stickstoffgefülltes Glasröhrchen), das die Oxidation der Kontakte verhindert. Dadurch arbeiten diese Relais über lange Nutzungszeiten sehr zuverlässig. Ihre Bauart ist meist kleiner als die der elektromechanischen Relais; andererseits sind nur mit vergleichsweise einfachen Kontaktanordnungen erhältlich.

Quecksilberbenetzte Reedrelais arbeiten nach demselben Prinzip wie trockene Reedrelais; auch ist ihr Aufbau ähnlich. Sie unterscheiden sich lediglich dadurch, dass die Kontakte mit Quecksilber benetzt sind. Dazu enthält das Gehäuse, in dem sich die Relaiskontakte befinden, einen kleinen Quecksilbervorrat. Eine der Schaltkontaktfahnen durchläuft diesen Quecksilbervorrat, bevor sie in dem Schaltkontakt endet. Aufgrund der benetzenden Eigenschaften des Quecksilbers, das wie Wasser eine benetzbare Oberfläche entlangkriecht, kriecht das Quecksilber bis zu dem Schaltkontakt und, wenn der Signalpfad geschlossen ist, auch darüber hinaus auf die gegenüberliegende Schaltkontaktfahne. Dadurch sind immer beide Schaltkontakte von einem dünnen Film Quecksilber überzogen. Quecksilberbenetzte Relais zeichnen sich deshalb durch einen über die Nutzungsdauer besonders stabilen Kontaktwiderstand und sauberes Schalten aus.

Für besonders störempfindliche Anwendungen können mit gutem Erfolg bistabile Relais eingesetzt werden. Dies sind Relais, die über zwei Ruhelagen verfügen; bei ihnen wird ein Stromfluss durch den Erregerstromkreis nur benötigt, um von der einen Ruhelage zur anderen Ruhelage zu wechseln. Diese Relais gibt es als A-Typ (Einschalter) und als C-Typ (Umschalter). Um „normale" Relais mit einer Ruhelage von ihnen zu unterscheiden, bezeichnet man diese auch als „monostabil". Dieser Ausdruck wird hier also anders als in der modernen Digitaltechnik genutzt, wo ein monostabiles Bauteil nicht sofort nach der Beendigung der Erregung, sondern erst nach einer bestimmten Verweilzeit in den Ruhezustand zurückfällt. Durch die Unterbrechung des Stromflusses bei bistabilen Relais im Erregerstromkreis in beiden stabilen Lagen kommt es zu einer geringeren Kopplung von Steuerstromkreis und Signalpfad; durch den während der Arbeitszeit fehlenden Stromfluss kommt es auch zu einer geringeren Erwärmung der Relais mit den entsprechenden thermischen Konsequenzen. Es ist jedoch klar, dass bistabile Relais mit zunehmender Schaltfrequenz immer weniger Vorteile bringen; sie werden also sinnfälligerweise bevorzugt dort eingesetzt, wo empfindliche Messsignale nicht allzu häufig umgeschaltet werden. Die Autorin selbst nutzte solche Relais beispielsweise in einer 6½-stellige elektrischen Leistungsmessung im 1 mW-Bereich in einem automatisierten Laborexperiment; also beträgt die Wertigkeit des letzten Digits 1 nW!. Für die Messung wurde die an einem Ohm'schen Heizwiderstand umgesetzte Leistung bestimmt durch eine Messung des Spannungsabfalles an dem Heizwiderstand und an einem hierzu in Reihe geschalteten Messwiderstand. Beide Messungen wurden mit demselben Digitalvoltmeter durchgeführt; die Umschaltung wurde von einem Computer vorgenommen.

Bistabile Relais gibt es mit einer und mit zwei Erregerspulen. Bei Relais mit einer Erregerspule werden die beiden Schaltzustände durch Stromstöße unterschiedlicher Polarität angesteuert, bei Relais mit zwei Erregerspulen durch Stromstöße durch je eine der beiden Spulen.

1.6.2 Eigenschaften von Signalschaltern (Relais)

Ein Relais ist elektrotechnisch gesehen ein sehr komplexes Bauteil; dies zeigt das Ersatzschaltbild aus Abbildung 1.42.

Im Folgenden sollen die im Ersatzschaltbild eingetragenen Größen näher beleuchtet werden.

1.6.2.1 Der Spulenwiderstand RS

Zur Erzeugung des Magnetfeldes, das über geeignete Einrichtungen den Signalpfad schließt, dient ein Elektromagnet. Die Spule dieses Magneten wird in der Regel durch

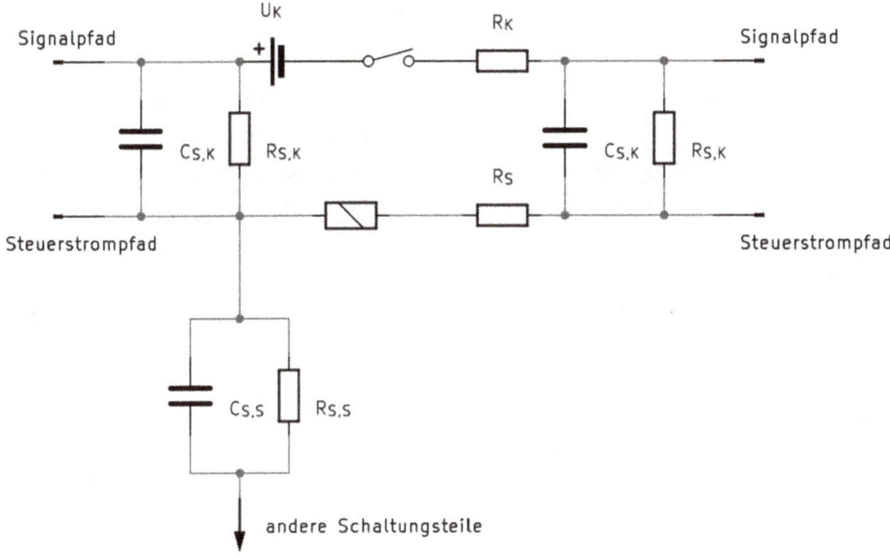

Abb. 1.42: Ersatzschaltbild eines Relais.

eine Gleichspannung erregt; der zugehörige Gleichstromwiderstand liegt in der Regel zwischen 100 Ω und einigen Kiloohm. Seltener gibt es Relaisspulen mit einem Gleichstromwiderstand von bis zu 10 kΩ.

Aufgrund der großen Windungszahl dieser Spulen ergeben sich beträchtliche Induktivitäten, die für Wechselspannungen als Kurzschluss angesehen werden können. Dies bedeutet sofort, dass die Koppelwiderstände $R_{S,K}$ und die Koppelkapazitäten $C_{S,K}$ eine direkte Signalkopplung über den Signalpfad bewirken, ohne dass der Schaltkontakt wirklich geschlossen ist. $R_{S,K}$ und $C_{S,K}$ sind Kapazitäten und Widerstände, die bauartbedingt durch die im Relais verwendeten Isolationswerkstoffe verursacht werden. Dies ist insbesondere bei Hochfrequenzschaltern zu beachten; dann wählt man die sogenannte T-Anordnung (siehe Kapitel 1.6.3 – *Kritische Messungen*, Abschnitt – *Hohe Frequenzen*).

Aufgrund der großen Induktivitäten müssen die Schalter (Halbleiter oder auch sonstige Kontakte in den Messaufbauten) die den Steuerstrompfad bedienen, gegen die hohen Spannungsspitzen geschützt werden, die durch die Selbstinduktion beim Abschalten der Erregerspannung entstehen. Hierzu wird eine Diode parallel zur Relaisspule geschaltet. Die Durchflussrichtung der Diode zeigt entgegengesetzt zur Stromflussrichtung bei Erregung der Spule, sodass im aktiven Zustand des Relais kein (Vorwärts-) Strom durch die Diode fließt. Die Spannung, die beim Zusammenbruch des Magnetfeldes erzeugt wird, ist nach der Lenz'schen Regel umgekehrt gerichtet, sodass die entstehende Spannung über der Diode einen Stromfluss bewirkt und dort in erster Linie in unschädliche Wärme umgesetzt wird. Bei der Dimensionierung der Diode muss beachtet werden, dass die Selbstinduktion durchaus zu Spannung von mehreren hundert Volt führen kann. Da die Diode zur Unterdrückung von Induktionsspannungen führt, wird sie auch Suppressordiode genannt; im deutschen Sprachgebrauch verwendet man auch den Begriff Freilaufdiode.

Relaisspulen können bei bestimmten Relais auch durch eine Wechselspannung erregt werden; da dann aber mehrere Perioden der Wechselspannung zum Aufbau eines ausreichend großen Magnetfeldes nötig sind, liegen die Einschaltzeiten in der Größenordnung von 100 ms (5 Perioden bei 50 Hz). Deshalb ist eine Gleichspannungserregung in der Messtechnik auf jeden Fall vorzuziehen, selbst wenn das vorhandene Relais auch für Wechselspannungserregung geeignet ist.

Ein Relais schaltet nun nicht bei der Nennbetriebsspannung der Erregerspule ein und wieder aus; vielmehr zieht das Relais bei der Anzugsspannung (pull in voltage) an; einmal angezogen, hält das Relais die aktive Stellung bis zur Abfallspannung (drop out voltage). Das zugehörige Diagramm ist also eine Hysterese (Abbildung 1.43).

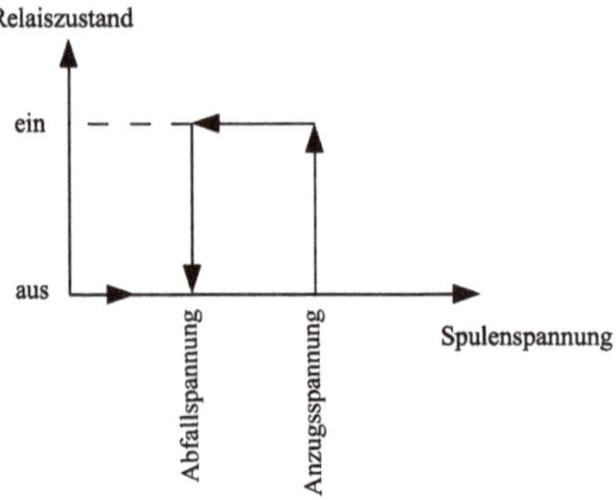

Abb. 1.43: Schalthysterese eines Relais.

Für ein typisches Kleinsignalrelais mit einer Nennbetriebsspannung von 5.0 V hat man eine Anschaltspannung (pull in) von 3.75 V und eine Abfallspannung (drop out) von 2.5 V. Der Haltebereich (hold) ist also 2.5 V bis 3.75 V. Um ein sicheres Schalten zu ermöglichen, werden die Relaisspulen grundsätzlich bei der Nennbetriebsspannung betrieben.

Bei Temperaturerhöhung steigt der Widerstand der Spule; dabei spielt es keine Rolle, ob die Wärme von außen zugeführt wird oder durch den Stromfluss durch die Spulenkontakte oder die Erregerspule verursacht wird. Ein einfaches Rechenbeispiel soll die Abhängigkeit der Anzugspannung eines Relais ergeben. Dabei soll die Anzugsspannung eines Relais bei einer Temperatur von 70 °C errechnet werden; diese Temperatur ist nicht außergewöhnlich hoch und durchaus realistisch.

Dazu soll das Relais beispielsweise einen Spulenwiderstand (0 °C) von $R_S(0) = 200\,\Omega$ und eine Nennbetriebsspannung $U_N = 5\,\mathrm{V}$ haben; die Anzugsspannung bei 0 °C sei $U_A(0) = 3.75\,\mathrm{V}$. Da für das Anziehen des Ankers der durch die Spule fließende Strom und nicht die Spannung verantwortlich ist, muss zunächst der Anzugsstrom I_A, d. h. der bei $U_A(0)$ fließende Strom berechnet werden. Er ergibt sich aus dem Ohm'schen Gesetz zu:

$$I_A = \frac{U_A(0)}{R_S(0)} = \frac{3.75}{200}A = 18.75\,\text{mA}$$

Dieser Strom muss nun auch bei der höheren Temperatur fließen. Um die zugehörige Anzugsspannung $U_A(70\,°\text{C})$ berechnen zu können, muss zunächst der Widerstand der Relaisspule $R_S(70\,°\text{C})$ berechnet werden. Er ergibt sich aus der Formel für die Temperaturabhängigkeit des Widerstands metallischer Leiter:

$$R(\vartheta) = R(0) \cdot (1 + \alpha \cdot \vartheta)$$

Darin ist $R(\vartheta)$ der Widerstand bei der Temperatur ϑ in °C. α ist der Temperaturkoeffizient des Widerstandes; er liegt für Kupfer bei $4.9 \cdot 10^{-3}\,\text{K}^{-1}$. Damit ergibt sich $R_S(70\,°\text{C})$ zu:

$$R_S(70\,°\text{C}) = 200 \cdot (1 + 4.9 \cdot 10^{-3} \cdot 70)\Omega = 268.6\,\Omega$$

Um den Strom I_A fließen zu lassen, ist jetzt die Anzugsspannung $U_A(70\,°\text{C})$ erforderlich, die wieder das Ohm'sche Gesetz ergibt:

$$U_A(70\,°\text{C}) = R_S(70\,°\text{C}) \cdot I_A = 268.6\,\Omega \cdot 18.75 \cdot 10^{-3}A = 5.05\,\text{V}$$

Die Anzugsspannung ist also von 3.75 V auf über 5 V angestiegen! Beim Einsatz von Relais in heißer Umgebung oder an den Grenzen der Kontaktbelastbarkeit ist also diesem Umstand Rechnung zu tragen.

1.6.2.2 Die Kontaktspannung UK

Die Kontaktspannung entsteht in erster Linie aus dem thermoelektrischen Effekt am Schaltkontakt (siehe Kapitel 2.3.1 – *Thermische Effekte*). Die dem Kontakt zugeführte Wärmeenergie und damit seine Temperatur sind variabel; die entstehende Kontaktspannung kann somit nicht einfach durch Kalibrierung aus dem Messkreis eliminiert werden. Die zugeführte Wärmeenergie stammt aus der Umgebung, aus der Erwärmung der Erregerspule (Joule'sche Wärme) und durch die Erwärmung der Schaltkontakte durch den Stromfluss im Signalpfad. Konstante thermische Verhältnisse sorgen für konstante thermische Spannungen, die wenigstens teilweise in den Ergebnissen von Messungen berücksichtigt werden können. Dazu gehört ein sorgfältiges Abwarten des thermischen Gleichgewichts nach Schaltvorgängen.

Die zu erwartenden thermischen Spannungen liegen in der Größenordnung von 10 µV, können aber ungünstigstenfalls bis zu einigen zig Millivolt betragen. Sind die durch diesen Effekt (und den folgenden Effekt) verursachten Störungen untragbar, so kann die Verwendung bistabiler Relais helfen; dies ist eine Möglichkeit, wenn thermische Instabilitäten hauptsächlich durch die Spulenwärme verursacht werden.

1.6.2.3 Der Kontaktwiderstand RK

Der Kontaktwiderstand ist der Widerstand, der über die geschlossenen Kontakte gemessen wird. Die Oberfläche der Kontakte sind in der Regel mit einer dünnen Metallschicht überzogen, die den Einfluss von Oberflächenveränderungen wie beispielsweise Oxidation verringern soll. Diese Oberflächenvergütung besteht meist aus Gold, Silber, Palladium, Rhodium, Ruthenium oder – in quecksilberbenetzten Reedrelais – aus Quecksilber.

Der Kontaktwiderstand ist invers zur Kontaktfläche, d. h. je größer die Fläche ist, desto kleiner ist der Kontaktwiderstand. Da es nicht möglich ist, absolut ebene Kontakte herzustellen und diese exakt parallel zu führen, ist die Kontaktoberfläche ballig, sodass beim Schließen die mechanische Kontaktlage nur eine untergeordnete Rolle spielt. In quecksilberbenetzten Reedrelais vergrößert sich die Kontaktfläche durch das flüssige Quecksilber. Diese Relais fallen denn auch durch einen besonders niedrigen Kontaktwiderstand auf.

Der Kontaktwiderstand hängt vom Andruck der Kontakte ab; Grund hierfür sind mikroskopische Kontaktflächeneffekte. Mit steigendem Andruck wird der Widerstand geringer. Dies ist mit steigendem Erregerstrom der Fall, aber auch von der mechanischen Beschaffenheit des Relais abhängig. Fallen durch Alterung die Rückstellkräfte, die das Relais aus der Arbeitslage in die Ruhelage zurückschalten, so fällt also auch der Kontaktwiderstand (bei Schließern). Der Kontaktwiderstand hängt ferner von der Temperatur der Kontakte ab, die ebenso wie die temperaturabhängige Kontaktspannung durch den Stromfluss durch die Kontakte, äußere Erwärmung und durch die in der Relaisspule erzeugte Wärmeenergie beeinflusst wird. Hier kann, wieder die Verwendung bistabiler Relais helfen.

Kontaktdegradationen durch Lichtbögen beim Schalten, Oxidation oder Ablagerungen von Kondensaten aus der Atmosphäre vergrößern den Kontaktwiderstand im Laufe der Lebensdauer des Relais. Deshalb sind gekapselte Relais am besten, und von ihnen wieder Reedrelais mit luftdicht eingeschweißten Kontakten. Hohe Spannungs- oder Stromstöße schweißen aufgrund der entstehenden Wärme die Schaltkontakte eines Relais zusammen, sodass der Signalpfad sich nicht mehr öffnet.

Übliche Kontaktwiderstände bewegen sich zwischen 10 mΩ und 200 mΩ zu Beginn der Lebensdauer bis hin zu 1 Ω bis 2 Ω am Ende der Lebensdauer bei Relais mit trockenen Schaltkontakten; bei quecksilberbenetzten Relais, deren Anfangswiderstand bei 5 mΩ bis 75 mΩ liegt, beobachtet man nur einen Anstieg von 2 % bis 5 % während der Lebensdauer.

1.6.2.4 Isolationswiderstände

Der mechanische Aufbau von Relais erlaubt selbstverständlich auch einen Stromfluss über die nichtleitenden Teile. Maßgeblich hierfür sind die verwendeten Isolationswerkstoffe und deren Zustand. Gemeint ist hier die Belegung der Isolierstrecken mit Feuchtigkeit und anderen Verunreinigungen wie Flussmittel und Rückständen von Fingerabdrücken. Aus diesen Leitfähigkeiten resultieren die Koppelwiderstände $R_{K,K}$ und $R_{S,K}$.

Sie erlauben den Stromfluss von Schaltkontakt zu Schaltkontakt ($R_{K,K}$) und von dem Steuerstromkreis zum Schaltkontakt ($R_{S,K}$). Je nach Zustand variieren die zugehörigen Widerstände um 9 Zehnerpotenzen zwischen $10^5\,\Omega$ und $10^{14}\,\Omega$! Deshalb gilt hier wie überall bei empfindlichen Messungen: Nichts mit den Fingern berühren und sorgfältig mit reinem Methanol reinigen und trocknen! Sind auf derselben gedruckten Schaltung weitere Relais aufgebaut, so kommt es auch zu einer Kopplung zu diesen Bauteilen; die zugehörigen Widerstände $R_{S,S}$ sind um eine bis zwei Zehnerpotenzen größer als die zuvor erwähnten Koppelwiderstände am Relais selbst.

1.6.2.5 Koppelkapazitäten

Durch die Anordnung der stromführenden Teile innerhalb der Relais (und der Zuführungen, Stecker usw.) werden Kapazitäten gebildet, die für eine kapazitive Kopplung der Signale über die offenen Schaltkontakte sorgen, aber auch für eine Kopplung von Steuerstromkreis und Signalpfad. Die Kapazität $C_{K,K}$ zwischen den geöffneten Schaltkontakten beträgt wegen der relativ großflächigen Auslegung der Schaltanordnungen bis zu 2 pF. Über die Kapazitäten zwischen Relaisspule und Kontakten $C_{S,K}$ können z. B. elektrische Störungen aus der Digitalelektronik der Ansteuerelektronik des Relais in den Signalpfad eingekoppelt werden. Die zugehörigen Kapazitäten liegen typisch zwischen 0.2 pF und 15 pF. Es können hier aber auch noch zusätzliche Verkopplungen über den Pfad $C_{S,K} - R_S - C_{S,K}$ zwischen Ein- und Ausgang der Relaisanordnung ergeben. Dabei muss die Frequenzabhängigkeit der Bauteile, auch insbesondere von R_S beachtet werden.

Sind noch weitere Relais etwa auf derselben gedruckten Schaltung aufgebaut, so kommt es ferner zu kapazitiven Kopplungen zu den anderen Relais; die Koppelkapazitäten sind in der Regel um eine Größenordnung geringer. Abhilfe gegen kapazitive Kopplungen schafft die Verwendung abgeschirmter Relais, bei denen die Relaiskontaktanordnungen von einer metallischen Abschirmung umgeben sind, die auf das entsprechende Bezugspotential der Messung gelegt wird (siehe Kapitel 2.7 Abschirmung – *COM, Guard, Screen und Earth*). Dies schafft eine Verkleinerung der Koppelkapazitäten bis zu einem Faktor 100.

Die oben genannten Kapazitäten begrenzen auch den Einsatzfrequenzbereich von Relais, indem sie die Signale über die geöffneten Kontakte koppeln und zusätzliche kapazitive Lasten schaffen. Mit Spezialrelais ist ein Einsatzfrequenzbereich bis etwa 500 MHz zu schaffen. Reedrelais, die sonst in der Messtechnik eine günstige Wahl darstellen, sind für hohe Frequenzen besonders schlecht geeignet, weil die hohe Permeabilität der Schaltkontakte, die ein Schalten ohne eigentliche Mechanik gestattet, hochfrequenzmäßig natürlich zu einem Anstieg der Impedanz führt, sodass die Verluste über dem Schalter bei geschlossenen Kontakten gravierende Effekte auf die Messgröße haben können. Reedrelais eignen sich daher nur zu einem Einsatz bis zu einer Frequenz von etwa 10 MHz.

Tab. 1.24: Zusammenstellung der typischen Wertebereiche von Relaiskenngrößen.

Formelzeichen	Bezeichnung	Wertebereich
R_S	Spulenwiderstand	100 Ω ... 10 kΩ
U_K	Kontaktspannung	1 µV ... 30 mV
R_K	Kontaktwiderstand	5 mΩ ... 2 Ω
$C_{K,K}$	Koppelkapazität Kontakt-Kontakt	<2 pF
$C_{S,K}$	Koppelkapazität Spule-Kontakt	0.2 pF ... 15 pF
$R_{K,K}$	Isolationswiderstand Kontakt-Kontakt	10^5 Ω ... 10^{15} Ω
$R_{S,K}$	Isolationswiderstand Spule-Kontakt	10^5 Ω ... 10^{15} Ω
Δf	Frequenzbereich	0 ... 10 MHz (500 MHz)

Tabelle 1.24 zeigt eine Zusammenstellung der typischen Wertebereiche der oben aufgeführten Kenngrößen von Relais, die in vielen Datenblättern leider nicht aufgeführt werden.

Nun folgen noch einige technische Kenngrößen von Relais, die nicht in direktem Zusammenhang mit dem Ersatzschaltbild des Relais stehen, aber dennoch zur Beschreibung der Eigenschaften von Relais wichtig sind.

1.6.2.6 Spulenbetriebsspannung

Die Nennbetriebsspannung ist die Spannung, die als normale Betriebsspannung der Relaisspule angegeben ist. Ein Relais schaltet nun nicht bei der Nennbetriebsspannung ein und aus; vielmehr schaltet es bereits bei einer bedeutend niedrigeren Spannung ein, die man Einschaltspannung nennt. Ist das Relais im Arbeitszustand, so schaltet es nicht etwa bei Unterschreitung dieser Spannung wieder ab, sondern erst bei einer deutlich niedrigeren Spannung. Man unterscheidet die Einschaltspannung (pull in voltage) und den Haltebereich (hold voltage range), in dem der Schaltzustand trotz Unterschreitung der Einschaltspannung erhalten bleibt. Für ein typisches Relais mit der Nennbetriebsspannung 5 V liegt die Einschaltspannung beispielsweise bei 3.75 V der Haltebereich zwischen 2.5 V und 3.75 V.

Eine Temperaturerhöhung der Spule durch äußere Effekte oder durch den Erregerstrom sorgt für eine Erhöhung des Spulenwiderstands; dadurch fällt der Stromfluss im Erregerkreis und damit steigt die Einschaltspannung. Eine Temperaturerhöhung der Spule um 50 °C, die durchaus nichts Utopisches ist, führt zu einer Erhöhung der Einschaltspannung um rund 30 %! Auch der untere Wert des Haltebereiches steigt entsprechend an. Dies muss bei der Dimensionierung der Ansteuerung berücksichtigt werden. Den hieraus resultierenden Problemen kann man in der Regel aus dem Weg gehen, indem man die Relais bei der Nennbetriebsspannung erregt. Nur bei extremen Temperaturen, die durch externe Wärmequellen bewirkt werden können, ist dies wirklich separat zu berücksichtigen. Die Erwärmung der Spule bewirkt natürlich auch eine Erwärmung der Kontakte, was wie bereits weiter oben beschrieben zu Veränderungen des Kontaktwiderstandes und der Kontaktspannung führt.

1.6.2.7 Schaltspannung

Die maximale Schaltspannung ist die Spannung, die von einem Relais sicher ein- und ausgeschaltet werden kann. Sie ist begreiflicherweise abhängig vom Kontaktabstand und der Gasfüllung bei gekapselten Relais. Häufig ist auch der Schaltspannungsbereich angegeben. Der untere Eckwert dieses Bereiches gibt dann die minimale Spannung an, die von diesem Relais noch „sinnvoll" geschaltet werden kann. Beeinflusst wird diese Spannung im Wesentlichen durch Kontaktübergangseffekte.

Die maximale Schaltspannung ist am größten bei elektromechanischen Relais, da diese im Allgemeinen über den größten Kontaktabstand verfügen; dort liegt er üblicherweise in der Größenordnung 100 V bis 200 V. Ist die Bauform offen (nicht gekapselt), so hängt sie vom Wetter ab (Luftfeuchte, Temperatur, Kondensatbelastung). Bei Reedrelais liegt wegen des geringen Kontaktabstandes die maximale Schaltspannung nur bei der halben Spannung; sie ist aber wetterunabhängig (nur temperaturabhängig). Gasgefüllte Reedrelais können aber auch durchaus 100 V erreichen. Wie man leicht sieht, hilft hier zur Orientierung nur ein Blick ins Datenblatt.

Bei Überschreiten der maximalen Schaltspannung kommt es zu einem Lichtbogen, der das Relais abbrennen lässt. Bei Wechselspannung verlöscht der Lichtbogen mit etwas Glück in einem Nulldurchgang der Spannung, wenn die ionisierte Luft zwischen den Relaiskontakten schnell genug abkühlt; im Gleichspannungsfall erlischt der Lichtbogen erst, wenn durch Abbrand der Kontaktabstand hinreichend groß geworden ist. Ferner ist die maximale Schaltspannung für Wechselspannung größer als für Gleichspannung. Die bei Wechselspannungsschaltungen in der kurzen Zeit des Spannungsmaximums erzeugten ionisierten Gasmoleküle reichen für einen Durchbruch nicht aus; da die Anzahl über fortschreitende Periodenzahlen der Wechselspannung nicht beliebig kumuliert wird, ist die maximale Schaltspannung bei Relais für Wechselspannungen in der Regel größer als für Gleichspannungen. Dies gilt so ohne Weiteres nur für sinusförmige Wechselspannungen und ist überdies frequenzabhängig. In den Datenblättern der Relais wird bei den Wechselspannungswerten immer eine Frequenz von 50 Hz vorausgesetzt, sofern nichts anderes angegeben ist.

Beim Abschalten induktiver Lasten ist die hohe Selbstinduktionsspannung zu beachten, die zu einer drastischen Verringerung der Lebensdauer bis zur Zerstörung führen kann. Hier muss die Selbstinduktionsspannung unbedingt durch eine entsprechend dimensionierte Freilaufdiode oder TSE-Beschaltung abgefangen werden (Serienschaltung eines kleinen Widerstandes zur Strombegrenzung mit einem Kondensator, etwa 2.7 Ω und 220 nF).

1.6.2.8 Schaltstrom

Man unterscheidet hier maximalen Dauerstrom und den maximalen Abschaltstrom.

Der Dauerstrom ist der Strom, der maximal dauerhaft über die Relaiskontakte fließen kann. Er wird begrenzt durch die mechanische Größe von Kontakten und Strompfaden innerhalb des Relais; üblicherweise ist die Größe und Beschaffenheit der Kontaktflächen ausschlaggebend hierfür, da hier der größte Widerstand vorliegt und somit hier der größte Spannungsabfall und damit die größte Verlustleistung auftritt, die sich in Wärme auswirkt und die Kontakte verschweißt oder abbrennen lässt.

Der Maximalstrom, der abgeschaltet werden kann, hängt ebenfalls von Kontaktmaterial und Kontaktoberfläche ab. Ist er zu groß, so kommt es beim Abschalten zu einem Lichtbogen. Er ist jedoch nicht auf einen Durchbruchseffekt bei der Ionisation der Luft durch Spannung zurückzuführen, sondern auf eine Ionisation durch die Hitze, die beim Abschaltvorgang durch den Stromfluss über den sich sukzessiv vergrößernden Kontaktübergangswiderstand entsteht. Er unterscheidet sich häufig nicht oder nicht wesentlich von dem maximalen Dauerstrom.

Vorsicht ist beim Schalten von kapazitiven Lasten geboten; beim Einschalten entstehen bei Gleichspannungen hohe Einschaltströme, die das Relais zerstören können.

1.6.2.9 Schaltleistung

Die maximale Schaltleistung ist nicht, wie man zunächst vermuten sollte, das Produkt aus maximaler Schaltspannung und maximalem Schaltstrom. Durch den Temperaturanstieg beim Schalten vornehmlich an der Kontaktoberfläche kommt es im Laufe der Zeit nämlich zur Kontaktdegradation. Deshalb wird die maximale Schaltleistung für eine annehmbare Lebensdauer definiert. Sie ist für Gleich- und Wechselspannung unterschiedlich und wird deshalb in W beziehungsweise VA angegeben. In einem Spannungs-Strom-Diagramm muss der Verlauf der maximalen Schaltleistung eine Hyperbel ergeben, denn es gilt

$$P_{max} = U \cdot I$$

an jedem Ort der Kurve, wobei P_{max} die maximale Schaltleistung ist, U die gerade vorhandene Schaltspannung und I der sich hieraus ergebende Schaltstrom. U und I sind immer kleiner oder höchstens gleich der maximalen Schaltspannung U_{max} beziehungsweise dem maximalen Schaltstrom I_{max}. Die sich ergebende Kurve wird also beschrieben durch:

$$I(U) = \frac{P_{max}}{U}$$

Dies ist die Hyperbel.

Abbildung 1.44 zeigt den Verlauf der Schaltleistung von typischen Relais der 3 Leistungsklassen Kleinsignalrelais, Standardrelais und Leistungsrelais für eine konstante Lebenserwartung der Schaltkontakte. Darüber hinaus wird in der Abbildung auch das Schalten von Gleichspannungen (DC) und das Schalten von Wechselspannungen unterschieden. Der Einfachheit halber werden in Datenblättern von Relais wie in dieser Abbildung keine Hyperbeln gezeichnet; vielmehr werden die gekrümmten Hyperbelverläufe einfach durch Geraden mit einer Neigung von etwa 45 °C (gleiche Skalierungen auf beiden Diagrammachsen vorausgesetzt) angenähert, die in den innersten Punkten

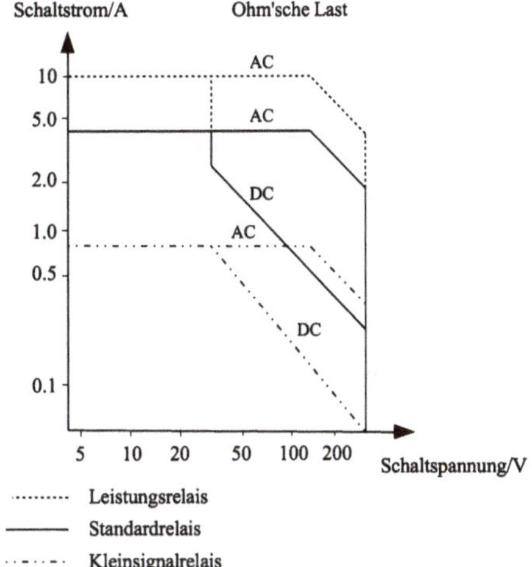

Abb. 1.44: Verlauf der Schaltleistung von typischen Relais.

der Hyperbeln angesetzt werden, sodass der Anwender beim Einhalten der sich hieraus ergebenden Grenzwerte auf jeden Fall auf der sicheren Seite liegt.

Man erkennt zunächst am oberen Bildrand das waagerechte Plateau, das durch die maximale Strombelastbarkeit der Kontakte entsteht; am rechten Bildrand entsteht eine senkrechte Gerade durch die maximale Schaltspannung. In dem Bereich, in dem die Parabel für die Leistungswerte in diesem *I-U*-Diagramm kleinere Werte ergibt, ist die verbindende Gerade eingesetzt, die stellvertretend für die entsprechende Hyperbel eingesetzt wurde.

Bei gleicher Schaltspannung unterscheiden sich die 3 Leistungsklassen durch den maximalen Schaltstrom, der je nach Klasse zwischen 1 A und 10 A liegt. Bei den hier angesprochenen Kleinsignalrelais handelt es sich also nicht um Kleinsignalrelais im Sinne von niedrigen Schaltspannungen! Auch die Schaltströme sind dabei durchaus beträchtlich. Die Werte gelten typisch für elektromechanische Relais makroskopischen Aufbaus.

Die niedrigeren Werte im Verlauf der Leistungsparabel bei dem Schalten von Gleichspannung rühren daher, dass ein einmal gezündeter Lichtbogen, der die Schaltkontakte ruiniert, beim Schalten von Gleichspannung nicht so leicht verlöscht. Beim Schalten von Wechselspannungen gibt es eine gute Chance, dass der Lichtbogen beim nächsten Nulldurchgang der Wechselspannung verlöscht, weil die ionisierte Luft zwischen den Schaltkontakten, die Träger des Stromflusses im Lichtbogen ist, in dieser Zeit abkühlen kann, sodass sie ihre Leitfähigkeit verliert. Außerdem strömt während des Brennens fortwährend ionisierte Luft aus dem Lichtbogengebiet heraus, die aber aus dem Schaltstromkreis heraus nachgebildet werden muss. (im Lichtbogengebiet ist es heiß, und heiße Luft dehnt sich aus, sodass im Lichtbogenbereich ein Überdruck entsteht). Deshalb liegen die Werte für die maximale Schaltspannung bei gleichem Schaltstrom im Allgemeinen einen Faktor 8 bis 10 unter denen für das Schalten von

Wechselspannungen! Soll die Schaltspannung erhalten bleiben, so muss man mit einem 10- bis 20-fach niedrigeren Schaltstrom auskommen.

1.6.2.10 Schaltzeiten

Bis ein Relaiskontakt geschlossen oder geöffnet ist, vergeht eine gewisse Zeit. Wegen der unterschiedlichen Kräfte, die den Ein- und den Abschaltvorgang treiben (magnetische Kräfte beim Einschalten, Federkräfte beim Ausschalten), sind auch die zugehörigen Zeiten unterschiedlich. Man spricht von der Einschaltzeit und der Abfallzeit.

Die Einschaltzeit (operate time) ist die Zeit, die vergeht zwischen dem Anlegen der Schaltspannung und dem zuverlässigen Kontaktschluss.

Die Abfallzeit (release time) ist die Zeit zwischen dem Abschalten der Schaltspannung und der sicheren Unterbrechung des Signalpfades.

Beim Ein- und Ausschalten existiert eine Phase, in der der Schaltkontakt mehr oder weniger oft geschlossen und wieder geöffnet wird, was auf mechanische Vorgänge beim Zusammenführen oder Auseinanderführen der Schaltkontakte zurückzuführen ist. Diese Phase wird Prellzeit oder Bounce genannt. Bei quecksilberbenetzten Kontakten sind die Schaltzeiten kürzer als bei trockenen Relaiskontakten; die Prellzeit entfällt hier ganz. Abbildung 1.45 zeigt den Vorgang beim Schließen und Öffnen von Relais.

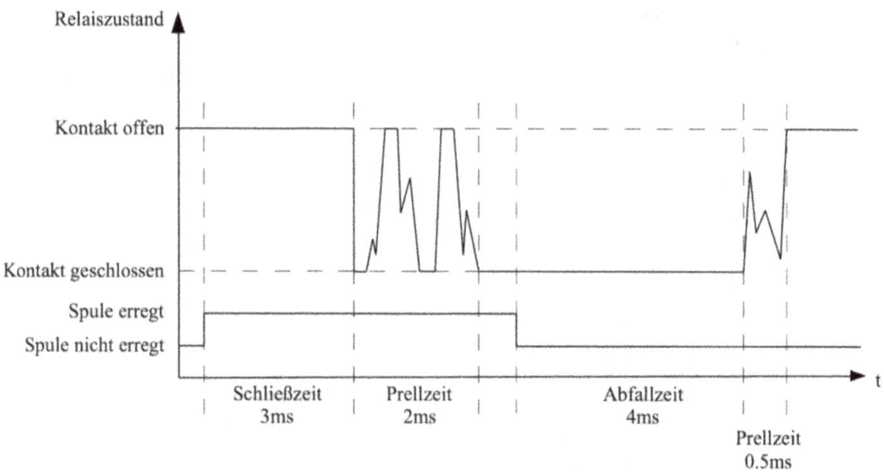

Abb. 1.45: Prellen beim Schließen und Öffnen von Relais.

Auf der horizontalen Achse der Abbildung ist die Zeit aufgetragen, die obere Kurve zeigt dabei den Verlauf der Spannung über den Schaltkontakten, die untere Kurve den Verlauf der Spulenerregung. Deutlich erkennt man den Verlauf der Prellzeit (Bounce), während der der Schaltzustand des Relais mehr oder weniger undefiniert ist.

Übliche Schaltzeiten von Reedrelais etwa sind 3 ms für die Einschaltzeit und 4 ms für die Abfallzeit. Die Prellzeiten für den Einschaltvorgang und den Ausschaltvorgang sind 2 ms und 0.5 ms. Die Unterschiede ergeben sich wieder aus den unterschiedlichen Kräften, die die entsprechenden Kontaktbewegungen treiben.

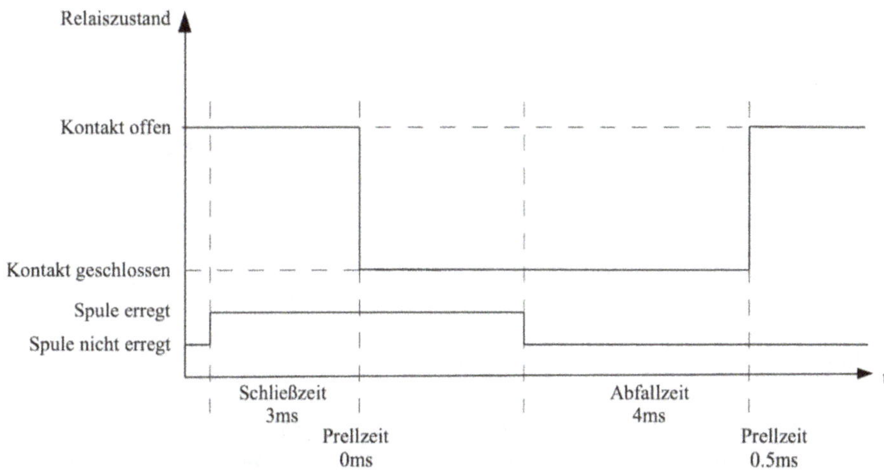

Abb. 1.46: Bounce bei quecksilberbenetzten Kontakten.

Abbildung 1.46 zeigt den Verlauf des Prellens bei quecksilberbenetzten Kontakten. Man erkennt deutlich, dass die beiden Prellzeiten entfallen; damit werden nicht nur die Schaltzeiten deutlich verkürzt (die Einschaltzeit um 40 %, die Ausschaltzeit um etwas mehr als 10 %), sondern es entfallen auch undefinierte Zwischenzustände. Werden über Schaltkontakte Zustände an weiterverarbeitende elektronische Schaltungen gemeldet, so muss deshalb bei der Verwendung von trockenen Schaltkontakten eine elektronische Entprellung vorgenommen werden. Ein prominenter Vertreter hierfür ist die Tastaturentprellung bei Computern beispielsweise. Eine Entprellung kann hardwaremäßig etwa über Zeitglieder (sogenannte Monoflops) oder bei programmgesteuerten Geräten (Mikroprozessorgeräte, speicherprogrammierbare Steuerungen usw.) auch softwaremäßig über Programmschleifen realisiert werden.

Die maximale Schaltfrequenz ist niedriger, als es die Summe der oben angegebenen Zeiten vermuten lässt. Dies liegt an mechanischen Schwingungsvorgängen in den Relais, die bei periodischer Schaltung auftreten und das saubere Schließen und Öffnen der Schaltkontakte verhindern.

Bei automatisch arbeitenden Messsystemen ist es wegen der Schaltzeiten erforderlich, nach einem Schaltvorgang die entsprechenden Schaltzeiten der beteiligten Relais abzuwarten, bevor man eine Messung beginnt. Arbeitet man bei den verwendeten Messgeräten im getriggerten Betrieb, d. h. der Beginn einer Messung wird vom Steuerrechner eingeleitet, so sind vor dem Auslösen des Triggerbefehls entsprechende Wartezeiten zu programmieren. Arbeitet man nicht im getriggerten Modus (free running), so muss die Wartezeit nach dem Schaltvorgang bis zum Einlesen des zugehörigen Messwertes programmiert werden. Diese Wartezeit ist im Allgemeinen länger, da die zunächst durch die Umschalteffekte ausgelösten groben Messfehler (eventuell mit Bereichsüberlauf) lange Einschwingvorgänge in den Messgeräten zur Folge haben können. Da diese Vorgänge schlecht prognostizierbar und schlecht reproduzierbar sind, helfen häufig nur mehrere Messungen in Folge mit einer Plausibilitätsprüfung für den Messwert.

Es ist unmittelbar einsichtig, dass Schaltvorgänge grundsätzlich nach der Regel „break before make" programmiert werden müssen. Dabei wird zunächst das zu öffnende Relais per Programmbefehl geöffnet; ist die Abschaltzeit vergangen und das Relais sicher geöffnet, so wird das zu schließende Relais geschlossen. Ansonsten könnten für eine kurze Zeitspanne beide Relais geschlossen sein, was zu einer direkten galvanischen Verkopplung der beiden Messkreise führen würde. Man bedenke dabei, dass die Schaltvorgänge in den Relais keineswegs gut reproduzierbar ablaufen und sich zudem altersabhängig verändern, da sie unter anderem auch von dem mechanischen Zustand der Relais abhängen (z. B. Rückstellkraft und Kontaktzustand).

Zur Verdeutlichung hier noch ein einfaches Rechenbeispiel. Haben die beteiligten Relais eine Einschaltzeit von 3 ms und eine Prellzeit von 2 ms und eine Ausschaltzeit von 1 ms, so vergehen bis zum Schließen eines Kontaktes mindestens 3 ms. Danach könnte mindestens kurzzeitig innerhalb des Kontaktprellens ein Schließen des Signalpfades erfolgen. Programmiert man keine Wartezeit zwischen dem Öffnen und dem Schließen, so ist der zu trennende Kontakt nach 1 ms offen und der zu schließende Kontakt frühestens nach 3 ms geschlossen, d. h. eine Verkopplung der Messkreise tritt nicht auf, solange alles wirklich im Datenblattzustand ist. Dies ist insbesondere dann gewährleistet, wenn man zunächst den Ausschaltbefehl programmiert und dann den Einschaltbefehl, da dazwischen ja auch noch eine Programmlaufzeit und eine Datenübertragungszeit für die Datenübertragung zwischen Steuerrechner und Relaissteuersystem liegt. Solche Befehle sollen also nicht in einen Befehl eingestellt und durch einen Trigger zur gleichzeitigen Ausführung gebracht werden! Ist man bezüglich des Schalttimings unsicher, also insbesondere bei der Verwendung von Relais mit sehr unterschiedlichen Daten, so programmiert man zwischen dem Ausschaltbefehl und dem Einschaltbefehl eine Wartezeit von der Größenordnung der Ausschaltzeit des jeweils auszuschaltenden Relais.

1.6.2.11 Lebensdauer

Wie oben schon erklärt, ändert sich mit der Zeit der Kontaktwiderstand von Relaiskontakten durch Veränderungen der Kontaktoberfläche, die durch Erwärmung und Kontamination entstehen. Während dieser Zeitspanne vergrößert sich der Kontaktwiderstand um einen Faktor 10 bis zu einem Faktor 100. Die Belastbarkeit von Relais ist so angegeben, dass sich die entsprechende Lebensdauer ergibt. Sie wird in Anzahl der Schaltvorgänge (Schaltspiele) angegeben; Tabelle 1.25 zeigt unter anderem die Größenordnung der Lebensdauer der verschiedenen Relaistypen.

Tab. 1.25: Einige typische Kenndaten der verschiedenen Relaistypen im Vergleich.

Relaistyp	maximale Schaltleistung	maximale Schaltspannung	Lebensdauer (Schaltzyklen)
elektromechanisch	30 W, 50 VA ... 300 W, 2500 VA	30 V DC, 120 V AC ... 125 V DC, 380 V AC	$1 \cdot 10^7 \ldots 5 \cdot 10^7$
Reed, trocken	1 W ... 15 W	50 V ... 100 V DC/AC	$1 \cdot 10^8$
Reed, qecksilberbenetzt	10 W ... 100 W	250 V ... 500 V DC/AC	$1 \cdot 10^9 \ldots 1 \cdot 10^{10}$
Reed, gekapselt, trocken	1 W ... 50 W	30 V ... 100 V DC/AC	$1 \cdot 10^8$
Reed, gekapselt, quecksilberbenetzt	50 W/VA ... 100 W/VA	100 V ... 500 V DC/AC	$1 \cdot 10^9 \ldots 1 \cdot 10^{10}$

Tab. 1.26: Reale Werte eines Lastrelais, eines preiswerten und eines guten Miniaturrelais.

Bauteil	Bezeichnung	Lastrelais	preiswerte Miniaturrelais	gute Miniaturrelais	Einheit
Kontakt	Kontaktwiderstand	5	150	10	mΩ
Kontakt	max. Einschaltstrom	111	0.2	8	A
Kontakt	max. Dauerstrom	16	0.1	3	A
Kontakt	max. Abschaltstrom	16	0.1	3	A
Kontakt	Schaltspannungsbereich DC	1 ... 380	0.1 ... 50	$10^{-5} \ldots 110$	V
Kontakt	Schaltspannungsbereich AC	1 ... 380	0.1 ... 100	$10^{-5} \ldots 250$	V
Kontakt	Schaltleistungsbereich DC	0.1 ... 2000	$10^{-5} \ldots 5$	$10^{-10} \ldots 30$	W
Kontakt	Schaltleistungsbereich AC	0.1 ... 2000	$10^{-5} \ldots 10$	$10^{-10} \ldots 60$	VA
Kontakt	Ansprechzeit	10	0.7	1	ms
Kontakt	Abfallzeit	8	0.1	0.5	ms
Kontakt	Prellzeit	k. A.	0.2	0.4	ms
Kontakt-Kontakt	Spannungsfestigkeit	1000	250	750	V
Kontakt-Spule	Spannungsfestigkeit	4000	500	1500	V
Spule	Nennbetriebsspannung	12	12	12	V
Spule	Betriebsspannungsbereich	5 ... 48	1.5 ... 12	3 ... 12	V
Spule	Nennbetriebsleistung	250	282	119	mW

Tabelle 1.26 zeigt einige reale Werte eines Lastrelais, eines billigen und eines guten Miniaturrelais

Bei der Handhabung von Relais und gedruckten Schaltungen, auf denen solche Relais aufgebaut sind, müssen mehrere Dinge berücksichtigt werden. Wichtige Daten von Relais, insbesondere Isolationswiderstände und Kapazitäten von Relais, sind abhängig von der Temperatur und der Feuchte; damit ändert sich der Feuchtigkeitsbelag der gedruckten Schaltung und eventuell auch der Kontakte und damit die oben genannten Größen, mit steigender Feucht in ungünstiger Weise. Alle Angaben in den Datenblättern gelten im Allgemeinen für ungünstige Betriebsfälle; meist ist allerdings nicht genau bekannt, was das sein mag. Üblicherweise hat man eine Temperatur von 23 °C („Labortemperatur") und eine relative Luftfeuchte von 50 %; dann sind gewöhnlich die gemessenen Werte für Isolationswiderstände und Kapazitäten besser als im Datenblatt angegeben. Der Luftfeuchte kommt eine zentrale Bedeutung in dieser Diskussion zu, da sie einige Größenordnungen bei den Widerständen ausmachen kann. Besonders ungünstig wirken sich auch Fingerabdrücke aus, da der Schweiß, eventuell sogar mit Schmutz vermischt, ein nicht zu vernachlässigender Stromleiter ist. Deshalb sind bei der Handhabung folgende Richtlinien zu beachten:

- Gedruckte Schaltungen mit Relais und Kontaktanordnungen nicht berühren, sondern nur an den Ecken anfassen.
- Relaissysteme nicht in Atmosphären verwenden, die Kondensat auf den Leiterplatten hinterlassen. Relaissysteme auslagern in saubere Luft.
- Staub auf solchen Anordnungen mit trockener Luft abblasen (gibt es in der Sprühdose, nicht mit dem Mund anblasen!).
- Sind doch Fingerabdrücke oder andere Verschmutzungen vorhanden, so reinigt man sorgfältig mit reinem Methanol. Danach trocknet man mit trockener Luft (Dose).
- Handschuhe tragen.

1.6.3 Komplexe Schalteranordnungen

Abbildung 1.47 zeigt die prinzipielle Anordnung von Signalschaltern als Messsignalschalter.

Als Sensoren kommen in solchen Anordnungen nur Sensoren mit elektrischen Ausgangssignalen in Frage. Dies können elektrische Grundgrößen wie Spannungen und Ströme sein, aber auch andere elektrische Größen wie beispielsweise Frequenzen, Kapazitäten oder Widerstände. Dabei ist es von grundlegender Bedeutung, dass der eigentliche Sensor fest im Messsystem installiert ist und nicht im Messgerät. Dies bedeutet beispielsweise, dass der Sensor für eine Strommessung, also der Shuntwiderstand, fest im Messkreis eingebaut ist und die Strommessung als Messung des Spannungsabfalles über den Shunt ausgeführt wird und nicht als Strommessung mit dem in Messgerät eingebauten Shunt. Ansonsten ist eine Beeinflussung des Messsystems durch Ein- und Umschalteffekte unvermeidbar.

Prüflinge sind Geräte oder Bauteile, deren elektrische Eigenschaften bestimmt werden sollen. Dies kann beispielsweise ein Materialstück aus einer halbleitenden Substanz sein, deren Leitfähigkeit in Abhängigkeit von bestimmten Randbedingungen (etwa der Temperatur) gemessen werden soll. Dies kann aber auch einfach ein Netzgerät sein, dessen Spannung gemessen wird. Diese Messungen werden also ohne Sensor ausgeführt.

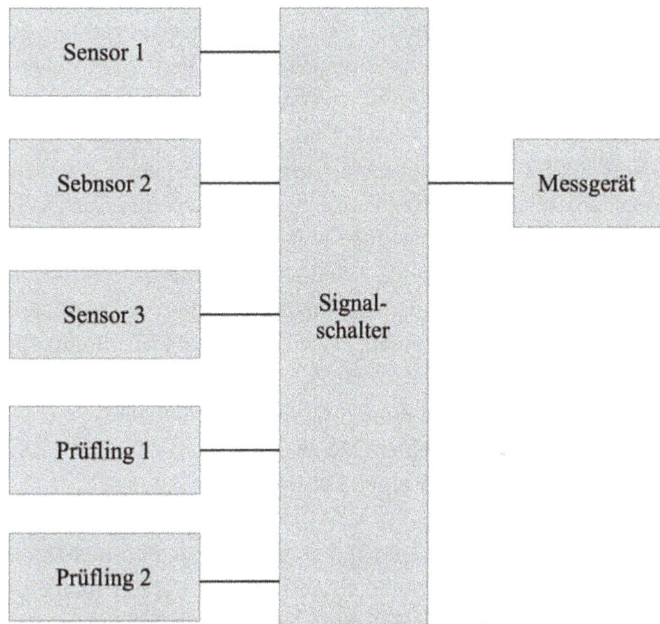

Abb. 1.47: Prinzipielle Anordnung von Signalschaltern als Messsignalschalter.

Freilich können Signalschalter nicht nur zum Schalten von Messsignalen, sondern auch zum Schalten von Signalquellen verwendet werden. So können zum Beispiel nacheinander Gleich- und Wechselspannungsquellen auf einen Prüfling aufgeschaltet werden, um dessen unterschiedliche Gleich- und Wechselspannungseigenschaften zu messen. Ist das Messgerät zugleich auch Signalquelle, wie es etwa bei einem Ohmmeter der Fall ist, so ist ganz besonders darauf zu achten, dass Einschaltvorgänge Auswirkungen auf die Messgrößen haben können. Bemerkungen hierzu finden sich im Kapitel 1.3 – *Digitalmultimeter*, Abschnitt – *Widerstandsmessung* in den Betrachtungen über die Auswirkungen von Messbereichswechseln. Abbildung 1.48 zeigt eine solche Anordnung.

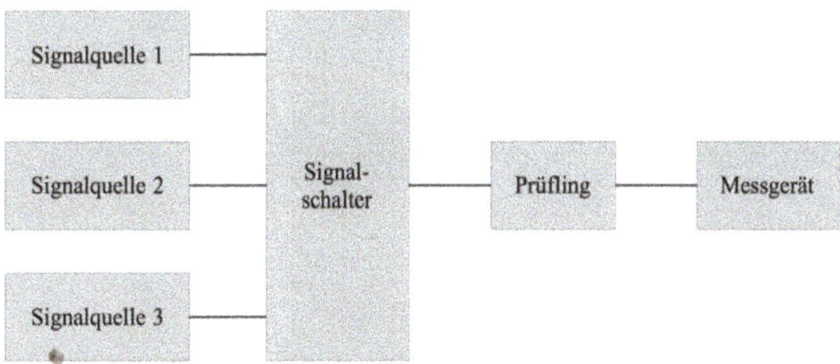

Abb. 1.48: Signalschalter zum Schalten von Signalquellen.

Häufig müssen Umschaltvorgänge durch mehrere Relais bewerkstelligt werden, da Relais mit entsprechend komplexen Kontaktanordnungen nicht zur Verfügung stehen. Dabei ist stets zu beachten, dass beim Umschaltprozess zunächst der bestehende Kontakt zuverlässig getrennt sein muss, bevor der neue Kontakt geschlossen werden kann. Man nennt diese Eigenschaft von Schalteranordnungen „break before make"; sie muss gegebenenfalls erzeugt werden, indem man eine Pause zwischen Aus- und Einschaltvorgang einschiebt, die der Abschaltzeit des öffnenden Relais entspricht.

Untersucht man die in Abbildung 1.47 gezeigte Schalteranordnung näher, so kann man sich leicht die Komplikation vorstellen, dass in einem Messeplatz mehr als ein Messgerät an mehr als einer Signalquelle oder einem Sensor Messungen vornimmt. Abbildung 1.49 zeigt ein einfaches Beispiel.

Man sieht leicht ein, dass zwei prinzipielle Konfigurationen denkbar sind:

- Mehrere Sensoren oder Signalquellen an einem Messgerät
- Mehrere Messgeräte an einem Sensor oder einer Signalquelle

Ein einfaches Beispiel für den ersten Fall ist eine Temperaturmessung an mehreren Stellen durch verschiedene Temperatursensoren, die nacheinander auf ein Temperaturmessgerät aufgeschaltet werden. Im zweiten Fall kann man sich beispielsweise vorstellen, dass an einem Probekörper, beispielsweise einer piezoelektrischen Keramik, aus der einmal ein Lautsprecher werden soll, die Kapazität und der Ohm'sche Widerstand gemessen werden soll. In Abbildung 1.49 ist eine hässliche Kombination der beiden Fälle zu sehen, in der der Sensor 2 von beiden Messgeräten bedient wird, deren eines einen weiteren Sensor bedient. Natürlich ist prinzipiell nichts gegen komplexe Anordnungen einzuwenden, aber der erfahrene Experimentator weiß auch, dass ihm Komplexität und enge Kopplung von Prozessen und Messungen unangenehme Überraschungen bereiten kann, die er nicht vorhergesehen hat und die damit Zeit- und Geldverlust bedeuten.

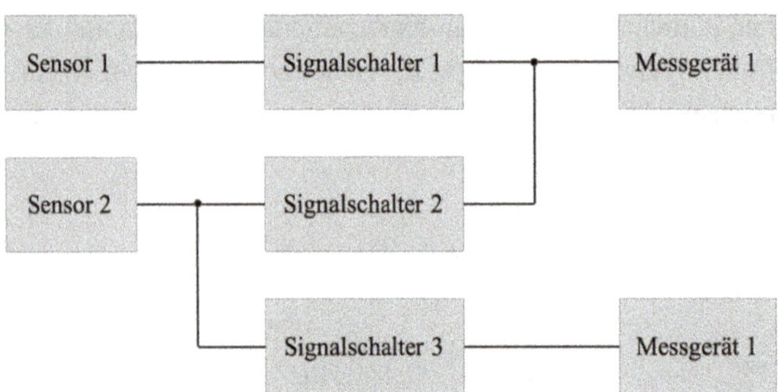

Abb. 1.49: Messplatz mit mehr als einem Messgerät an mehr als einem Sensor.

Im Folgenden werden nun die verschiedenen Schaltertopologien dargestellt. Dabei soll eine Verbindung zwischen einem Sensor und einem Messgerät als geschaltet bezeichnet werden, wenn der zugehörige Schalter geschlossen ist. Die beschriebenen Überlegungen gelten sinngemäß auch für Schalteranordnungen, die nicht nur Messgeräte mit Sensoren verbinden, wobei die Sensoranschlüsse als Eingänge, die Messgeräteanschlüsse als Ausgänge der Schalteranordnung bezeichnet werden. Bei Schalteranordnungen mit mehr als einem Signalschalter unterscheidet man unterschiedliche Topologien. Ist nur ein Sensor mit mehreren Messgeräten verbunden, so spricht man von einer $1 : N$ (sprich: eins zu N) Anordnung. N steht dabei für die Anzahl der Messgeräte. Abbildung 1.50 zeigt eine solche Schalteranordnung. Hier ist $N = 4$.

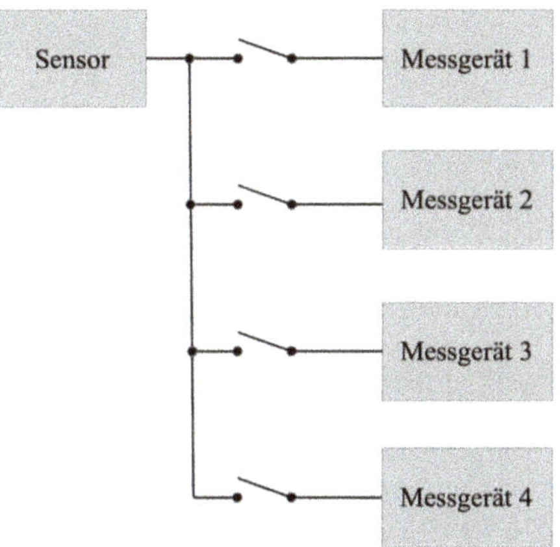

Abb. 1.50: 1:4 – Anordnung von Messsignalschaltern.

Umgekehrt bezeichnet man eine Schalteranordnung als N:1, wenn mehrere Sensoren mit einem Messgerät verbunden werden können. Es ist also eine einfache Konvention, dass die erste Ziffer der Anordnungsbezeichnung die Anzahl der Sensoren bezeichnet, die zweite die Anzahl der Messgeräte. Abbildung 1.51 zeigt eine 3:1 – Anordnung von Schaltern.

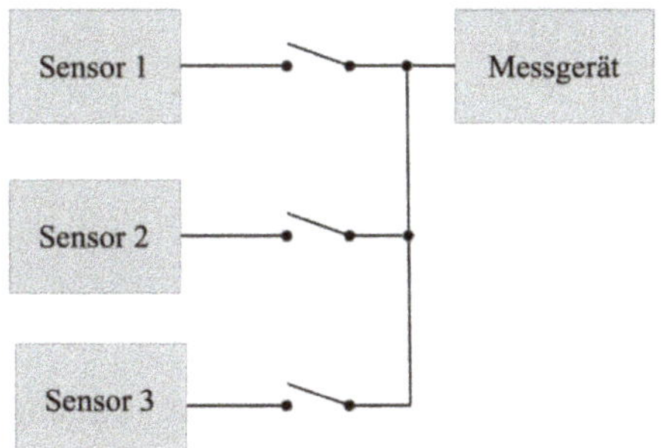

Abb. 1.51: 3:1 – Anordnung von Messsignalschaltern.

Wird immer nur eine der möglichen Verbindung zwischen Messgeräten und Sensoren geschaltet und werden alle Möglichkeiten nacheinander (sequentiell) durchgespielt, so spricht man von einem Scanner. Abbildung 1.52 zeigt die verschiedenen Schaltphasen eines 3:1 – Scanners.

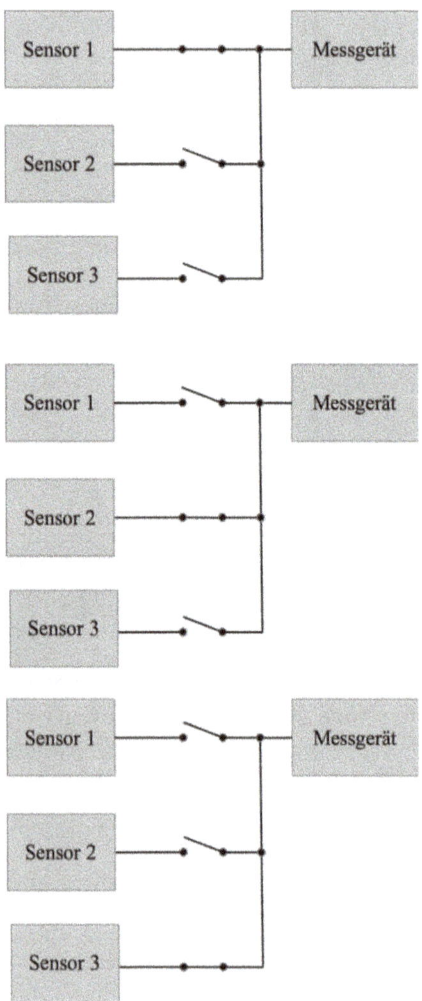

Abb. 1.52: Schaltphasen eines 3:1 – Scanners.

Bei nichtsequentiellem Abtasten der Anschlüsse heißt die zugehörige Anordnung von Schaltern Multiplexer. Bei Multiplexern sind im Gegensatz zu Scannern auch mehrere Verbindungen gleichzeitig schaltbar.

Eine Schalteranordnung mit N Signalquellenanschlüssen und M Messgeräteanschlüssen heißt Matrix. Man schreibt $N \times M$-Matrix (sprich: N Kreuz M Matrix). Bei einer Matrix sind mehrere Verbindungen gleichzeitig schaltbar. Abbildung 1.53 zeigt eine 4×3-Matrix.

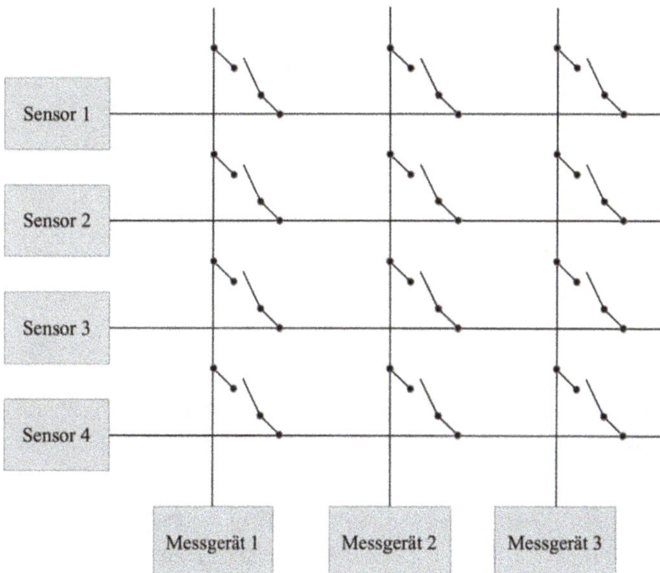

Abb. 1.53: 4:3 Multiplexer.

Ein typischer Scanner ist beispielsweise eine Anordnung aus mehreren Temperaturmessstellen mit den entsprechenden Sensoren, die reihum nacheinander zur Temperaturbestimmung auf das gleiche Messgerät gelegt werden. Dabei muss beachtet werden, dass nach der Umschaltung genügend Zeit für einen Temperaturausgleich des Sensors geschaffen wird, wenn es sich um Widerstandssensoren handelt, die sich durch den Messstrom selbst erwärmen. Diese Methode ist der „schellen" Messung vorzuziehen, die zwar den Vorteil hat, dass sich die Temperatur des Messfühlers aufgrund der Eigenerwärmung nicht so stark ändert, aber dafür den entschiedenen Nachteil mit sich bringt, dass er wegen der fortschreitenden Eigenerwärmung des Sensors keine stabilen Messwerte liefert.

Ein typischer Multiplexer würde im Gegensatz zum Scanner die gleichzeitige Messung von Spannung und Frequenz einer Signalquelle ermöglichen. Wegen des hohen Komplexitätsgrades sind Schaltmatrizen schwer zu handhaben. Es sind alle Kreuzverbindungen schaltbar, auch solche mit bedenklichen oder gar fatalen Folgen. Man denke dabei beispielsweise nur an die versehentliche Aufschaltung einer Spannung auf ein Strommessgerät, das auf derselben Matrix verschaltet ist. Dies führt in der Regel zu einem Messgerätedefekt. Eine Schaltmatrix ist daher eine universelle, aber in der Messtechnik unbeliebte Sache. Eine etwas aus der Mode gekommene Bezeichnung für eine Schaltmatrix ist übrigens die Bezeichnung Kreuzschienenverteiler. Nur in der Audio- und Videotechnik hält sich dieser Ausdruck hartnäckig.

Trotz der Unbeliebtheit ist eine Matrix für eine Laborautomationsaufgabe häufig die beste Lösung. Sie vereinigt also die folgende Eigenschaften auf sich:

- Vorteile
  - Maximale Schaltflexibilität
  - Minimale Systemverkabelung
  - Geradeausprogrammierung
- Nachteile
  - Hohe Kosten
  - Sicherheitsbedenken
  - Übersprechen

Die maximale Schaltflexibilität wird dadurch gegeben, dass alle Kreuzungspunkte des Kreuzschienenverteilers mit Schaltern besetzt sind; jede nur denkbare Schaltung kann durchgeführt werden, was sofort Sicherheitsbedenken impliziert. Die minimale Systemverkabelung ergibt sich dadurch, dass alle Signalquellen auf die Eingänge und alle Messgeräte auf die Ausgänge der Matrix gelegt werden. Überlegen, Konzipieren und individuelles Verdrahten beschränkt sich auf das Führen von Anschlussbelegungslisten und eine einfache Programmierung. Durch die Anordnung aller Schalter in einer Matrix ergibt sich automatisch auch ein verstärktes Übersprechen von Signalen, die sonst auf verschiedenen Scannern oder Multiplexern verdrahtet würden. Zu bemerken ist noch, dass bei käuflichen Schaltmatrizen üblicherweise tatsächlich alle Kreuzungspunkte mit Schaltern belegt sind, obwohl dies in der Praxis selten so benötigt wird. Es gibt jedoch auch Matrizen, bei denen nicht alle Kreuzungspunkte belegt sind. Zu bemerken ist ferner, dass es serienmäßig einpolige und zweipolige Schließer auf Schalteranordnungen zu kaufen gibt. Werden Wechsler oder mehrpolige Schalter benötigt, so müssen diese durch entsprechende Programmierung aus mehreren Relais erzeugt werden (beispielsweise Relais 1 ein und sofort danach Relais 2 aus beziehungsweise Relais 2 ein und sofort danach Relais 1 aus als Wechsler, break before make). Bei dieser Programmierung ist dem Anfangszustand der Matrix und der entsprechenden Programmierung des Grundzustandes vor dem Einschalten der Mess- und Versorgungsgeräte besondere Aufmerksamkeit zu schenken.

Abbildung 1.54 zeigt als komplexes Beispiel die Verdrahtung zweier Messwiderstände an ein hochgenaues Ohmmeter (Vierdrahtmessung mit Guardumschaltung); hierzu sind bei der Verwendung einpoliger Relais immer 5 Relais gleichzeitig zu schalten! Den Guardanschluss des Messgerätes mit umzuschalten ist in den meisten Fällen sinnvoll, da die Leitungen zwischen Schalteranordnung und Signalquellen nicht gleichwertig sind.

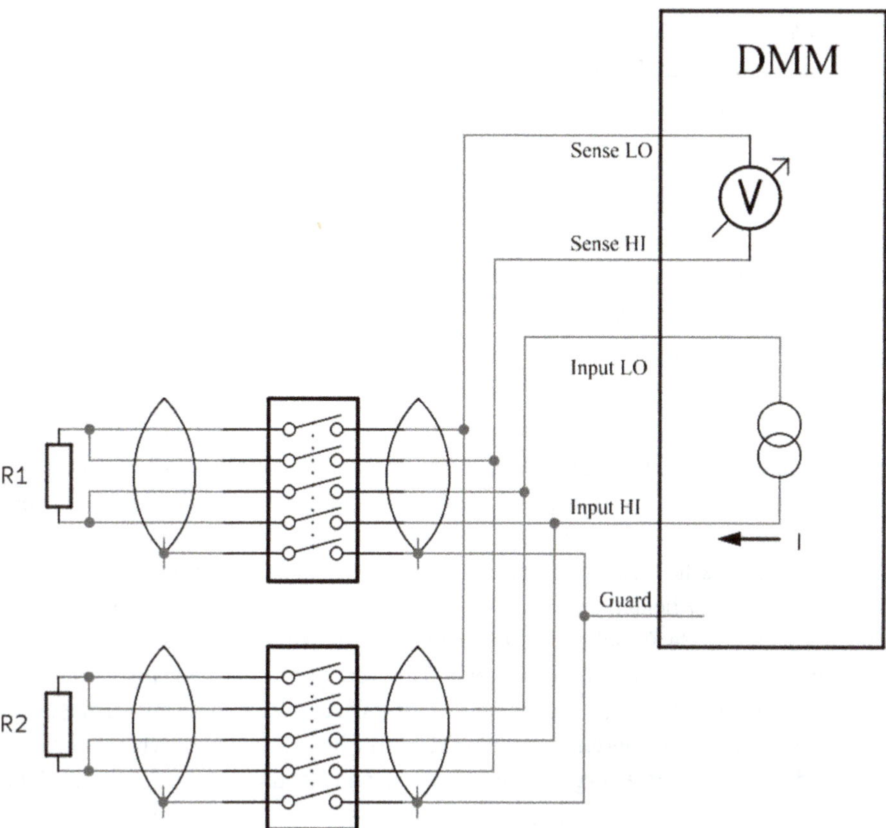

Abb. 1.54: Beispiel der Verdrahtung zweier Messwiderstände an ein hochgenaues Ohmmeter.

1.6.4 Verwendung von Signalschaltern

1.6.4.1 Spannungsmessungen über Signalschalter

Für Spannungsmessungen bei Spannungen zwischen 1 V und 100 V sind übliche Signalschalter unkritisch. Bei Kanaltrennungen (Koppelwiderstand zwischen zwei Relais) von mehr als $10^9 \Omega$ sind Kopplungen der Signale meist unbedeutend. Nur bei der Parallelschaltung sehr vieler Relais können hier Probleme entstehen. Durch geschicktes Kaskadieren kann man jedoch Abhilfe schaffen.

Sind im Messsystem aufgrund der Messaufgaben Common-Mode-Störungen zu erwarten, so verwendet man am besten zweipolige, abgeschirmte Relais, bei dem das zusammengehörige Messleitungspaar einer Spannungsmessung über ein Relais geschaltet wird. Auch in Messsystemen ohne festes Bezugspotential (floating) und bei massefreien Messungen (balanced) verwendet man zweckmäßigerweise zweipolige, abgeschirmte Relais.

Bei Wechselspannungen bis zu einer Frequenz von etwa 20 kHz sind ebenfalls kaum Probleme zu erwarten. Nur bei Quellen mit höheren Impedanzen ab 50 Ω etwa und bei Messungen mit Auflösungen im ppm-Bereich ist das Übersprechen zwischen den Relais auf einem Relaiseinschub zu beachten. Auch hier helfen abgeschirmte Relais weiter. Sie vermeiden zudem eine Einstreuung von Störspannungen (Hochfrequenz und kapazitiv) in das Messsignal. Zu beachten ist freilich, dass die oben angegebene Frequenz nicht nur die Grundfrequenz der Wechselspannung betrifft, sondern auch andere im Signal enthaltene Frequenzanteile. Vorsicht also beispielsweise beim Schalten von rechteckförmigen Wechselspannungen!

Kleine Spannungen:

Beim Messen von kleinen Spannungen muss der Einfluss der thermischen Kontaktspannung beachtet werden. Üblicherweise beträgt sie 10 µV bis 100 µV; bei hervorragenden Relais kann sie nur 1 µV groß sein. Besonders unangenehm wirken sich thermische Kontaktspannungen aus, wenn viele Relais in Serie geschaltet sind, da sich die Spannungen addieren. Abhilfe schafft hier die Verwendung zweipoliger Relais, da sich dann die Kontaktspannungen der beiden Signalwege gegenseitig aufheben (entgegengesetzt gerichtete etwa gleich große Kontaktspannungen beider Schaltkontaktzweige).

Beim Schalten von Spannungen über 100 mV reinigen sich die Schaltkontakte von selbst (puncturing); die Isolationsschicht brennt aufgrund ihrer zunächst geringen Dicke und der daraus resultierenden hohen Feldstärke beim Schalten durch.

Aus dem oben gesagten ergeben sich also folgende Richtlinien für das Schalten kleiner Spannungen:

- Zweipolige Relais benutzen
- Nach dem Einschaltvorgang rasch messen, bevor die Selbsterwärmung der Spule zu Veränderungen der thermischen Kontaktspannung führt.
- Vor Start des Messzyklus (Start des Experimentes) thermischen Ausgleich der Gesamtanlage abwarten.
- Im schlimmsten Falle bei Kurzschluss der Messleitungen an der Messsignalquelle eine Referenzmessung bei geschlossenen Relais durchführen und den Einfluss der thermischen Kontaktspannung durch Kalibrieren minimieren.

Große Spannungen:

Neben den üblichen Sicherheitsvorschriften beim Umgang mit hohen Spannungen (Berührschutz!) sind beim Schalten von hohen Spannungen (über etwa 100 V) einige Besonderheiten zu beachten.

Die Maximalwerte für die Schaltspannung sind bei Relais für das Schalten Ohm'scher Lasten angegeben. Beim Schalten reaktiver Lasten ist die Schaltspannung im Allgemeinen entschieden niedriger. Beim Schalten kapazitiver Lasten ist nämlich der bei zunächst entladener Kapazität auftretende hohe Ladestrom zu beachten. Der Ladestrom wird ja nur durch den vorhandenen Leitungswiderstand begrenzt. In solchen

Fällen hilft nur ein Widerstand zur Begrenzung des Ladestromes in Serie mit den Relaiskontakten. Beim Schalten induktiver Lasten muss unbedingt auf die hohen Spannungsspitzen geachtet werden, die durch die Selbstinduktion beim Abschalten hervorgerufen werden. Hier helfen Freilaufdioden oder RC-Beschaltungen parallel zu den Schaltkontakten.

Beim Öffnen der Schaltkontakte entsteht darüber hinaus ein Lichtbogen, der die Lebensdauer der Schaltkontakte begrenzt. Dieser Lichtbogen verlöscht nicht unbedingt von selbst, was zum Abbrennen der Apparatur führt. Gezündet werden kann dieser Lichtbogen auch bei ansonsten unkritischer Spannungshöhe durch induktive Lasten. Bei Wechselspannung verlöscht der Lichtbogen (hoffentlich) beim nächsten Nulldurchgang der Spannung. Dennoch bleibt eine beachtenswerte Reduktion der Lebensdauer der Kontakte. Deshalb ist es in automatisierten Aufbauten sinnvoll, wenn möglich vor dem Schalten die Hochspannungsquelle durch programmieren einer niedrigeren Spannung herunterzufahren!

Bei Spannung über 100 V empfiehlt sich die Verwendung abgeschirmter Leitungen und Relais, um die Beeinflussung anderer Messkreise in der Nähe zu minimieren.

Beim Schalten von Wechselspannungen ist gelegentlich der Maximalwert für das Produkt $U \cdot f$ in $V \cdot$ Hz angegeben. Dies ergibt einen Maximalwert für die Schaltspannung in Abhängigkeit von der Frequenz; er gilt freilich nur für sinusförmige Wechselspannungen; bei nichtsinusförmigen Wechselspannungen ist der anzusetzende Wert kleiner.

Allgemein ist folgendes zu beachten:

- Niemals mit speziellen Hochspannungsrelais kleine Spannungen schalten; ihre Kontakteigenschaften sind für das Schalten hoher Spannungen optimiert!

1.6.4.2 Strommessungen über Signalschalter

Bei Strommessungen sind im Allgemeinen Kontaktwiderstand und Kontaktspannung von sekundärer Bedeutung. Sie spielen nur bei Messungen von Strömen in Kreisen mit kleinen Spannungen eine Rolle.

Kleine Ströme:

Als kleine Ströme sollen im Folgenden Ströme unter 1 µA bezeichnet werden. Hierbei verfälschen Offset-Ströme die Messungen. Sie werden durch den nicht unendlich großen Widerstand zwischen Erregerstromkreis und den Schaltkontakten erzeugt. Hinzu kommen Ströme, die durch triboelektrische, piezoelektrische und chemische (galvanische) Effekte verursacht werden; sie äußern sich vornehmlich in kurzen Ladungsimpulsen beim Schalten. Eine genauere Betrachtung dieser Effekte findet sich in Kapitel 2 – *EMV und thermische Effekte*. Beim Schalten kleiner Ströme müssen folgende Grundsätze beachtet werden:

- Immer Relais mit großen Isolationswiderständen verwenden, möglichst geschirmte Relais.

- Kabel und Relais mit kleinen Kapazitäten verwenden, da sonst die Ladeströme zu langen Ausgleichszeiten führen.
- Kurzen Ladungsimpuls beim Öffnen und Schließen der Relais vor dem Start der Messung abwarten.

Große Ströme:

Hierbei ist bei der Auswahl der Relais auf niedrigsten Kontaktübergangswiderstand zu achten, sonst werden die Schaltkontakte durch die Joule'sche Wärme im eingeschalteten Zustand zusammengeschweißt. Beim Schalten von Strömen über 100 mA soll ohne Last geschaltet werden; dies bedeutet wie beim Schalten hoher Spannungen das programmierte Herunterfahren der Stromquelle vor dem Schaltvorgang (cold switching). Dies wird nicht etwa nur zum Schutz der Relais getan, sondern zur Reduzierung der Abstrahlung beim Schaltvorgang (Lichtbogen); auch hier helfen abgeschirmte Relais.

Wichtigster Grundsatz beim Schalten großer Ströme ist:

- Relais mit geringsten Kontaktübergangswiderständen verwenden.

1.6.4.3 Widerstandsmessungen über Signalschalter

Für Widerstandsmessungen verwendet man grundsätzlich Schalteranordnungen, bei denen alle an der Widerstandsmessung beteiligten Potentiale geschaltet werden. Dies bedeutet bei 2-Draht-Messungen zweipolige, bei 4-Draht-Messungen vierpolige Schalteranordnungen; hinzu kommt noch gegebenenfalls ein Schalter für die Abschirmung der Anordnung (siehe auch Abbildung 1.54). Man schaltet alle Potentiale, da sonst durch Verkopplungen der verschiedenen Messkreise kleine Fehlerströme zu Fehlmessungen führen können.

Man teilt die Skala der Widerstandsmessungen in 3 Bereiche ein:

- Kleine Widerstände: $< 10\,\Omega$
- Mittlere Widerstände: $10\,\Omega \ldots 10\,M\Omega$
- Große Widerstände: $> 10\,M\Omega$

Kleine Widerstände:

Kleine Widerstände werden prinzipiell in Vierdrahttechnik gemessen, da dann die Kontaktwiderstände der Relais im Messergebnis nicht auftauchen. Dabei sind bei Widerständen von $0.1\,\Omega$ bereits Messströme vom 100 mA üblich, was bei der Auswahl der Relais tunlichst zu beachten ist. Dabei treten Messspannungen von nur 10 mV auf, was die Betrachtung von Kontaktspannungen in der Messung erforderlich macht. Bei Präzisionsmessungen werden deshalb gepulste Messungen durchgeführt; in den Pulspausen werden die Thermospannungen der Gesamtanordnung gemessen und im Ergebnis der Messung miteingerechnet. Wegen der niedrigen Impedanz der Messanordnung ist eine Abschirmung nicht unbedingt erforderlich. Für Widerstandsmessungen in Vierdrahttechnik gibt es entsprechend bestückte Schalteranordnungen; sie müssen nicht unbedingt aus Einzelrelais gebildet werden.

Am wichtigsten ist hier der Grundsatz:

– Messungen grundsätzlich in Vierdrahttechnik ausführen.

Große Widerstände:

Hier ist wegen der hohen Impedanz der Messanordnung grundsätzlich eine Abschirmung zu empfehlen (Guard); dies auf jeden Fall ab Widerstandswerten von 1 MΩ an. Überall ist auf eine gute Isolation zu achten (also auch keine Fingerabdrücke hinterlassen). Man bedenke hierbei, dass bei einem Prüfling mit einem Widerstand von 2 GΩ der Messstrom im Allgemeinen nur noch 100 pA beträgt! Eine Vierdrahtmessung ist hier nur noch bei Präzisionsmessungen erforderlich, da die Kontaktwiderstände der Relais klein gegen den Widerstand des Prüflings sind.

Bei der Messung großer Widerstände also auf jeden Fall

– Abschirmen.

1.6.4.4 Schalten von Signalquellen hoher Impedanz

Bei Schalten von Messungen an Signalquellen hoher Impedanz gelten die gleichen Überlegungen wie für das Schalten kleiner Ströme, da eine hohe Quellenimpedanz kleine Ströme impliziert. Hierbei ist unbedingt abzuschirmen, um Einstreuungen von Störsignalen von außen zu vermeiden.

1.6.4.5 Schalten von induktive Lasten

Beim Schalten von induktiven Lasten gelten wegen der hohen Spannungsspitzen durch die Selbstinduktion beim Abschalten die für das Schalten von hohen Spannungen gemachten Bemerkungen.

Abhilfe gegen die übermäßige Abnutzung von Relaiskontakten beim Schalten von induktiven Lasten kann das kalte Schalten, d. h. das Schalten nach dem programmierten Herunterfahren der Versorgungsspannungsquelle schaffen. Ist dies nicht möglich, so hilft gegebenenfalls bei Gleichspannung eine Freilaufdiode oder Suppressordiode parallel zur Induktivität. Oft reicht auch eine einfaches RC-Glied anstelle der obengenannten Halbleiter. Bei Wechselspannung muss immer die RC-Variante gewählt werden.

Abbildung 1.55 zeigt den typischen Verlauf der Belastbarkeit der 3 Leistungsklassen von Relais beim Schalten induktiver Lasten. Die Abbildung ist genau so aufgebaut wie Abbildung 1.44.

Bei der Darstellung wurde eine Zeitkonstante τ für die induktive Last von 7 ms angesetzt; das entspricht nach der Formel

$$\tau = \frac{L}{R}$$

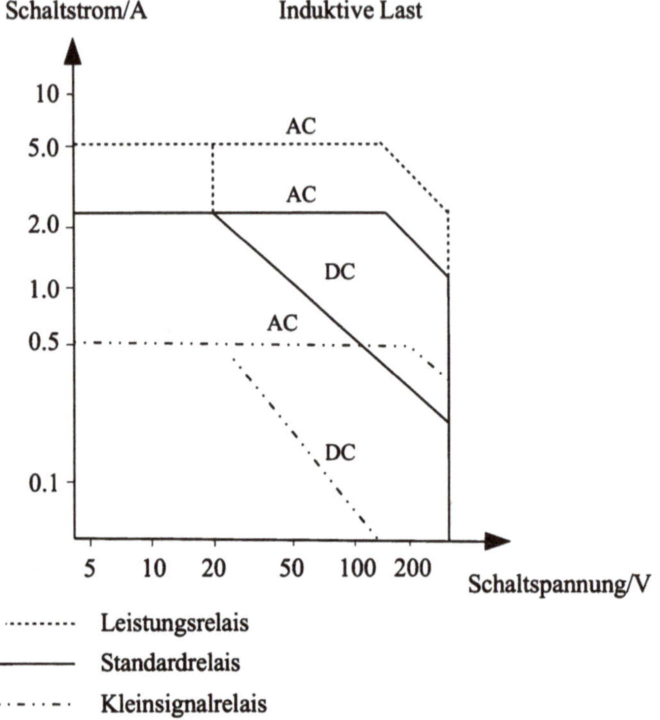

Abb. 1.55: Belastbarkeit der 3 Leistungsklassen von Relais beim Schalten induktiver Lasten.

unter der Annahme eines Schleifenwiderstands der Leiteranordnung von $R = 0.1\,\Omega$ einen Wert von nur 700 µH für die Induktivität L! Trotz dieser relativ kleinen Induktivität sind die Einschränkungen in der Lebensdauer drastisch, was sich bei annähernd gleicher Lebensdauer in einer reduzierten Belastbarkeit niederschlägt. Man erkennt in der Abbildung deutlich die nur halb so große Strombelastbarkeit. Dabei ist nicht die Schaltspannung, sondern der Schaltstrom reduziert, weil die induktive Spannungsspitze beim Abschalten zwar für das Entstehen eines Lichtbogens sorgt, dessen Weiterbestehen aber durch den Schaltstrom bestimmt wird. Erst durch die längere Brennzeit werden die Relaiskontakte zerstört, da die Degradierung ein thermischer Prozess ist und thermische Prozesse für ihre Wirkungen Zeit benötigen. Verhindert man durch die oben beschriebenen Maßnahmen das Zünden des Lichtbogens durch induktive Effekte, so wird eine übermäßige Belastung der Schaltkontakte durch langbrennende Lichtbögen entsprechend reduziert.

Man erkennt in dieser Abbildung ferner, dass Relais kleiner Leistungsklassen für das Schalten induktiver Lasten unter Gleichspannung schlichtweg nicht verwendbar sind. Will man solche Relais für diesen Zweck einsetzen, so ist man zwingend auf Funkenlöschmaßnahmen angewiesen (z. B. Freilaufdiode oder TSE-Beschaltung).

1.6.4.6 Schalten kapazitiver Lasten

Da beim Laden und Entladen von Kondensatoren an Quellen (beziehungsweise Lasten) mit niedrigem Innenwiderstand beträchtliche Ströme fließen können, gelten für das Schalten von kapazitiven Lasten grundsätzlich die Ausführungen für das Schalten von hohen Strömen. Im Zweifelsfalle müssen die Ströme durch einen Begrenzungswiderstand begrenzt werden.

Wird beispielsweise ein guter, entladener Kondensator an einer idealen (innenwiderstandslosen) Spannungsquelle von 100 V über einen Relaiskontakt von 0.1 Ω aufgeladen, so ergibt sich nach dem Ohm'schen Gesetz ein theoretischer Anfangsstrom von 100 A! In der Praxis wird dieser Strom wegen der verschiedenen zusätzlichen Widerstände der Anordnung (Leitungen, Innenwiderstand der Spannungsquelle) nicht ganz so hoch sein; dennoch reichen solche Stromstöße bequem zu Reduzierung der Lebensdauer der Relais und im Eventualfall auch zur Vernichtung aus. Die Autorin selbst hat eine beeindruckende Erfahrung mit der plötzlichen Entladung von Kondensatoren bei der Reparatur eines Audioverstärkers gemacht. Dort war der Ladeelko des Netzteiles (10 mF) auf eine Spannung von etwa 100 V aufgeladen. Nach dem Ausschalten des Netzteiles bleibt die Ladung der Kondensatoren zunächst erhalten, wenn der Verstärker nicht belastet wird, und durch unvorsichtiges Handhaben löste die Autorin mit einer Messstrippe einen Kurzschluss aus. Der Knall übertraf den beim Kurzschließen einer normalen Netzleitung bei Weitem; die Messstrippe war völlig unbrauchbar geworden und an den Enden verschweißt und verbrannt. Gleiches widerfährt den Kontakten von Relais, die solchen Widerwärtigkeiten ausgesetzt werden: Sie verschweißen oder brennen im Zweifelsfalle einfach ab.

1.6.4.7 Schalten der Netzversorgungsspannung

Die Netzversorgungsspannung soll niemals zusammen mit Signalspannungen auf derselben Relaiskarte geschaltet werden. Dies geschieht aus Sicherheitsgründen, da Handhabungen der Anschlüsse der anderen Relais derselben Relaiskarte oder fehlerhafte Programmierungen leicht zu Unfällen führen können, bei denen auch ein Personenschaden nicht auszuschließen ist. In Labors empfiehlt sich ohnehin aus Sicherheitsgründen die Installation von Trenntransformatoren zur Potentialtrennung.

1.6.4.8 Schalten von Signalen hoher Frequenzen

Beim Schalten hoher Frequenzen gelten zunächst grundsätzlich die für das Schalten von Spannungen gemachten Bemerkungen. Dabei bereitet das Schalten von Spannungen mit Frequenzen unterhalb von 20 kHz im Allgemeinen keine Schwierigkeiten. Die meisten Relaisschaltungen kann man bis etwa 1 MHz benutzen.

Im ausgeschalteten Zustand spielt allerdings mit zunehmender Frequenz die Koppelkapazität der Relaiskontakte eine Rolle. Um diesen Einfluss zu verringern, kann man die sogenannte T-Anordnung zum Schalten benutzen. Abbildung 1.56 zeigt eine solche Anordnung.

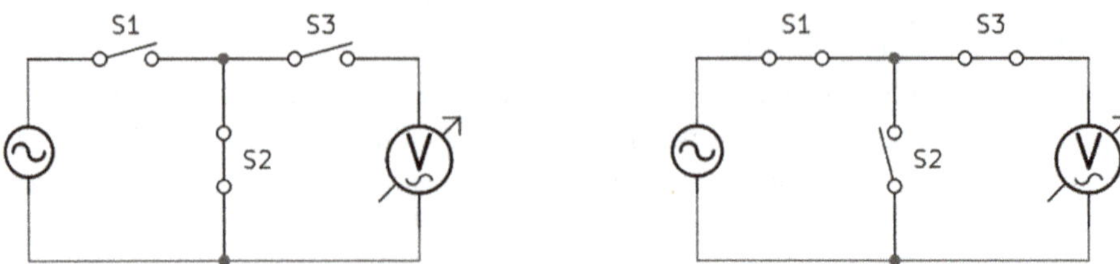

Abb. 1.56: Schalteranordnung zum Schalten hoher Frequenzen.

Bei geöffnetem Signalpfad sind die Schalter S_1 und S_3 geöffnet; die kapazitiv übergekoppelte Spannung wird über den geschlossenen Schalter S_2 kurzgeschlossen. Bei geschlossenem Signalpfad sind die Schalter S_1 und S_3 geschlossen; sie stellen die Signalverbindung her. Der Schalter S_2 ist nun geöffnet und somit der Signalkurzschluss aufgehoben.

Beim Schalten von hohen Frequenzen müssen jedoch immer Induktivitäten und Kapazitäten der Schaltungsanordnung mit berücksichtigt werden. Dadurch kommt es zu Verlusten (Amplitudenverringerungen), Phasenverschiebungen, Reflexionen und anderen unangenehmen Effekten, die ein sinnvolles Messen erschweren, wenn nicht unmöglich machen können. Ein sorgfältiger Abgleich des Wellenwiderstandes der Anordnung durch die Verwendung der richtigen Kabel und Steckverbinder ist die Voraussetzung für den Erfolg. Am besten verwendet man spezielle Hochfrequenzrelais mit den entsprechenden Hochfrequenzsteckanschlüssen (BNC oder ähnliche). Die möglichen Steckverbinder sind in Kapitel 2.7.3 dargestellt.

2 Störungen von Messungen durch Messleitungen

Solange man sich auf unkritische Messungen beschränkt, genügen zum Anschluss eines Messgerätes zwei „Strippen“. Kritisch sind jedoch immer die Messungen von

- kleinen Spannungen
- kleinen Strömen
- großen Widerständen,

um nur die grundlegenden Messgrößen anzusprechen. Hier kommen den Verbindungsleitungen zwischen dem Messgerät und dem Sensor zur Aufnahme des Messwertes häufig eine entscheidende Bedeutung zu. Eine weitere wichtige Rolle spielen auch die Anschlüsse selbst und die Verwendung von Bezugspotentialen. Dabei wird sich im Folgenden zeigen, dass die Betrachtungen für das Messen von „kleinen“ Spannungen durchaus für Messungen etwa im 20 V-Bereich von Bedeutung sein können; sie gelten ganz allgemein für jede Messung einer elektrischen Größe.

Signalfehler bei Messungen entstehen durch Fehlerspannungen oder Fehlerströme, die die Messanordnung generiert, und die sich durch Rauschen oder Driften der Messwerte bemerkbar machen.

Als Rauschen von Messwerten bezeichnet man statistische Schwankungen der Messwerte um den eigentlichen Wert; Driften von Messwerten lassen sich Tendenzen zuordnen, die den angezeigten Messwert über größere Zeiträume hinweg beständig vergrößern oder verkleinern, ohne dass sich die Messgröße ändert.

Als Ursachen für Driften und Rauschen sind in erster Linie

- thermische Effekte
- induktive Effekte
- kapazitive Effekte
- Isolationseffekte
- Hochfrequenzeinstrahlung
- Erdschleifen

zu nennen. Sie sollen in diesem Kapitel näher erläutert werden; ferner werden Maßnahmen zu ihrer Beherrschung diskutiert. Abgesehen von den thermischen Effekten fasst man diese Störungen heute gerne unter dem Begriff EMV (ElektroMagnetische Verträglichkeit) zusammen. Das Gebiet der EMV umfasst eigentlich zwei Kernbegriffe, nämlich

- Störfestigkeit
- Störstrahlung

wobei der erste die Robustheit der Einrichtung gegen Funktionsstörungen durch elektromagnetische Wellen beschreibt, der zweite die Aussendung von störenden elektromagnetischen Wellen. Dieser Teil soll im Folgenden nur an einigen wenigen Stellen berührt werden. Unter Störfestigkeit wird hier jedoch nicht nur die Störfestigkeit gegen

https://doi.org/10.1515/9783111478869-002

die Einstrahlung von elektromagnetischen Wellen verstanden, sondern auch eine ganze Reihe anderer elektrischer und magnetischer Effekte, die sich ebenfalls störend auf Messungen auswirken können; dies zeigt auch schon die obige Aufzählung der möglichen Quellen von Ärgernis.

Um einige Effekte verstehen zu können, ist das grundlegende Verständnis der Eigenschaften von Messleitungen und deren Adern erforderlich. Deshalb sollen einige Betrachtungen hierzu vorausgeschickt werden.

Abbildung 2.1 zeigt das Ersatzschaltbild einer Ader, wie sie zum Aufbau von Leitungen verwendet wird. Die einzelnen Effekte, die hier durch die Komponenten des Ersatzschaltbildes vertreten sind, werden durch den Aufbau und die Eigenschaften der dazu verwendeten Materialien verursacht. Sie ergeben zusammen die Eigenschaften der Ader oder der Leitung.

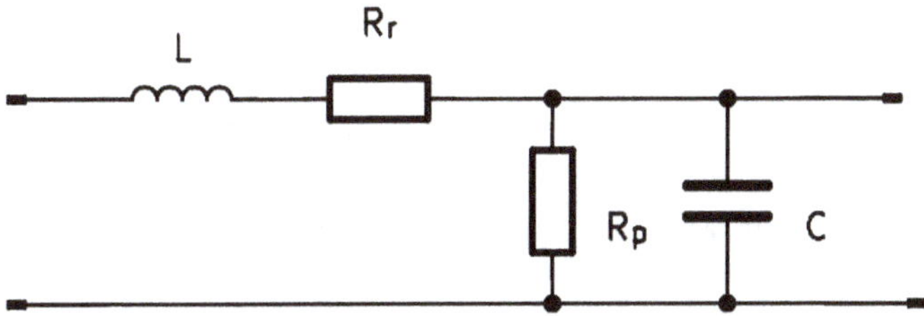

Abb. 2.1: Ersatzschaltbild einer Ader.

Zunächst ist hier die Induktivität L der Ader zu sehen. Sie rührt daher, dass man den Draht auch als Teil einer unendlich ausgedehnten Wicklung einer Spule ansehen kann, selbst wenn er nicht kreisförmig aufgewickelt ist, sondern völlig gerade gestreckt. Deshalb ist diese Induktivität abhängig von der Länge des Drahtes; die Werte bewegen sich üblicherweise zwischen 250 nH/m und 1 µH/m.

Der Widerstand R_r repräsentiert den Ohm'schen Widerstand des Drahtes und wird häufig Schleifenwiderstand genannt. Für übliche Signalleitungen ergeben sich Widerstandswerte von einigen zig bis einigen hundert Milliohm pro Meter Leitungslänge. Die Leitungen werden dabei nicht als Draht, sondern als Litze ausgeführt. Hierbei besteht die Ader nicht aus einem Draht, sondern aus vielen dünnen Drähten in einer gemeinsamen Isolierhülle. So ergeben sich bessere elektrische Eigenschaften bei größerer mechanischer Flexibilität der Leitung. Der Grund für die bessere Leitfähigkeit ist der sogenannte Skin-Effekt, der die eigentliche Stromleitung aus dem Inneren des Leiters in eine dünne Schicht am Drahtmantel verdrängt. Typische Signaladern bestehen aus 7 bis 18 Litzendrähten mit einem Querschnitt von je 0.25 mm^2 bis 0.1 mm^2.

Die Kapazität C und der Widerstand R_p lassen sich bei einem einzelnen Draht nicht finden; sie werden vielmehr durch Eigenschaften des verwendeten Isolationswerkstoffes und das Vorhandensein eines zweiten Drahtes erklärt. Für die Eingeweihten sei bemerkt, dass hier nicht die Kapazität und der Widerstand gegen Erde gemeint sind, die sehr wohl existieren, aber an anderer Stelle berücksichtigt werden.

Bei allen folgenden Betrachtungen wird nur die allereinfachste Vorstellung des jeweiligen Sachverhaltes realisiert; komplizierte Modelle sollen weder gerechnet noch aufgeführt werden. Es geht vielmehr um eine möglichst einfache Darstellung und um eine Abschätzung des Verhaltens von Messanordnungen bei Störungen. Dabei spielt nur die Größenordnung des Ergebnisses eine Rolle, genauere Betrachtungen sind normalerweise zu aufwendig und das Ergebnis wird wegen der Ungenauigkeiten in der Versuchsanordnung häufig ohnehin nicht so genau zutreffen. Die angegebenen Werte und Rechnungen sind als Beispiele zu sehen, die das Verhalten der Messanordnung für den Experimentator im schlimmsten Falle mit hinreichender Genauigkeit beschreibt. Die Zahlenwerte für die Störungen sind im Allgemeinen als Obergrenze zu sehen, da in allen Fällen eine offene Messleitung betrachtet wird, d. h. eventuell vorhandene störungsmindernde Eigenschaften der Signalquellen bleiben unberücksichtigt. Dies ist hier schon aus dem Grunde erforderlich, dass Signalquellen sehr unterschiedlicher Eigenschaften (Impedanzen) über eine Messleitung an ein Messgerät angeschlossen werden können, die dann auch unterschiedliche Veränderungen des Störsignals bewirken.

Nun sollen die Auswirkungen der Eigenschaften von Leitungen und Feldern auf eine Messung im einzelnen erläutert werden; darüber hinaus werden Kriterien für die Auswahl und die Verlegung von Leitungen und die Gestaltung von Verbindungsstellen abgeleitet.

2.1 Thermische Effekte

Thermische Spannungen entstehen durch den thermoelektrischen Effekt an den Kontaktstellen verschiedener leitender oder halbleitender Materialien (siehe auch Kapitel 1.5.5 – *Temperaturmessung*). Werden zwei Metalle A und B in Kontakt zueinander gebracht, so treten Elektronen aufgrund der unterschiedlichen elektrischen Eigenschaften der beiden Metalle (Austrittsarbeit) von einem Metall in das andere über. Abbildung 2.2 verdeutlicht diesen Effekt. So entstehen in Messaufbauten Störspannungen, die

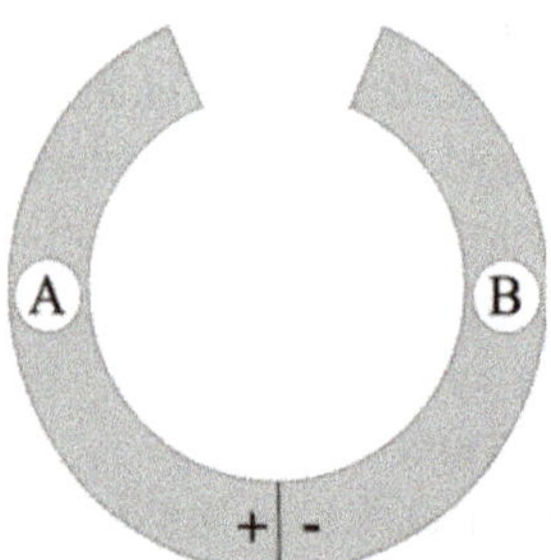

Abb. 2.2: Thermoelektrischer Effekt.

aufgrund der langsamen Temperaturdriften von Kontaktstellen für Driften von Messwerten sorgen, die nachträglich in den Daten nicht mehr korrigiert werden können (im Gegensatz zu Rauschen der Messwerte in bestimmten Fällen).

Im Messaufbau sind die leitenden Materialien natürlich die Verbindungsleitungen zwischen Messgerät und Messobjekt; halbleitende Materialien sind im Wesentlichen die Metalloxidschichten, die sich im Laufe der Zeit an den Kontaktstellen der Leitungen an Steck- oder Klemmkontakten bilden. Auch Lötungen sind dabei nicht unproblematisch.

Ein typischer Fall ist beispielsweise eine Verbindungsleitung zwischen Messgerät und Sensor aus Kupfer, welche an die Silberdrähte des Sensors geklemmt wird. Abbildung 2.3 zeigt einen solchen Aufbau.

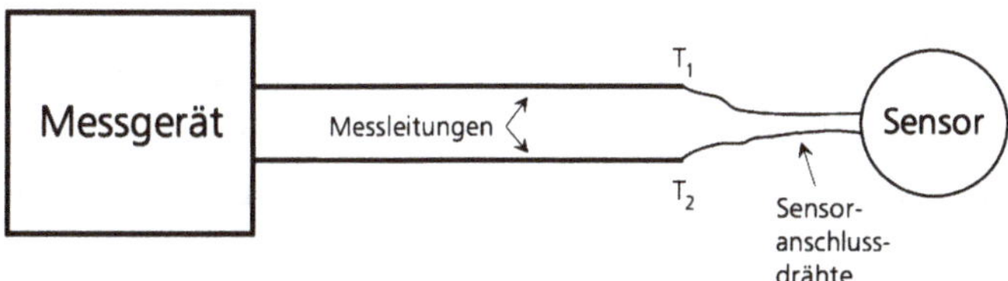

Abb. 2.3: Verbindungsleitungen zwischen Messgerät und Sensor.

Die an einem Materialübergang entstehende Kontaktspannung ist abhängig von der Materialkombination und der Temperatur der Kontaktstelle. Sie errechnet sich aus:

$$U_{\text{therm}} = \alpha \cdot T \tag{2.1}$$

α heißt dabei Thermokraft oder thermoelektrisches Potential der Materialkombination. Es wird im Allgemeinen in µV/K angegeben. T ist die Temperatur der Kontaktstelle in K.

Tabelle 2.1 zeigt einige für den Experimentator wichtige Werte für das thermoelektrische Potential.

Tab. 2.1: Thermoelektrisches Potential einiger Kontaktstellen.

Material 1	Material 2	Thermokraft
Kupfer	Kupfer	0.2 µV/K
Kupferoxid	Kupfer	1400 µV/K
Silber	Kupfer	0.3 µV/K
Gold	Kupfer	0.3 µV/K
Lötzinn	Kupfer	1-3 µV/K

Überraschend bei dieser Tabelle ist bereits der erste Eintrag. Hier zeigt sich, dass für die Drahtherstellung und Klemmenherstellung verschiedene Kupfersorten verwendet werden, bei denen die Thermokraft der Kontaktstelle fast so groß sein kann wie die zwischen Kupfer und Silber oder Gold. Ferner zeigt sich, dass Kupferoxid bei Leitungsverbindungen Thermospannungen verursachen kann, die 1000 bis 10000 mal so groß sind wie die von Metallverbindungen. Auch Lötzinn verursacht große Thermospannungen. Deshalb sollen untergeklemmte Drahtenden nicht verzinnt werden!

Aus Tabelle 2.1 und Gleichung (2.1) liest man ab, dass etwa der Kupfer-Silber-Übergang der oben beschriebenen Verbindung Sensorleitung-Messleitung bei Raumtemperatur (ca. 300 K) eine Thermospannung von 90 µV generiert. Dies würde die Messung einer Spannung im 2 V-Bereich eines 5½-stelligen Voltmeters bereits empfindlich stören (±9 auf der letzten Stelle). Andererseits ist der Sensor nicht mit einem einzigen Draht angeschlossen, sondern mit zwei Drähten. Abbildung 2.3 zeigt diesen Sachverhalt. Da die Materialanordnungen einen Silber-Kupfer-Übergang und einen Kupfer-Silber-Übergang enthalten, sind die beiden Thermospannungen entgegengesetzt gerichtet und heben sich bei gleicher Temperatur der beiden Kontaktstellen auf. Sind die Temperaturen nicht gleich, so kommt die Temperaturdifferenz zwischen den beiden Klemmstellen zum Tragen. Deshalb berechnet sich die ergebende Thermospannung (näherungsweise) aus:

$$U_{\text{therm}} = \alpha \cdot (T_1 - T_2) \tag{2.2}$$

Dabei sind T_1 und T_2 die beiden Temperaturen der beiden Materialübergänge. Da in der Formel nur die Temperaturdifferenz eingeht, kann die Angabe in K oder °C erfolgen.

Tabelle 2.2 zeigt nun die Störung einer Messung durch Thermospannungen eines Kupfer-Silber-Übergangs (ggf. in der gleichen Größenordnung wie Kupfer-Kupfer!) wie bei dem oben beschriebenen Sensorbeispiel. In den Datenfeldern der Tabelle ist die Wertigkeit des letzten Digits der Messung eingetragen; die Zeilen sind nach Anzahl der Stellen des Messgerätes geordnet, die Spalten nach dem verwendeten Messbereich. Gezeigt ist ferner die Störung der Messung in Abhängigkeit von Messbereich und Stellenzahl des verwendeten Voltmeters. Angenommen wird dabei eine Temperaturdifferenz der beiden Anschlussstellen von nur 0.1 °C. Temperaturdifferenzen dieser Größenordnung kommen sehr häufig vor und müssen eher als moderat bezeichnet werden.

Tab. 2.2: Störung einer Messung durch Thermospannungen eines Kupfer-Silber-Übergangs.

	Bereich					
Stellen	**2 mV**	**20 mV**	**200 mV**	**2 V**	**20 V**	**200 V**
3½	1 µV	10 µV	100 µV	1 mV	10 mV	100 mV
4½	100 nV	1 µV	10 µV	100 µV	1 mV	10 mV
5½	10 nV	100 nV	1 µV	10 µV	100 µV	1 mV
6½	1 nV	10 nV	100 nV	1 µV	10 µV	100 µV
7½		1 nV	10 nV	100 nV	1 µV	10 µV
8½			1 nV	10 nV	100 nV	1 µV

Die gestörten Messungen sind grau unterlegt; dies wird immer dann angenommen, wenn das letzte Digit der Messung durch Thermospannungen um ±3 verfälscht wird. So ergibt sich zum Beispiel, dass im 2 V-Messbereich eines 8½-stelligen Voltmeters ein ungestörtes Messen nicht möglich ist.

Zu der Tabelle muss ferner gesagt werden, dass Auflösungen von 1 nV und 10 nV sowie Messbereiche von 2 mV und 20 mV nur bei speziellen hoch empfindlichen Voltmetern (sogenannten Nanovoltmetern, weil deren Auflösung in der Größenordnung Nanovolt liegt) oder Voltmetern mit Vorverstärkern vorkommen. Auch Messgeräte mit einer Stellenzahl von 8½ Digits sind eher ungewöhnlich, aber durchaus erhältlich.

Um die aus den Thermospannungen resultierende Messwertverfälschungen zu minimieren, müssen deshalb folgende Maßnahmen getroffen werden:

- Die elektrischen Kontakte sind so nahe beieinander wie möglich zu installieren. Sie sollen möglichst guten thermischen Kontakt untereinander haben. Da die thermische Verbindung elektrisch nichtleitend sein muss, kommen hierfür nur gut wärmeleitende Isolatoren in Frage. Beispiele hierfür sind Berylliumoxid, Aluminiumoxid (besonders als künstlicher Saphir), spezielle, (mit Aluminiumoxid) gefüllte Epoxidharze oder auch hart eloxiertes Aluminium. Die Kontaktstellen werden dicht nebeneinander aufgeklebt oder aufgeklemmt (siehe auch Kapitel 2.4 – *Isolationseffekte*).
- Verbindungsstellen von Drähten sowie die Eingangsklemmen des Messgerätes sollten thermisch isoliert werden. Gute Nanovoltmeter verfügen über spezielle Eingangsbuchsen, für die es entsprechend konstruierte Stecker gibt (z. B. Keithley 1486 Low Thermal Connector). Man verwendet in jedem Falle die vorgesehenen Spezialstecker und keine Eigenkonstruktionen! Verfügt das Messgerät nur über gewöhnliche 4 mm-„Telefonbuchsen" als Eingangsklemmen, so muss eine thermische Isolierung gebastelt werden. Hierzu verwendet man eine Metalldose, die über die Eingangsklemmen gestülpt wird. Sie muss ein möglichst kleines Loch für die Einführung der Messleitungen erhalten. Innen wird die Dose vollständig mit Watte ausgefüllt. Dabei ist darauf zu achten, dass auch die Zwischenräume zwischen den Eingangsklemmen mit Watte ausgefüllt sind. Die Watte dient als thermische Isolierung. Zur elektrischen Abschirmung der Messgeräteanschlüsse wird die Dose an das Bezugspotential der Messung geklemmt. Die Autorin verwendete dazu früher mit gutem Erfolg kleine rechteckige Metall-Teedosen! Bei normalen 7½- und 8½-stelligen Digitalvoltmetern und auch bei einigen „Low Noise"-Geräten muss man diese Bastelei auf sich nehmen, wenn man mit hoher Auflösung brauchbare Messergebnisse erzielen möchte.
- Nach dem Einschalten der Anlage muss eine großzügig bemessene Zeit zum Aufwärmen aller Installationen eingeräumt werden, die neben dem eigentlichen Erreichen der Betriebstemperatur auch eine hinreichend große Zeit für thermische Ausgleichsprozesse berücksichtigt. Die Größenordnung dieser Zeiten ist jedenfalls im Stundenbereich und für die einzelnen Geräte in deren technischen Daten angegeben. Ein typischer Wert für ein Digitalvoltmeter ist 2 Stunden. Bei komplexen

Anlagen mit hochauflösenden Messungen kann durchaus ein halber Tag erforderlich sein.

- Die gesamte Versuchsanordnung muss ferngehalten werden von direktem Sonnenlicht und Zugluft jeder Art (Fenster, Türen, Ventilatoren, Gerätelüfter usw.)

2.2 Induktive Effekte

Magnetische Felder induzieren nach dem Induktionsgesetz Spannungen in Leiterschleifen, also auch in Messleitungen; sie sind für Verfälschungen von Messwerten verantwortlich. Die induzierten Spannungen berechnen sich aus

$$U_{\text{ind}} = -\frac{\partial \Phi}{\partial t} \tag{2.3}$$

In dieser Gleichung bezeichnet Φ den magnetischen Fluss in $V \cdot s$. Die induzierte Spannung U_{ind} ergibt sich also aus der zeitlichen Änderung des magnetischen Flusses.

Der magnetische Fluss seinerseits errechnet sich nach

$$\Phi = \oint_s \vec{B} \cdot d\vec{A} \tag{2.4}$$

$\vec{B}$ ist dabei die Induktionsflussdichte des verursachenden Magnetfeldes, s ist die Begrenzungskurve, die die Fläche der geschlossenen Leiterschleife $\vec{A}$ umschließt. Beides sind gerichtete Größen, also Vektoren (daher der Pfeil). Es wird über das Skalarprodukt integriert, was bedeutet, dass neben den reinen Maßzahlen für die Induktionsflussdichte und die Fläche auch die Richtung des Magnetfeldes zur Fläche der Leiterschleife eingeht. Ist das Magnetfeld nicht vom Ort innerhalb der Fläche abhängig (also homogen), so reduziert sich dieses Integral auf

$$\Phi = \vec{B} \cdot \vec{A} \tag{2.5}$$

Mit der Produktregel für das Differenzieren errechnet sich die induzierte Spannung zu

$$U_{\text{ind}} = -\left(\frac{\partial \vec{B}}{\partial t} \cdot \vec{A} + \vec{B} \cdot \frac{\partial \vec{A}}{\partial t}\right) \tag{2.6}$$

Diese Induktion erfolgt in allen Verbindungsleitungen zwischen Messanordnung und Messgeräten. Die Einkopplung eines magnetischen Feldes in den Messkreis eines Messgerätes verdeutlicht Abbildung 2.4.

Wie man der Formel entnehmen kann, werden induzierte Spannungen durch magnetische Wechselfelder ($\partial \vec{B}/\partial t$) und durch Änderungen der Leiterschleifenfläche ($\partial \vec{A}/\partial t$) bei magnetischen Gleichfeldern verursacht. Im Folgenden werden Störungen durch Wechselfelder und solche durch Gleichfelder getrennt behandelt.

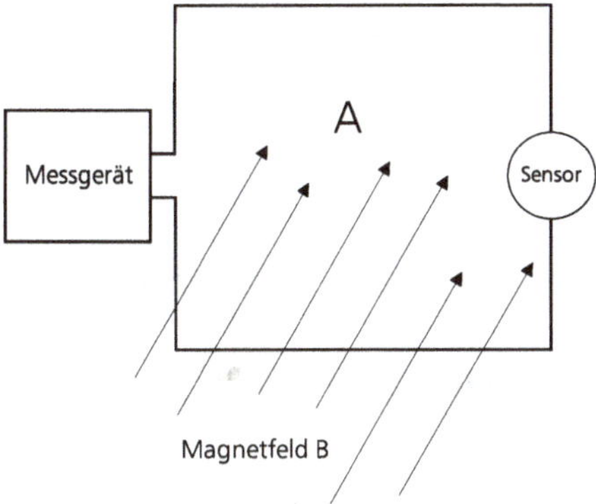

Abb. 2.4: Einkopplung eines Magnetfeldes in einen Messkreis.

2.2.1 Störungen durch magnetische Wechselfelder

Magnetische Wechselfelder werden nicht nur von Motoren und wechselstromgespeisten Elektromagneten erzeugt, sondern auch durch Transformatoren und durch von Wechselstrom durchflossene Versorgungsleitungen. Aufgrund von Gleichung (2.6) induzieren sinusförmige Magnetfelder auch sinusförmige Spannungen in unbewegten Leitern. Sinusförmige Störungen mit der Netzfrequenz (50 Hz) stellen den Löwenanteil der magnetischen Wechselfeldstörungen; bei speziellen Geräten (wie z. B. induktiv arbeitenden Heizern, die im Mittelfrequenzbereich von einigen zig bis einigen hundert Hertz arbeiten) kommen jedoch neben erheblich höheren Feldstärken auch andere Frequenzen vor. Die Minimierung solcher Störungen lässt sich über die Minimierung der Fläche der Messleitungen erreichen. Dies setzt die Verwendung einer guten paarig verdrillten Leitung voraus, bei der die Fläche zwischen den Adern klein ist, da beide Adern wegen der Verdrillung dicht nebeneinander liegen, und bei der die Richtung der Fläche rotiert und damit in den unterschiedlichen Leitungsstücken Beiträge zur induzierten Spannung entstehen, die sich gegenseitig aufheben, da im Induktionsgesetz nicht nur der Betrag, sondern auch die Richtung der Fläche eingeht.

Ein Rechenbeispiel zeigt uns die Größenordnung der entstehenden Störungen. Angenommen wird als Verursacher eine nicht verdrillte Netzzuleitung zu einem Verbraucher, die von einem Strom von nur 1A durchflossen wird. Auch die Messleitung soll unverdrillt sein; es soll eine der allseits beliebten Litzen verlegt sein ($2 \times 0.75\,\mathrm{mm}^2$ NYFAZ zweiadrige Netzleitung). Diese Zwillingslitze ist so beliebt, da sie billig, robust und leicht handhabbar ist. Als Messleitung ist sie jedoch denkbar ungeeignet. Bei dieser Litze liegen die Adern in einem Abstand von ungefähr 2.5 mm. Die Messleitung soll über eine Länge von 1 m parallel zur stromführenden Versorgungsleitung in einem Abstand von 5 mm verlegt sein. Damit ergibt sich die aufnehmende Fläche zu

$$A = 1\,\mathrm{m} \cdot 2.5\,\mathrm{mm}^2 = 2.5 \cdot 10^{-3}\,\mathrm{m}^2$$

Der Strom I verursacht ein magnetisches Feld der Induktionsflussdichte

$$B = \frac{\mu_0 \cdot \mu_r \cdot I}{2\pi r} \tag{2.7}$$

Dabei sind μ_r und μ_0 die relative und absolute Permeabilitätszahl, I der Strom im Leiter und r der senkrechte Abstand zwischen dem Stromleiter und der aufnehmenden Leiterschleife.

Die absolute Permeabilitätszahl in dieser Gleichung ist lediglich ein Proportionalitätsfaktor:

$$\mu_0 = 1.257 \cdot 10^{-6} \frac{\text{Vs}}{\text{Am}}$$

Mit $r = 5\,\text{mm}$ und $I = 1A$ ergibt sich dann:

$$B_0 = 4 \cdot 10^{-5} \frac{\text{Vs}}{\text{m}^2}$$

Es wurde hier der Formelbuchstabe B_0 verwendet, da das Magnetfeld wegen der sinusförmigen Anregung ein Wechselfeld gemäß folgender Gleichung ist:

$$B = B_0 \cdot \sin(2\pi \cdot f \cdot t) \tag{2.8}$$

Ursache ist ja ein sinusförmiger Wechselstrom.

Da die beiden Leiter sich nicht bewegen sollen, ist die Fläche in Gleichung (2.6) konstant und die induzierte Spannung errechnet sich aus

$$U_{\text{ind}} = -\frac{\partial B}{\partial t} \cdot A \tag{2.9}$$

Dann ergibt sich:

$$U_{\text{ind}} = -2\pi \cdot f \cdot B_0 \cdot \cos(2\pi \cdot f \cdot t) \cdot A \tag{2.10}$$

Ist der Strom $I = 1A$ der Effektivwert, so ergibt so ein Effektivwert der Störspannung von

$$U_{\text{ind}} = 4 \cdot 10^{-5} \cdot 2.5 \cdot 10^{-3} V = 31\,\mu\text{V}$$

Die Vektorschreibweise in den Berechnungen konnte wegen der Parallelverlegung der beiden Leitungen einfach weggelassen werden.

Tabelle 2.3 zeigt die dadurch gestörten Messbereiche; sie ist aufgebaut und zu lesen wie Tabelle 2.2 für die thermischen Störungen (Verfälschung des letzten Digits der Messung um ±3). Man erkennt an den grauen Feldern, dass Messungen etwa im 2 V-Bereich mit einer Stellenzahl größer als 4 Digits nicht mehr möglich sind. Ein 7½-stelliges Voltmeter wird sogar im 200 V-Bereich noch gestört!

Tab. 2.3: Störung einer Wechselspannungsmessung durch magnetische Wechselfelder (I=1A, Litze, 1 m Länge, 5 mm Abstand).

	Bereich					
Stellen	**2 mV**	**20 mV**	**200 mV**	**2 V**	**20 V**	**200 V**
3½	1 µV	10 µV	100 µV	1 mV	10 mV	100 mV
4½	100 nV	1 µV	10 µV	100 µV	1 mV	10 mV
5½	10 nV	100 nV	1 µV	10 µV	100 µV	1 mV
6½	1 nV	10 nV	100 nV	1 µV	10 µV	100 µV
7½		1 nV	10 nV	100 nV	1 µV	10 µV
8½			1 nV	10 nV	100 nV	1 µV

Freilich wirkt sich die oben genannte Störung nur bei Wechselspannungsmessungen so verheerend aus. Bei Gleichspannungsmessungen werden die Effekte reduziert durch die Integration der Messgeräte. Digitalmessgeräte sind in der Regel integrierend aufgebaut, d. h. durch die Integration der Eingangsspannung fällt die Störung durch einen Wechselspannungsanteil heraus. Legt man am Eingang eine von einer Wechselspannung überlagerte Gleichspannung an, so ist

$$U_{in} = U_{=} + \sin(2\pi \cdot f \cdot t + \varphi) \tag{2.11}$$

Integriert man über die Periodendauer T der Wechselspannung oder ein ganzzahliges Vielfaches hiervon, so fällt im Ergebnis der Wechselspannungsanteil heraus, da

$$\int_T U_0 \cdot \sin(2\pi \cdot f \cdot t + \varphi)dt = 0 \tag{2.12}$$

Dies ist unabhängig von der Phase φ und funktioniert so lange, wie die Integrationszeit des Messgerätes gleich oder ein ganzzahliges Vielfaches der Periodendauer der Wechselspannung ist, im Falle der Netzspannung also 20 ms. Deshalb ist die Integrationszeit der meisten Messgeräte ein ganzzahliges Vielfaches von 20 ms. Hat die Störung eine andere Frequenz, so kommt es zu mehr oder weniger gravierenden Effekten. Wie gut dies funktioniert, wird freilich auch durch die interne Elektronik des Messgerätes bestimmt. Angegeben wird üblicherweise das NMRR (Normal Mode Rejection Ration) in dB. Es gibt an, wie gut 50 Hz-Störungen im Eingangskreis bei Gleichspannungsmessungen unterdrückt werden. Dabei gilt:

$$C_{NMRR}[\mathrm{dB}] = 20 \cdot \log\left(\frac{U_{Eink.}}{U_{Wirk}}\right) \tag{2.13}$$

Dabei sind $C_{NMRR}[\mathrm{dB}]$ das NMRR des Messgerätes in dB, $U_{Eink.}$ die eingekoppelte Störspannung und U_{Wirk} die im Messergebnis wirksame Störspannung, jeweils in V. Stellt man diese Formel nach U_{Wirk} um, so erhält man:

$$U_{\text{Wirk}} = U_{\text{Eink.}} 10^{-C/20}$$

Wird also beispielsweise die in obigem Beispiel berechnete Störspannung von 31 µV auf den Eingang eines Messgerätes mit einem NMRR von 60 dB eingekoppelt, so wirkt sich diese aus wie eine Spannung von

$$U_{\text{Wirk}} = 31\,\mu\text{V} \cdot 10^{-60/20} = 31\,\text{nV}$$

Ein NMRR von 60 dB ist ein absolut üblicher Wert, auch bei hochauflösenden Messgeräten. Dann ergibt sich in unserem Beispiel eine Störung von Messungen (Verfälschung des letzten Digits der Messung um ±3) gemäß Tabelle 2.4.

Tab. 2.4: Störung einer Gleichspannungsmessung durch magnetische Wechselfelder (I=1A, Litze, 1 m Länge, 5 mm Abstand, f=50 Hz).

	Bereich					
Stellen	**2 mV**	**20 mV**	**200 mV**	**2 V**	**20 V**	**200 V**
3½	1 µV	10 µV	100 µV	1 mV	10 mV	100 mV
4½	100 nV	1 µV	10 µV	100 µV	1 mV	10 mV
5½	10 nV	100 nV	1 µV	10 µV	100 µV	1 mV
6½	1 nV	10 nV	100 nV	1 µV	10 µV	100 µV
7½		1 nV	10 nV	100 nV	1 µV	10 µV
8½			1 nV	10 nV	100 nV	1 µV

Diese Situation stellt sich ebenso gravierend dar wie im Beispiel der thermischen Störungen.

Lässt sich die Einkopplung einer solchen Störung nicht vermeiden, so kann ein Tiefpassfilter am Eingang des Messgerätes helfen; dies allerdings in aller Regel nur, wenn Gleichspannungen gemessen werden sollen. Im einfachsten Falle besteht ein solches Tiefpassfilter aus einer Widerstands-Kondensator-Kombination, wie sie Abbildung 2.5 zeigt.

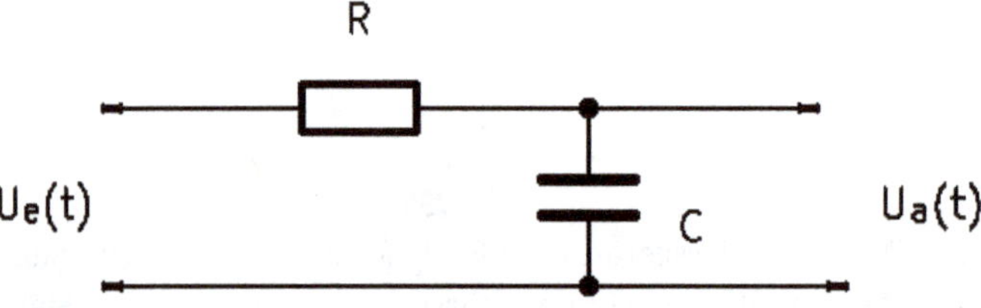

Abb. 2.5: Tiefpassfilter aus einer Widerstands-Kondensator-Kombination.

Das eingezeichnete durchgehende Potential ist das Bezugspotential der Messung, nicht dessen Schirmungspotential! Ein solcher Tiefpass entfernt natürlich nicht nur Störungen aus dem Messsignal, sondern beeinträchtigt auch das Messsignal selbst. Die Dimensionierung des Tiefpasses kann deshalb nicht allein nach der Störung bemessen werden, sondern muss so durchgeführt werden, dass die gewünschte Genauigkeit des Messsignals nicht geschmälert wird. Dies ergibt unverrückbare Eckdaten des Filters; ob dadurch die Störung so weit abgeschwächt werden kann, dass sie nicht mehr in Erscheinung tritt, kann dann als zweite Frage geklärt werden. Die folgenden Betrachtungen sind sehr knapp; eine ausführliche Darstellung des Tiefpassverhaltens findet sich in allen einschlägigen Lehrbüchern der Elektrotechnik.

Um die Beeinträchtigung des Messsignals zu bewerten, untersucht man die Sprungantwort des Tiefpasses, d. h. seine Reaktion auf plötzliche Änderungen des Messsignals (das Messsignal ist eine Gleichspannung, die sich von Zeit zu Zeit etwas ändert). Man betrachtet also das Verhalten im Zeitbereich. Später, wenn das Wechselspannungsverhalten betrachtet werden soll, untersucht man das Verhalten im Frequenzbereich.

Die Sprungantwort für einen Sprung zu kleineren Spannungswerten hin soll hier als Musterbeispiel betrachtet werden; ein Sprung zu größeren Werten hin wird vom Filter analog beantwortet und bringt nichts Neues. Der Sprung nach unten erfolgt nach folgender Gleichung:

$$U_a(t) = U_e \cdot e^{-\frac{t}{RC}} \tag{2.14}$$

Abbildung 2.6 zeigt den Verlauf dieser Funktion.

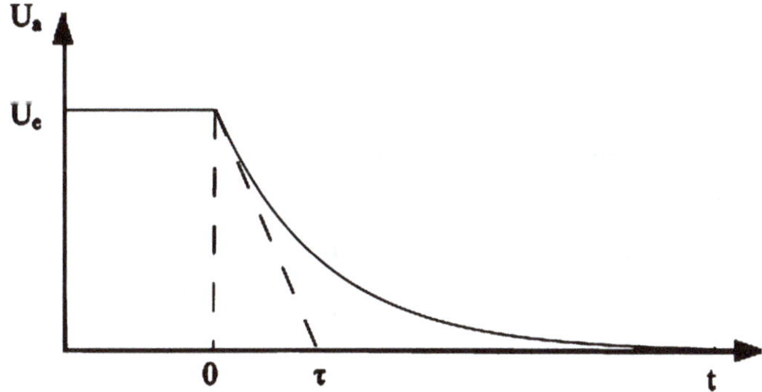

Abb. 2.6: Sprungantwort eines einfachen Tiefpassfilters.

Hier ist die Ausgangsspannung U_a des Tiefpasses als Funktion der Zeit für einen Spannungswechsel am Eingang von U_e auf 0 zum Zeitpunkt $t = 0$. Ein Spannungssprung von U_1 nach U_2 wird analog beantwortet; seine Berechnung würde die Formel nur unnütz verkomplizieren und keine weiteren Erkenntnisse bringen, da wir uns nicht für den wirklichen Verlauf der Spannung am Messgerät interessieren, sondern lediglich für die Zeitkonstante des Annäherungsvorganges der Ausgangsspannung an die Eingangsspannung. Der Term RC in Gleichung (2.14) wird als Zeitkonstante τ des Filters bezeichnet:

$$\tau = R \cdot C \tag{2.15}$$

Berechnet man nun die Abweichung der Ausgangsspannung des Filters von der Eingangsspannung (vom Eingangsspannungssprung) als Funktion der Zeitkonstante, so erhält man:

$$\frac{t}{\tau} = -\ln\left(\frac{U_a}{U_e}\right)$$

Tabelle 2.5 enthält das Ergebnis als Einstellgenauigkeit in Prozent bzw. in ppm als Funktion der Einstellzeit in Einheiten von τ (damit ist die Tabelle unabhängig von den Werten für R und C). Als Beispiel soll nun eine Messung mit folgenden Parametern betrachtet werden:

Messfrequenz:	3 Messungen pro Sekunde
Auflösung:	5½ Digits
Messbereich:	20 V
Änderungsrate:	1 % vom Messbereich
Eingangswiderstand:	10 GΩ

Tab. 2.5: Einstellgenauigkeit in Prozent als Funktion der Einstellzeit in Einheiten von τ.

Einstellgenauigkeit	10 %	1 %	0.1 %	100 ppm	10 ppm	1 ppm
Einstellzeit	2.3τ	4.6τ	6.9τ	9.2τ	11.5τ	13.8τ

Eine Messfrequenz von 3 Messungen pro Sekunde ist für eine Auflösung von 5½ Digits völlig normal; man kann sie für den jeweiligen Messbereich in der Anleitung des Messgerätes nachlesen. Einen Eingangswiderstand von 10 GΩ erreichen gute Messgeräte im Regelfall; auch er ist in der Anleitung des Messgerätes notiert. Ein weiterer wichtiger Parameter, den man vor der Berechnung genau abschätzen muss, ist der Wert, um den sich die zu messende Spannung zwischen zwei Messungen wohl ändern wird. Dieser Wert bestimmt die Zeitkonstante des Filters, da die Eingangsspannung des Messgerätes der zu messenden Spannung hinreichend schnell folgen muss. In dem Beispiel wurde diese Änderungsrate zu 1 % des Messbereiches angenommen; dies entspricht bei einer Messung im 20 V-Bereich einer Veränderung der Messgröße von 200 mV zwischen zwei Messungen oder von 600 mV/s (wegen der Messfrequenz von 3 Messungen pro Sekunde); es ist mathematisch gesehen die zeitliche Ableitung des zu erwartenden Messsignals.

Diese Abschätzung ist sehr wichtig und muss für den jeweiligen Einsatzfall genauestens überlegt werden! Sie kann selbstverständlich auch direkt aus dem Messsignal bestimmt werden; der Umweg über den Messbereich ist nicht unbedingt erforderlich.

Da die Spannungsänderung im Beispiel nur 1 % des Messbereiches sein soll, kann man die Werte für die Einstellgenauigkeit aus Tabelle 2.5 mit 0.01 multiplizieren, wenn man sich auf den angenommenen Spannungssprung im Messbereich bezieht. Damit ergeben sich die Werte aus Tabelle 2.6:

Tab. 2.6: Einstellgenauigkeit bei einer Messwertänderung von 1 %.

Einstellgenauigkeit	0.1 %	100 ppm	10 ppm	1 ppm	0.1 ppm	0.01 ppm
Einstellzeit	2.3τ	4.6τ	6.9τ	9.2τ	11.5τ	13.8τ

Aus dieser Tabelle wählt man den Wert für die Einstellzeit des Filters, der der Auflösung der Messung entspricht. Bei den angenommenen 5½ Digits entspricht die Auflösung 10 ppm. Dies ist nämlich die Wertigkeit des letzten Digits. Man erhält damit für die Einstellzeit einen Wert von 6.9τ. Die Zeit zwischen zwei Messungen ist 0.33 s (3 Messungen pro Sekunde); innerhalb dieser Zeit muss sich der Wert der Eingangsspannung hinreichend genau eingestellt haben, was, wie eben gezeigt, in 6.9τ erfolgt. Es ist also anzusetzen:

$$6.9\tau = 0.33\,\mathrm{s}$$

Damit ergibt sich für die Zeitkonstante des Filters:

$$\tau = 0.048\,\mathrm{s} = 48\,\mathrm{ms}$$

Mit Gleichung (2.15) haben wir nun einen Wert für das Produkt RC. Gelingt es nun, R oder C aus einer anderen Betrachtung zu gewinnen, so ist die Dimensionierung des Filters fertig. Den Wert für R kann man sich leicht beschaffen. Dazu benötigt man den Eingangswiderstand R_i des Messgerätes in dem verwendeten Messbereich. In unserem Beispiel ist er zu 10 GΩ angenommen. Der Widerstand des Filters liegt in Serie zum Eingangswiderstand des Messgerätes. Da an dem Filterwiderstand höchstens 10 ppm der Messspannung abfallen darf (Auflösung der Messung von 5½ Digits = 10 ppm = 10^{-5}), kann R nach der Spannungsteilerformel berechnet werden:

$$\frac{R}{R_i} = 10^{-5}$$

oder

$$R = 10^{-5} \cdot R_i = 10^{-5} \cdot 10\,\mathrm{G\Omega} = 100\,\mathrm{k\Omega}$$

Dabei ist zu beachten, dass in R auch der Innenwiderstand der Signalquelle mit einbegriffen ist; der Filterwiderstand ist also im Beispiel nur für Quellen mit vernachlässigbarem Innenwiderstand mit 100 kΩ zu bemessen; ist der Innenwiderstand der Signalquelle gar größer als 100 kΩ, so ist die Messung mit der angestrebten Genauigkeit so nicht möglich; der Eingangswiderstand des Messgerätes ist zu klein.

Damit lässt sich nun aus Gleichung (2.15) der Wert für den Kondensator errechnen:

$$C = \frac{\tau}{R} = \frac{48\,\mathrm{ms}}{100\,\mathrm{k\Omega}} = 480\,\mathrm{nF}$$

Das Beispielfilter wird also aus einem Widerstand von 100 kΩ und einem Kondensator von 480 nF aufgebaut. Wie man sieht, ist die gesamte Rechnung unabhängig vom Messbereich, sondern sie ist nur abhängig von der gewünschten zeitlichen und spannungsmäßigen Auflösung der Messung und von der zu erwartenden Änderungsrate der Messgröße.

Nun bleibt noch zu klären, wie sich dieses Filter auf eingekoppelte Wechselspannungen auswirkt. Dazu muss das Wechselspannungsverhalten des Filters betrachtet werden, oder, wie man sagt, sein Verhalten im Frequenzbereich. Es wird durch folgende Gleichung beschrieben:

$$\overline{A}(j\omega) = \frac{\overline{U_a}}{\overline{U_e}} = \frac{1}{1 + j\omega RC}$$

mit

$$\omega = 2\pi \cdot f$$

$|\overline{A}|$ ist die Abschwächung des Filters, also der Quotient aus Ausgangsspannung $\overline{U_a}$ und Eingangsspannung $\overline{U_e}$ des Filters. Hier muss die komplexe Schreibweise gewählt werden, da das Filter nicht nur Amplitudenänderungen, sondern auch Phasenänderungen hervorruft. Diese errechnen sich zu:

Amplitudenänderung:

$$|\overline{A}| = \frac{1}{\sqrt{1 + \omega^2 R^2 C^2}} \tag{2.16}$$

Phasenänderung:

$$\varphi = -\arctan(\omega RC) \tag{2.17}$$

Im Folgenden interessiert uns hier nur die Amplitudenänderung. Eine besondere Situation liegt vor, wenn

$$\omega = \omega_g = \frac{1}{RC} = \frac{1}{\tau} \tag{2.18}$$

Diese spezielle Frequenz heißt Grenzfrequenz des Filters. Die Abschwächung des Filters ist dann

$$|\overline{A}| = \frac{1}{\sqrt{2}} = 0.707 = 3\,\mathrm{dB}$$

Deshalb wird diese Frequenz auch manchmal 3 dB-Grenzfrequenz genannt. Abbildung 2.7 zeigt die Abschwächung des Filters in Abhängigkeit von der Frequenz. Auf der x-Achse ist die auf die Grenzfrequenz normierte Frequenz aufgetragen, also der Quotient f/f_g, auf der y-Achse ist die Abschwächung des Signals in dB eingezeichnet. Beide Achsen sind logarithmisch gewählt, sodass sich gerade Kurvenstücke ergeben.

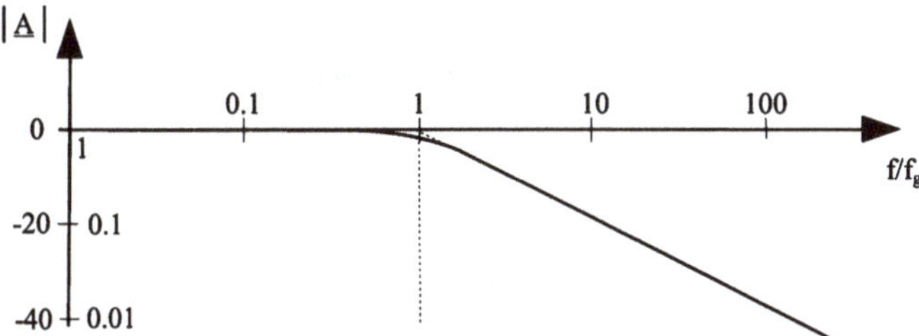

Abb. 2.7: Abschwächung eines Tiefpassfilters in Abhängigkeit von der Frequenz.

In unserem Beispiel war $\tau = 48\,\mathrm{ms}$. Damit ergibt sich die Grenzfrequenz zu: $f_g = \frac{\omega_g}{2\pi} = \frac{1}{2\pi\tau} = 0.3\,\mathrm{Hz}$.

In Abbildung 2.7 ist also an der Stelle $f/f_g = 1$ die Frequenz 0.3 Hz zu sehen. Bei 3 Hz hat dieses Filter eine Dämpfung von 20 dB ($f/f_g = 10$), bei 30 Hz bereits 40 dB ($f/f_g = 100$). Nach der Umrechnungsformel, die wir für die Umrechnung von Spannungsverhältnissen in dB und umgekehrt schon bei CMRR und NMRR benutzt haben, entspricht dies einer Dämpfung um einen Faktor 100 oder einem Gewinn von 2 Digits (bei einer Störfrequenz von 30 Hz)! Dabei darf allerdings nicht vergessen werden, dass im Beispiel Eingangsspannungsänderungen von höchstens 600 mV/s zulässig sind. Die in Tabelle 2.4 betrachtete Störung einer Gleichspannungsmessung durch magnetische Wechselfelder relativiert sich erheblich; es ist nun in allen dargestellten Bereichen eine ungestörte Messung möglich.

Bei Wechselspannungsmessungen ist diese Methode im Allgemeinen nicht einsetzbar, da auch die Messwechselspannung erheblich in der Amplitude gestört wird. Hat man etwa eine Messspannung der Frequenz von 50 Hz zu messen mit einer Genauigkeit von 5½ Digits (= 10 ppm = 10^{-5}) zu messen, so muss gelten:

$$|\overline{A}| = 10^{-5}$$

Setzt man in Gleichung (2.16) den Ausdruck (2.18) für ω_g ein und löst nach ω_g auf, so erhält man:

$$\omega_g = \frac{\omega}{|\bar{A}|} = \frac{2\pi \cdot 50}{10^{-5}} \text{Hz} = 31.4 \text{ MHz}$$

Diese hohe Grenzfrequenz ergibt sich, da die Kurve für die Abschwächung zunächst sehr flach verläuft. Das Ergebnis belehrt uns darüber, dass der Einsatz solcher Filter bei Wechselspannungsmessungen selbst bei so kleinen Frequenzen wie 50 Hz ungeeignet ist.

Bei der Wahl des Kondensators für das Filter muss auf höchste Güte Wert gelegt werden, da er parallel zum Eingang des Messgerätes geschaltet ist. Isolationswiderstände, die parallel zum Kondensator wirken, verfälschen das Messergebnis. Nach der Spannungsteilerformel, die wir benutzt haben, um den Widerstand *R* zu dimensionieren, muss der Isolationswiderstand des Kondensators mindestens in der Größenordnung 10 GΩ liegen. Kondensatoren aus Polystyrol eignen sich gut; ihr Isolationswiderstand erreicht 10^{12} Ω; auch Polypropylenkondensatoren sind durchaus gut geeignet. Bei großen Kapazitäten dürfen wegen ihrer schlechten Eigenschaften und wegen ihrer Polaritätsabhängigkeit keinesfalls Elektrolytkondensatoren verwendet werden.

Tabelle 2.7 zeigt die typischen Isolationswiderstände der wichtigsten Kondensatorarten und den Kapazitätsbereich, in dem sie erhältlich sind.

Tab. 2.7: Typische Isolationswiderstände der wichtigsten Kondensatorarten.

Material	Isolationswiderstand	Kapazitätsbereich	Merkmale
Polypropylen	> 100 GΩ	0.001 μF–0.47 μF	gut bei hohen Frequenzen
Polycarbonat	1 GΩ–10 GΩ	1 μ–10 μF	geringer Temperaturkoeffizient
Polyester	> 10 GΩ	0.01 μF–4.7 μF	preisgünstig
Polystyrol	> 1000 GΩ–5000 GΩ	10 pF–39 nF	hoher Isolationswiderstand
Keramik	1 GΩ–100 GΩ	1 pF–100 nF	geringe Baugröße

Die Werte sind wie üblich Richtwerte; für den einzusetzenden Kondensator können sie im Katalog nachgesehen werden. Insbesondere bei Keramikkondensatoren ist die Bandbreite der Isolationswiderstände sehr hoch!

Ein sehr gefährliches Gerät ist ein Röhrenmonitor für Computer, wie er heute eigentlich ungebräuchlich ist. In automatisierten Laboren sind selbstverständlich immer Computermonitore vorhanden. Nicht selten möchte man vom Monitor aus die Versuchsanordnung sehen, er steht also in der Nähe. Das folgende Beispiel bezieht sich auf eine Litze ($2 \times 0.75\,\text{mm}^2$ NYFAZ) als Messleitung, die in einer Entfernung von 30 cm hinter einem Computermonitor verläuft. Ein solcher Monitor verursacht nicht selten in der angegebenen Entfernung noch eine magnetische Störfeldstärke von 2 μT mit der Bildwechselfrequenz, also etwa 75.5 Hz (zusätzlich kommen Störanteile bei der Zeilenfrequenz, beispielsweise 60 kHz und bei der Netzfrequenz 50 Hz). Wir nehmen die auf einem 20 cm langen Leitungsstück induzierte Störspannung. Damit ergibt sich die Induktionsfläche zu

$$A = 20\,\text{cm} \cdot 2.5\,\text{mm} = 5 \cdot 10^{-4}\,\text{m}^2$$

Ferner ist

$$B_0 = 2 \cdot 10^{-6} \frac{\text{Vs}}{\text{m}^2}$$

und so

$$U_{\text{ind}} = 6.28 \cdot 75.5 \cdot 5 \cdot 10^{-4} \cdot 2 \cdot 10^{-6} V = 474\,\text{nV}$$

Damit ergeben sich Störungen der Messung in folgenden Bereichen (Tabelle 2.8):

Tab. 2.8: Störung durch einen Röhrenmonitor (Litze, 20 cm Länge, 30 cm Abstand).

	Bereich					
Stellen	**2 mV**	**20 mV**	**200 mV**	**2 V**	**20 V**	**200 V**
3½	1 µV	10 µV	100 µV	1 mV	10 mV	100 mV
4½	100 nV	1 µV	10 µV	100 µV	1 mV	10 mV
5½	10 nV	100 nV	1 µV	10 µV	100 µV	1 mV
6½	1 nV	10 nV	100 nV	1 µV	10 µV	100 µV
7½		1 nV	10 nV	100 nV	1 µV	10 µV
8½			1 nV	10 nV	100 nV	1 µV

Inzwischen sind gottseidank die meisten Röhrenmonitore durch Flatscreens ersetzt worden, deren Störungen sich nicht so verheerend auswirken.

2.2.2 Störungen durch induktive Aderkopplung

Aufgrund der Induktivität von Leitern können Wechselströme, die in einem Leiter fließen, Spannungen in den Adern einer Messleitung hervorrufen. In diesem Falle spricht man von loser Kopplung. Dabei spielt es wie bei allen magnetischen Störungen praktisch keine Rolle, ob die Messleitung abgeschirmt ist oder nicht.

Die Induktion einer Fehlerspannung in eine Ader der Messleitung durch eine stromdurchflossene Ader wird durch die Gegeninduktivität M der Anordnung gegeben. Sie ist ein Maß für die Kopplung der beiden Adern. Abbildung 2.8 zeigt eine Anordnung von zwei parallelen Leitern der Länge l im Abstand a. Der Durchmesser der Adern ist d.

Falls $d \ll a \ll l$ ist, gilt:

$$M = 2 \cdot l \cdot \ln\left(\frac{2l}{a} + \frac{a}{l}\right) \tag{2.19}$$

Dabei sind l und a in cm einzusetzen; M ergibt sich in nH.

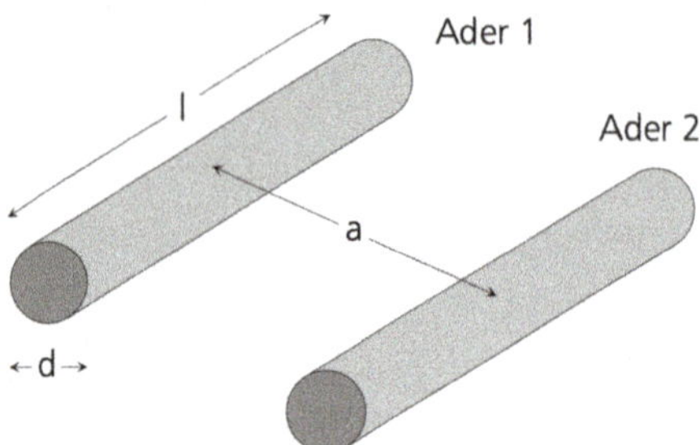

Abb. 2.8: Anordnung von zwei parallelen Leitern.

Durch einen in Ader 1 fließenden Strom i_1 wird in Ader 2 die Spannung U_2 induziert, die sich dann errechnet aus:

$$U_2 = j\omega \cdot i_1 \cdot M - j\omega \cdot i_2 \cdot L_2 \tag{2.20}$$

Darin ist ω die Frequenz des Wechselstromes; L_2 ist die Induktivität der Ader 2. Man erkennt, dass bei Spannungsmessungen an Leitung 2, bei denen wegen der hohen Impedanz des Messgerätes i_2 praktisch gleich 0 ist, die größte Störspannung induziert wird. Bei allen anderen Messungen, bei denen Ströme fließen, sind die Effekte geringer; sie verschwinden jedoch niemals.

Ein einfaches Rechenbeispiel soll die Größenordnung der zu erwartenden Störungen zeigen. Betrachtet wird eine Messleitung für eine Spannungsmessung, bei der die Adern auf einer Länge von 1 m in einem Abstand von 1 cm parallel zu einer stromführenden Ader geführt sind. Es soll sich um die Versorgungsleitung eines an die Netzversorgung angeschlossenen Gerätes ($f = 50$ Hz) handeln, der fließende Strom soll mit $7.5A$ recht hoch angenommen werden (Verbraucher mit einer Leistung von 1650 W). In Gleichung (2.19) ist also $l = 100$ cm und $a = 1$ cm einzusetzen. Die Dicke der Leitung soll keine Rolle spielen. Damit ergibt sich die Gegeninduktivität zu:

$$M = 2 \cdot 100 \cdot \ln\left(\frac{2 \cdot 100}{1} - \frac{1}{100}\right) \text{nH} = 1.06\,\mu\text{H}$$

Da es sich um eine Spannungsmessung handelt, entfällt der zweite Term in Gleichung (2.20); es ist $\omega = 2\pi \cdot 50\,\text{s}^{-1}$, $i_1 = 7.5A$ und $M = 1.06\,\mu\text{H}$ einzusetzen. Damit ergibt sich der Betrag der induzierten Spannung zu:

$$U_2 = 2\pi \cdot 50 \cdot 7.5 \cdot 1.06 \cdot 10^{-6} V = 2.5\,\text{mV}$$

Diese Spannung wird auf beide Adern der Messleitung eingekoppelt; liegen sie dicht genug beieinander (twisted pair), so sind die beiden eingekoppelten Spannungen gleich. Eine solche Störung wird Gleichtaktstörung genannt. Der Eingang der Messgeräte sind nun allerdings als Differenzverstärker geschaltet. Dabei wird nur die Spannungsdifferenz zwischen den beiden Eingangsklemmen verstärkt; die Gleichtaktstörungen gehen also eigentlich nicht in das Messergebnis ein. Wie immer in der Elektronik hängt diese Tatsache jedoch von der Güte des Differenzverstärkers ab. Die Unterdrückung von Gleichtaktsignalen wird durch das sogenannte Common Mode Rejection Ratio (CMRR) angegeben. Bei 50 Hz haben gute Messgeräte ein CMRR von 120 dB. Für die Angabe des CMRR in dB gilt:

$$C_{\mathrm{CMRR}}[\mathrm{dB}] = 20 \cdot \log\left(\frac{U_{\mathrm{Eink.}}}{U_{\mathrm{Wirk}}}\right) \tag{2.21}$$

Dabei sind $C_{\mathrm{CMRR}}[\mathrm{dB}]$ das CMRR des Messgerätes in dB, $U_{\mathrm{Eink.}}$ die eingekoppelte Störspannung und U_{Wirk} die im Messergebnis wirksame Störspannung, jeweils in V. Stellt man diese Formel nach U_{Wirk} um, so erhält man:

$$U_{\mathrm{Wirk}} = U_{\mathrm{Eink.}} \cdot 10^{-C/20}$$

Wird also beispielsweise durch ein magnetisches Feld eine vergleichsweise große Störspannung von 1 mV auf den Eingang eines Messgerätes mit einem CMRR von 120 dB eingekoppelt, so wirkt sich diese aus wie eine Spannung von

$$U_{\mathrm{Wirk}} = 1\,\mathrm{mV} \cdot 10^{-120/20} = 1\,\mathrm{nV}$$

Man sieht aus dieser Betrachtung, dass Gleichtaktstörungen aufgrund des sehr hohen CMRR nur bei verhältnismäßig großen Störpegeln eine Rolle spielen. Das CMRR ist allerdings frequenzabhängig, sodass Einkopplungen anderer Frequenzen höhere Störungen verursachen können.

Bei der Berechnung der Störung der Messung in obigem Beispiel muss also der CMRR des Messgerätes berücksichtigt werden. Wird hierfür ein Wert von 120 dB (entspricht einem Faktor von 10^{-6}) angenommen, so ergibt sich die Störspannung der Messung bei obigem Beispiel zu

$$U_{\mathrm{Stoer}} = 10^{-6} \cdot U_2 = 2.5\,\mathrm{nV}$$

Man sieht, dass bei guten Messgeräten eine solche Störung bei üblichen Labormessaufbauten nur am Rande in Erscheinung tritt (lange Leitungen oder große Ströme). Die gestörten Messbereiche finden sich in Tabelle 2.9.

2.2.3 Störungen durch magnetische Gleichfelder

Störungen der Messung in magnetischen Gleichfeldern (zeitunabhängig) werden durch Änderungen der Leiterschleifenfläche verursacht. Diese rühren im Allgemeinen von Bewegungen der Messleitungen her. Dabei geht natürlich nicht nur eine Änderung der Flächenmaßzahl ein, sondern auch eine Änderung der Richtung der Fläche zum Magnetfeld. Hierbei muss das beteiligte magnetische Gleichfeld nicht unbedingt von einem

Tab. 2.9: Störung einer Wechselspannungsmessung durch magnetische Wechselfelder.

	Bereich					
Stellen	**2 mV**	**20 mV**	**200 mV**	**2 V**	**20 V**	**200 V**
3½	1 µV	10 µV	100 µV	1 mV	10 mV	100 mV
4½	100 nV	1 µV	10 µV	100 µV	1 mV	10 mV
5½	10 nV	100 nV	1 µV	10 µV	100 µV	1 mV
6½	1 nV	10 nV	100 nV	1 µV	10 µV	100 µV
7½		1 nV	10 nV	100 nV	1 µV	10 µV
8½			1 nV	10 nV	100 nV	1 µV

Dauermagneten oder einem gleichstromdurchflossenen Elektromagneten herrühren. Vielmehr kann das verursachende Magnetfeld durchaus das Erdmagnetfeld sein. Eine Störung in der Größenordnung nV kann im Erdmagnetfeld leicht durch eine Flächenänderung von wenigen mm^2/s verursacht werden. Rüttelbewegungen von Verbindungsleitungen können durchaus Spannungen im zig-nV-Bereich bewirken, die dann die gleichen Messungen stören wie die in Tabelle 2.2 gezeigten thermischen Störungen. Zu bemerken bleibt noch, dass hier manchmal auch die gegen Wechselfeldstörungen eingesetzten Filter helfen, da die Rüttelbewegung Wechselspannungen induzieren.

Eine andere Art von Störungen in magnetischen Gleichfeldern ergibt sich durch deren Ortsabhängigkeit. Bewegt man nämlich einen Draht in einem inhomogenen Magnetfeld, so ergibt sich gemäß Gleichung (2.4) eine Änderung des magnetischen Flusses Φ, welche die Induktion einer Spannung in dem Draht zur Folge hat. Der Draht wird dabei wieder als Teil einer unendlich ausgedehnten Leiterschleife betrachtet. Bei einer Messleitung mit zwei verdrillten Adern wird bei Bewegung der Leitung in beiden Adern die gleiche Spannung induziert, die auf den Eingang des Messgerätes gelangt (Gleichtaktstörung).

Man kann diesen Störungen einigermaßen aus dem Weg gehen, indem man die Messleitungen festmontiert, da dann Bewegungen in inhomogenen Magnetfeldern vermieden werden. Freilich muss dann der Versuchsaufbau auch die Bewegung eines magnetischen Gleichfeldes vermeiden, wenn sich die Messleitung im inhomogenen Bereich befindet.

Wegen des Abfalls der magnetischen Induktionsflussdichte mit wachsender Entfernung vom Magnetfeldverursacher, wie sie beispielsweise Gleichung (2.7) zeigt, empfiehlt sich ganz einfach die Einhaltung des größtmöglichen Abstandes zwischen Messleitungen und Magnetfeldverursachern. Lassen sich trotz aller Sorgfalt beim Messaufbau und der Verdrahtung magnetische Störungen nicht vermeiden, so muss eine magnetische Abschirmung, beispielsweise aus Mu-Metall oder amorphen Metallfolien, installiert werden. Mu-Metall ist eine spezielle Legierung mit besonders hoher Permeabilität μ_r, insbesondere bei kleinen Feldern. Dadurch eignet es sich in gewissem Grade für magnetische Abschirmungen; Wunder darf man freilich nicht erwarten.

Aus den oben gemachten Erwägungen heraus müssen folgende Maßnahmen zur Verringerung von Störungen durch magnetische Felder getroffen werden:

- Verbindungsleitungen zur Minimierung der wirksamen Fläche als verdrillte Leitung (twisted pair) ausführen.
- Zur Vermeidung von Bewegung Messleitungen befestigen, nicht lose hängenlassen.
- Messleitungen in möglichst großem Abstand von Quellen von Magnetfeldern verlegen (Netzversorgungsleitungen, Transformatoren, Motoren usw.).
- Bei unvermeidbaren, größeren Magnetfeldern, die sich in der Nähe der Messleitungen befinden müssen, eine magnetische Abschirmung installieren.
- Eventuell Filter vorsehen.

2.3 Kapazitive Effekte

Befinden sich zwei elektrisch leitende Körper nebeneinander, so bilden sie einen Kondensator, dessen Kapazität die beiden Körper elektrisch miteinander verbindet. Die Kopplung erfolgt über das elektrische Feld. Ist der Raum zwischen den Körpern mit einem dielektrischen Material erfüllt, so wird hierdurch die Kopplung stärker.

Bei einer Leitung können diese Körper beispielsweise die Adern der Leitung sein; der Raum zwischen den Adern wird durch einen dielektrischen Isolationswerkstoff gebildet, dessen Dielektrizitätskonstante ϵ_r bei üblichen Isolationswerkstoffen zwischen 2 und 8 liegt, was die Kopplung der beiden Adern gegenüber der Kopplung im Vakuum um den Faktor 2 bis 8 vergrößert. Die hierdurch zwischen den beiden Adern einer zweiadrigen verdrillten Leitung gebildete Kapazität C_{AA} ist bei üblichen Leitungen 50 pF/m bis 200 pF/m. Abbildung 2.9 verdeutlicht diesen Sachverhalt.

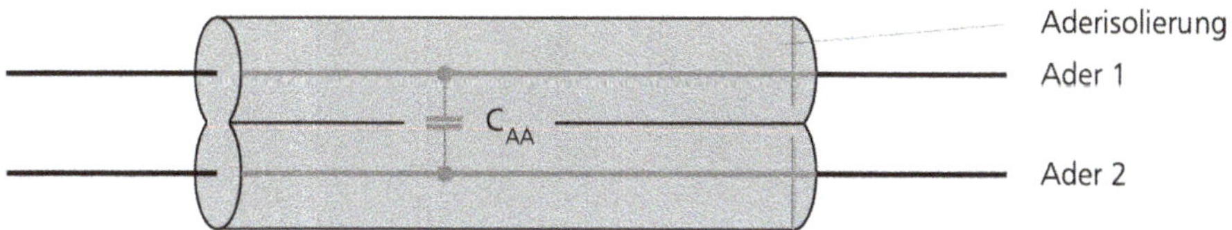

Abb. 2.9: Kapazitive Kopplungen in einer unabgeschirmten Leitung.

Diese Kapazität koppelt zwar keine Störungen von außen ein, sie ist jedoch verantwortlich für die Zeitkonstante der Messung bei Quellen mit hohen Innenwiderständen. Der Innenwiderstand R_i der Quelle bildet zusammen mit der Kapazität C_{AA} der Messleitung einen Tiefpass (Abbildung 2.10).

Dieses Bild beinhaltet auch die Eingangskapazität C_i des Messgerätes, die hier zunächst vernachlässigt werden soll. Die Zeitkonstante des Tiefpasses errechnet sich zu (ohne C_i):

$$\tau_M = R_i \cdot C_{\mathrm{AA}} \tag{2.22}$$

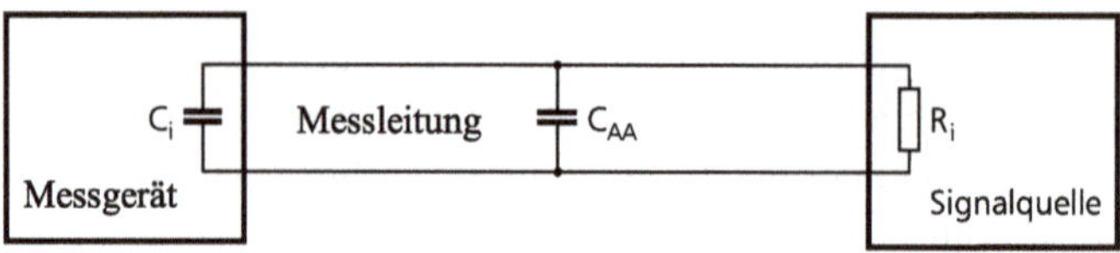

Abb. 2.10: Zur Zeitkonstante einer Messanordnung.

Als Beispiel soll eine 5 m lange Messleitung mit einer Kapazität von 100 pF/m dienen. Die Quelle soll einen Innenwiderstand von $10^{10}\ \Omega$ (10 GΩ) haben. Dann ist:

$$C_{AA} = 5\,\text{m} \cdot 100\frac{\text{pF}}{\text{m}} = 500\,\text{pF}$$

Damit ergibt sich die Zeitkonstante der Messung zu:

$$\tau_M = 10^{10} \cdot 500 \cdot 10^{-12}\,\text{s} = 5\,\text{s}$$

Für Messungen mit Elektrometern ist ein Quellenwiderstand von $10^{10}\ \Omega$ durchaus nichts Utopisches; eine Messung mit einer Zeitkonstante von 5 s kann aber eine Katastrophe bedeuten. Das heißt nämlich, dass sich der angezeigte Messwert nur sehr langsam an den wahren Messwert angleicht. Abbildung 2.11 zeigt die Einstellgenauigkeit der Anzeige als Funktion der Zeitkonstante.

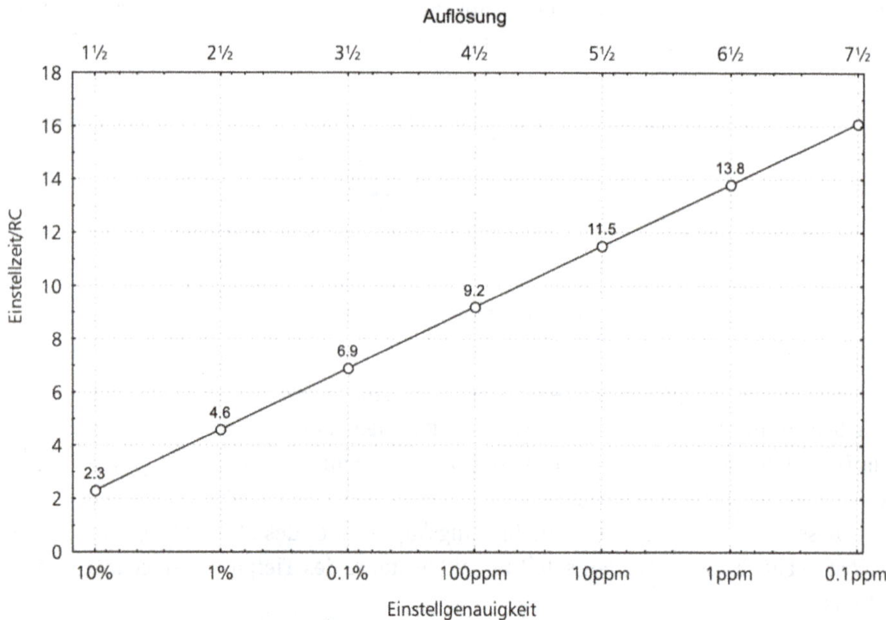

Abb. 2.11: Einstellgenauigkeit der Anzeige als Funktion der Zeitkonstante τ.

Man erkennt, dass in dem oben gerechneten Beispiel eine 3½-stellige Messung (Auflösung 0.1 %) eine Einstellzeit von $6.9\tau = 34.5\,\text{s}$ benötigt! Dies ist mindestens bei der Erstellung des Messprogrammes zu berücksichtigen. Zusätzlich muss man sich eventuell Gedanken über die Eingangskapazität des Messgerätes machen, die je nach Art und Ausführung zwischen 2 pF und 150 pF liegen kann; diese Kapazität kann man sich als parallel zur Leitungskapazität geschaltet denken, sie muss also hinzuaddiert werden.

2.3.1 Ungeschirmte Messleitungen

Liegt eine Ader auf einer Metallplatte, so ist diese Anordnung zu bewerten wie die oben diskutierte Leitung, d. h. wie in Abbildung 2.12 gezeigt ergibt sich als Kapazität C_{AM} einer Ader gegen die Metallplatte derselbe Wert wie für C_{AA}.

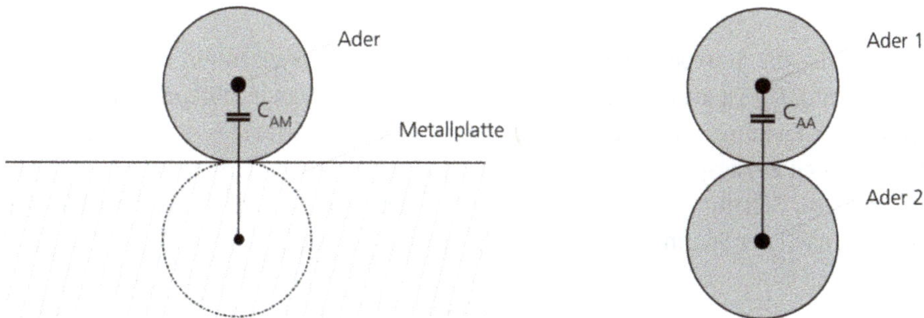

Abb. 2.12: Kapazität C_{AM} einer Ader gegen eine Metallplatte.

Der Grund hierfür ist darin zu sehen, dass Ladungen vor einer Metallplatte die gleichen Eigenschaften haben wie zwei Ladungen, die sich in dem doppelten Abstand gegenüberliegen. Dieser Effekt wird Influenz genannt und rührt daher, dass das Feld in das Innere der Metallplatte nicht eindringen kann. Im Inneren der leitenden Metallplatte ist nämlich die Spannung an allen Punkten gleich (Leitfähigkeit!), sodass es auch kein Feld geben kann. Ist nun die Metallplatte insgesamt ladungsneutral, so müssen die auf sie treffenden Feldlinien der Ladungen vor der Metallplatte hinten genau so wieder austreten; sonst müsste es ja feldverändernde Ladungen in der Metallplatte geben, was wegen deren Leitfähigkeit nicht sein kann. Wenn die Feldlinien aber an der anderen Seite wieder so austreten, wie sie eingetreten sind, so sieht das so aus, als befände sich die gleiche Anzahl von Ladungen entgegengesetzter Polaritäten den symmetrischen Positionen auch hinter der Metallplatte. Dies ist im Bild durch die gestrichelt gezeichnete Ader in der Metallplatte angedeutet. Liegt also eine Messleitung mit einer Ader-Ader-Kapazität von beispielsweise 100 pF/m über eine Länge von 2 m flach auf einer Metallplatte, so ergibt sich eine Kapazität von 200 pF zwischen jeder Ader der Messleitung und der Metallplatte.

Liegt nun die Messleitung auf einer Metallplatte auf, die Störungen trägt, so werden diese Störungen kapazitiv auf die beiden Adern der Messleitung eingekoppelt. Abbildung 2.13 zeigt das Ersatzschaltbild der Anordnung.

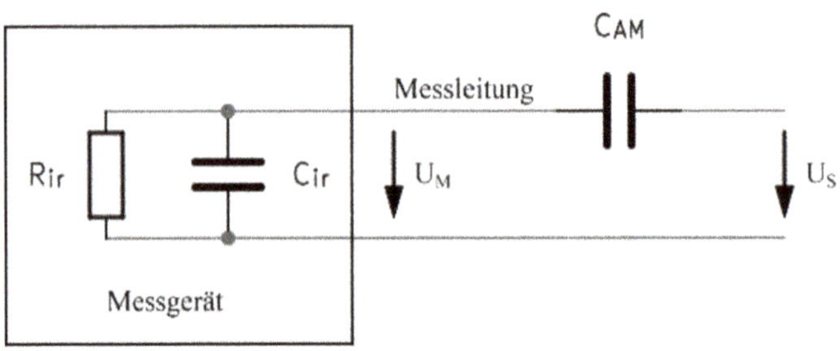

Abb. 2.13: Ersatzschaltbild einer kapazitiven Störeinkopplung.

Dabei ist U_S die Störspannung der Metallplatte, gemessen gegen ein Bezugspotential (etwa Earth), U_M ist die am Eingang des Messkreises anliegende Störspannung. R_{ir} und C_{ir} sind der Eingangswiderstand und die Eingangskapazität des Messgerätes gegenüber dem gleichen Bezugspotential.

In dieser Schaltung berechnet sich die Störspannung an dem Eingang des Messgerätes U_M nach der Spannungsteilerformel:

$$\frac{U_M}{U_S} = |A(j\omega)| \tag{2.23}$$

mit

$$A(j\omega) = \frac{Z_{\text{ir}}}{Z_{\text{AM}} + Z_{\text{ir}}}$$

wobei die Impedanz Z_{ir} die Eingangsimpedanz des Messgerätes (gegen das Bezugspotential der Störung!) ist, gebildet aus der Parallelschaltung von R_{ir} und C_{ir}. Damit sind:

$$Z_{\text{ir}} = \frac{\frac{R_{\text{ir}}}{j\omega C_{\text{ir}}}}{R_{\text{ir}} + \frac{1}{j\omega C_{\text{ir}}}} \quad \text{und} \quad Z_{\text{AM}} = \frac{1}{j\omega C_{\text{AM}}} \tag{2.24}$$

Errechnet man nun mühevollerweise U_M/U_S, so erhält man:

$$\frac{U_M}{U_S} = |A(j\omega)| = \sqrt{\frac{\omega^2 R_{\text{ir}}^2 C_{\text{AM}}^2}{1 + \omega^2 R_{\text{ir}}^2 (C_{\text{ir}} + C_{\text{AM}})^2}} \tag{2.25}$$

Anhand dieser Gleichung erkennt man sofort den Niederfrequenzgrenzwert $U_M(0)$ der Störeinkopplung:

$$U_M(0) = 0$$

Bei niedrigen Frequenzen wird nichts eingekoppelt. Dies erscheint auch plausibel, da C_{AM} zusammen mit R_{ir} einen Hochpass bildet.

Betrachtet man nun den Grenzwert von U_M/U_S für große Frequenzen, so kann man im Nenner die 1 vernachlässigen, und man erhält:

$$\lim_{\omega \longrightarrow \infty} |A(j\omega)| = \sqrt{\frac{C_{\mathrm{AM}}^2}{(C_{\mathrm{ir}} + C_{\mathrm{AM}})^2}} \tag{2.26}$$

Um die Größenordnung der Dämpfung einer Störung von der Metallplatte auf den Eingang des Messgerätes abzuschätzen, soll ein Beispiel betrachtet werden. Dabei soll eine Messleitung mit einer Ader-Ader-Kapazität von 150 pF/m über eine Länge von 2 m flach auf einer Metallplatte liegen. Die Ader der Messleitung liegt an einem Messgerät mit dem Eingangswiderstand 10 GΩ und der Eingangskapazität 100 pF. Dies sind durchaus gebräuchliche Werte. Bei dem Eingangswiderstand und der Eingangskapazität ist zu beachten, dass hier die Impedanz bezüglich des Bezugspotentials der Störung, also etwa Earth, gemeint ist und nicht die Eingangsimpedanz des Messkreises. Es ist also:

$$R_{\mathrm{ir}} = 10\,\mathrm{G\Omega}, \quad C_{\mathrm{ir}} = 100\,\mathrm{pF}, \quad C_{\mathrm{AM}} = 2\,\mathrm{m} \cdot 150\frac{\mathrm{pF}}{\mathrm{m}} = 300\,\mathrm{pF}$$

Dann ergibt hier sich für den Hochfrequenzgrenzwert der Abschwächung von kapazitiv eingekoppelten Störsignalen:

$$\lim_{\omega \longrightarrow \infty} |A(j\omega)| = \sqrt{\frac{(300 \cdot 10^{-12})^2}{(100 \cdot 10^{-12} + 300 \cdot 10^{-12})^2}} = \frac{3}{4}$$

d. h.

$$U_M(\infty) = 0.75 \cdot U_S$$

Der Hochfrequenzgrenzwert $U_M(\infty)$ beschreibt das Maximum der Störungseinkopplung; es wird also bei den oben angegebenen Verhältnissen maximal $0.75U_S$ wirksam.

Nun stellt sich sofort die Frage, bei welchen Frequenzen der Hochfrequenzgrenzwert eingenommen wird. Dazu setzt man die Widerstand- und Kapazitätswerte in Gleichung (2.25) ein und erhält:

$$\frac{U_M}{U_S} = \sqrt{\frac{\omega^2 \cdot 10^{20} \cdot 9 \cdot 10^{-20}}{1 + \omega^2 \cdot 10^{20} \cdot 16 \cdot 10^{-20}}} = \sqrt{\frac{9\omega^2}{1 + 16\omega^2}}$$

Berücksichtigt man $\omega = 2\pi f$ und trägt die obige Gleichung grafisch auf, so erhält man das auf Abbildung 2.14 gezeigte Ergebnis.

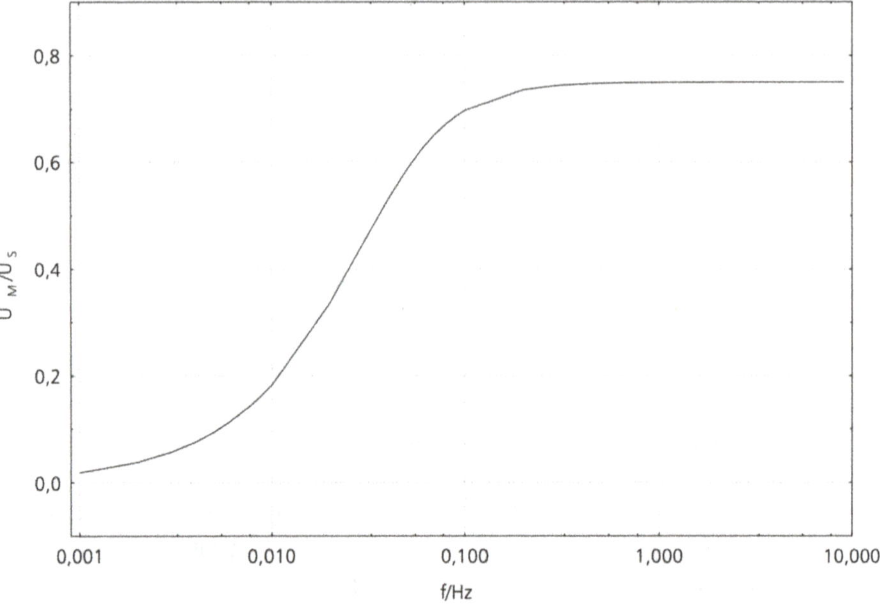

Abb. 2.14: Verlauf der kapazitiven Hochfrequenzstöreinkopplung.

Man erkennt, dass schon unterhalb von 1 Hz der Hochfrequenzgrenzwert für die Störungseinkopplung erreicht wird. Dies verwundert nicht, da die Werte für die Kapazitäten in der gleichen Größenordnung liegen und der Widerstand keine entscheidende Rolle mehr spielt, da die Blindwiderstände der Kondensatoren bei einer Frequenz von 1 Hz bereits bei 0.16 GΩ liegen, also bereits nur noch 1.6 % des Widerstandswertes aufweisen (100 pF im Vergleich zu dem Widerstand von 10 GΩ). Dies bedeutet aber auch, dass alle Störungen mit Frequenzen oberhalb etwa 1 Hz mit der Abschwächung 0.75 eingekoppelt werden, also auch 50 Hz Störungen.

Liegt beispielsweise eine Störung mit einer Amplitude von 1 µV auf der Metallplatte in dem oben beschriebenen Beispiel (das ist bei einer ungeerdeten Metallplatte auf jeden Fall zu finden), so finden sich 0.75 µV hiervon an der Eingangsklemme des Messgerätes wieder. Glücklicherweise werden die Störungen bei gleicher Aderführung der beiden Messsignaladern einer Messleitung kapazitiv auf beide Adern eingekoppelt, sodass beim Berechnen der Störung der Messung das CMRR des Messgerätes mit eingeht. Nimmt man dies zu 120 dB an, so reduziert sich die Störung der Messung auf 0.75 pV, was als Störabstand völlig ausreicht. Kapazitive Einkopplungen von einer Metallfläche auf Messleitungen spielen also nur dann eine Rolle, wenn die Störspannungen auf der Metallfläche hoch sind und die Messleitung aus irgendwelchen Gründen auf dieser Metallfläche montiert werden müssen, oder aber wenn die beiden Adern der Messleitung auf unterschiedlichen Wegen geführt werden (nicht gleichmäßig aufliegen, was meistens der Fall ist). Es ist jedoch unmittelbar klar, dass Messleitungen keinesfalls über Versuchselektroden mit nennenswerten Spannungen geführt werden dürfen, da schon eine Spannung von nur 1 V auf der Metallplatte im oben gerechneten Falle Störungen von 0.75 µV ergeben. Auch „ein bisschen Abstand" hilft nicht unbedingt, denn dabei wird mit dem Kondensator C_{AM} ja lediglich ein weiterer (Luft-)Kondensator in Serie geschaltet, was die Koppelkapazität insgesamt zwar verkleinert, aber keineswegs zum Verschwinden bringt. Auch der Mensch selbst koppelt über kapazitive Effekte Störungen ein; man muss sich also während laufender Messungen möglichst vom Messplatz fernhalten.

Die gleichen Überlegungen, wie sie für die Kopplung einer Metallplatte an eine Messleitung gemacht wurden, können nun auch für die Kopplung einer spannungsführenden Leitung und einer Messleitung gemacht werden. Abbildung 2.15 zeigt eine Skizze der Anordnung.

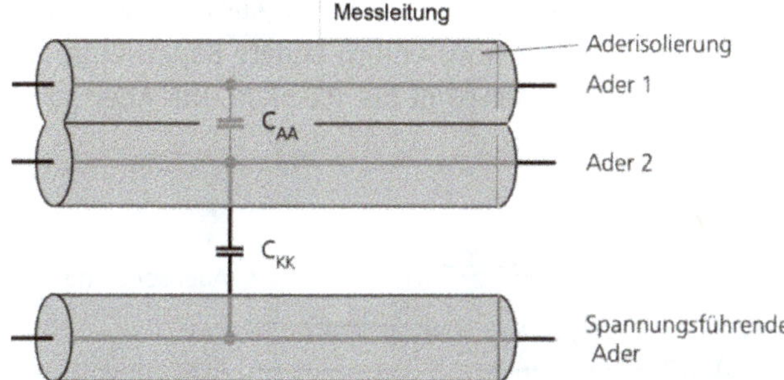

Abb. 2.15: Kapazitive Kopplung von Mess- und Versorgungsleitungen.

Im Unterschied zur Kopplung an die Metallplatte tragen spannungsführende Adern aber häufig nennenswerte Spannungen.

Der oberste Grenzwert für die Kopplung einer Ader an eine Leitung C_{KK} ist C_{AM}. Deshalb kann diese Sorte von Störungen mitunter drastische Werte annehmen. Um ein Gefühl für die Größenordnung zu erhalten, denken wir uns in obigem Beispiel die Metallplatte durch eine spannungsführende Ader ersetzt. Die Spannung gegenüber dem Bezugspotential soll moderate 40 V betragen (Niederspannung!).

Die auf die Messleitung eingekoppelte Störung beträgt dann $0.75 \cdot 40\,\text{V} = 30\,\text{V}$; mit dem CMRR von 120 dB ergibt sich dann eine Störung von 30 µV. Tabelle 2.10 gibt einen Überblick über die resultierenden Störungen; eine Messung im 20 V-Bereich eines 6½-stelligen Messgerätes ist bereits gestört!

Ist die störende Leitung gar eine Netzversorgungsleitung, so ergibt sich ein Störpotential von 165 µV; damit reicht die Störung einen Messbereich weiter als die unten stehende Tabelle zeigt.

Tab. 2.10: Störungen einer Messung durch kapazitive Störeinflüsse.

Stellen	Bereich					
	2 mV	20 mV	200 mV	2 V	20 V	200 V
3½	1 µV	10 µV	100 µV	1 mV	10 mV	100 mV
4½	100 nV	1 µV	10 µV	100 µV	1 mV	10 mV
5½	10 nV	100 nV	1 µV	10 µV	100 µV	1 mV
6½	1 nV	10 nV	100 nV	1 µV	10 µV	100 µV
7½		1 nV	10 nV	100 nV	1 µV	10 µV
8½			1 nV	10 nV	100 nV	1 µV

2.3.2 Abgeschirmte Messleitungen

Anders sind die Kapazitätsverhältnisse bezüglich der Abschirmung bei einer abgeschirmten Leitung, wie sie Abbildung 2.16 zeigt. Dadurch, dass die Adern gänzlich von der Abschirmung umschlossen sind, ergeben sich wesentlich höhere Kapazitäten. Sie liegen für die Ader-Schirm-Kopplung C_{AS} bei 100 pF/m bis 400 pF/m. Die Ader-Ader-Kopplung C_{AA} bleibt bei 50 pF/m bis 200 pF/m.

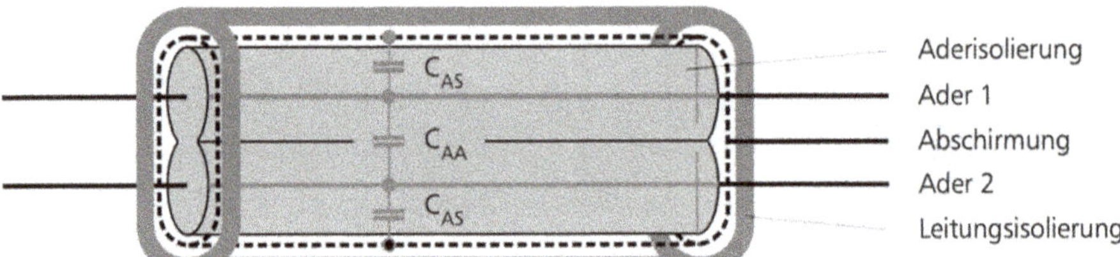

Abb. 2.16: Kapazitive Kopplung bei abgeschirmten Leitungen.

Da die Abschirmung auf einem festen Potential liegt, kommen Kopplungen über den Schirm der Leitung nicht vor (allerdings nicht, wenn die Abschirmung nicht angeschlossen ist!). Dies gilt insbesondere für Störungen von außen, aber auch bei kapazitiven Ader-Ader-Kopplungen d. h. die Koppelkapazität der Adern ist nur C_{AA} und nicht die Parallelschaltung von C_{AA} und C_{AS}. Auch hier gilt das oben gesagte bezüglich der Zeitkonstanten der Messung. Zu beachten ist, dass jede Störung, die der Schirm trägt, nun kapazitiv auf die beiden Messadern eingekoppelt wird. Das Potential der Abschirmung muss also sorgfältig gewählt und angeschlossen werden. Wegen der Impedanz der Schirmankopplung an das gewünschte Bezugspotential (Earth, COM oder Guard, siehe Kapitel 2.7) besonders bei der Entstörung von höheren Frequenzen eignen sich zum Anschluss der Abschirmung nur großflächige, kurze Verbindungen, keine langen „Rattenschwänze“ (wegen deren Induktivität, etwa 100 nH bei 1 MHz bereits 100 mΩ)! Die geschirmte Leitung kann man – eine gute Leitung und einen soliden Anschluss des

Schirmes vorausgesetzt – auch auf Metallflächen legen, die Störungen tragen. Wegen des Schirmes treten auch kapazitive Kopplungen von Signale benachbarter Leitungen nicht auf.

Um Probleme mit kapazitiv eingekoppelten Störungen zu vermeiden, sollte beim Versuchsaufbau folgendes beachtet werden:
- Wo immer möglich abgeschirmte Leitungen als Messleitung verlegen.
- Im Zweifelsfalle auch andere Leitungen mit hohem Störpotential abgeschirmt verlegen.
- Messleitungen in möglichst großem Abstand zu spannungsführenden Metallflächen und Leitungen verlegen.
- Sich während der Messungen möglichst entfernt halten.

2.4 Isolationseffekte

Die Adern einer Leitung werden im Allgemeinen nicht frei durch die Luft verlegt; deshalb müssen sie mit einer Isolierung versehen werden, die die Adern der Leitung gegeneinander und gegen die Umwelt isoliert. Im Ersatzschaltbild der Leitung (Abbildung 2.1) werden die unerwünschten Nebenwirkungen der Isolierung durch den Kondensator C und den Widerstand R_P repräsentiert. Die Eigenschaften der Leitung ergeben sich hier im Wesentlichen durch die Eigenschaften des verwendeten Isolierwerkstoffes. Betrachtungen über den Kondensator C wurden bereits im vorangehenden Kapitel (2.3 – *Kapazitive Effekte*) angestellt; hier folgen nur noch eine Materialbetrachtung und einige Gedanken über den Widerstand R_P. Darüber hinaus sollen noch Isolationseffekte betrachtet werden, die Störpotentiale direkt verursachen.

2.4.1 Isolationswerkstoffe

Als Isolationswerkstoffe zur Isolierung der Adern einer Leitung gegeneinander und nach außen hin finden gewöhnlich folgende Materialien Anwendung:
- Polyvinylchlorid (PVC) oder PVC-Abkömmlinge
- Polychloroprene, Neoprene (CR)
- Polyethylen (PE)
- Chloropren (CR)
- Silikongummi
- Teflon (FEP und PTFE)

Darüber hinaus gibt es eine ganze Reihe modifizierter Werkstoffe, deren Eigenschaften durch Zugabe von Chemikalien bei der Herstellung verändert wurden.

Tabelle 2.11 zeigt einige allgemeine Eigenschaften der verschiedenen Isolationswerkstoffe. Es muss dabei beachtet werden, dass durchaus Spezialmischungen be-

Tab. 2.11: Allgemeine Eigenschaften einiger Isolationswerkstoffe.

Eigenschaft	CR	PVC	PE	Silikon	FEP	PTFE
Mechanisch	geschmeidig witterungsfest	weniger stabil	sehr stabil	weich	sehr stabil	sehr stabil
Chemisch	stabil	ölbeständig	stabil	stabil	sehr stabil	sehr stabil
Temperaturfestigkeit	−20 °C ... +70 °C	−35 °C ... 100 °C	−50 °C ... +70 °C	−60 °C ... +180 °C	−190 °C ... +205 °C	−190 °C ... +260 °C
Spannungsfestigkeit	Niederspannung	Niederspannung	Hochspannung	Mittelspannung	Hochspannung	Hochspannung
Frequenzverhalten	Niederfrequenz	Niederfrequenz	Hochfrequenz	Hochfrequenz	Hochfrequenz	Hochfrequenz
Brennverhalten	selbst verlöschend	selbst verlöschend	entflammbar	schwer entflammbar	nicht entflammbar	nicht entflammbar

Tab. 2.12: Elektrische Werte einiger Isolationswerkstoffe.

	Dielektrizitätskonstante ε_r (bei 800 Hz)	Spezifischer Widerstand ρ $\Omega \cdot$ cm	Durchschlagspannung U_d kV/mm	Strahlenbeständigkeit cJ/kg (≈ rad)	Wasseraufnahme ppm
CR	8	10^{10}	20	$2 \cdot 10^7$	100
PVC	4	10^{13}	10...20	$8 \cdot 10^7 \dots 1 \cdot 10^8$	8...10
PE	2.3	10^{17}	75...100	$7 \cdot 10^6 \dots 1 \cdot 10^7$	30
Silikon	3.2	10^{15}	20	$2 \cdot 10^7$	50
FEP	2.1	10^{18}	20	$3 \cdot 10^5$	1
PTFE	2.1	10^{18}	25	$1 \cdot 10^5$	1

stehen, die auch besondere Eigenschaften haben, die aus dem Wertebereich dieser Tabelle herausfallen können. Tabelle 2.12 zeigt einige typische elektrische Werte. Auch bei Tabelle 2.12 sind die angegebenen Werte Richtwerte.

Im Zweifelsfalle muss das Datenblatt der Leitung befragt werden. Darüber hinaus findet man auch eine Reihe außergewöhnliche Stoffe zu Isolierungszwecken wie zum Beispiel Kapton oder Glasseide. Glasseideisolierte Adern können bis zu einer Temperatur von 400 °C benutzt werden.

Der Parallelwiderstand R_P ergibt sich aus der Tatsache, dass der spezifische Widerstand des Isolationsmaterials nicht unendlich groß ist. Ein sehr gutes paarig verdrilltes, getrennt isoliert und abgeschirmtes Kabel erreicht dabei durchaus folgende Daten:

Isolationswiderstand Ader-Ader	10 GΩ · km
Isolationswiderstand Ader-Paarschirm	10 GΩ · km
Isolationswiderstand Paarschirm-Paarschirm	100 MΩ · km
Isolationswiderstand Paarschirm-Gesamtschirm	100 MΩ · km

Der Isolationswiderstand sollte besser spezifischer Isolationswiderstand heißen, da er nicht den Widerstand der Isolation einer Leitung angibt, sondern eine Materialeigenschaft. Er wird wegen seiner Größe üblicherweise in GΩ·km oder in MΩ·km angegeben.

Der Widerstand der Isolierung R_P berechnet sich dann nach folgender Formel:

$$R_P = \frac{\rho_I}{l} \tag{2.27}$$

Dabei sind R_P der Widerstand der Isolierung in MΩ (GΩ) einer Leitung der Länge l in km, wenn der Isolationswiderstand ρ_I in MΩ · km (GΩ · km) ist.

Als Beispiel soll eine Messleitung mit folgenden Daten betrachtet werden:

Länge	l	10 m
(Spez.) Kapazität	C_I	100 pF/m
Spez. Isolationswiderstand	ρ_I	10 GΩ · km

Damit ergibt sich für die Leitung ein Isolationswiderstand von 1000 GΩ und eine Kapazität von 1 nF. Man erkennt unschwer, dass der Isolationswiderstand für übliche Messungen kaum eine Rolle spielt, wohl aber die Kapazität. Hat nämlich die Signalquelle einen Innenwiderstand von 10 GΩ, wie es etwa beim Messen von großen Widerständen durchaus vorkommt, so ergibt sich allein durch die Messleitung eine Zeitkonstante von

$$\tau = R \cdot C = 10\,\text{G}\Omega \cdot 1\,\text{nF} = 10\,\text{s}$$

der Versuchsanordnung. Dies muss beim Auslegen des Messprogrammes unbedingt berücksichtigt werden. Zu bemerken ist an dieser Stelle, dass es sich bei der Messung so hoher Widerstände durchaus um nichts Utopisches handelt. Widerstandsmessungen sind gut und gerne bis hinauf nach $2 \cdot 10^{14}$ Ω möglich. Bei solchen Messungen spielt dann auch der Isolationswiderstand eine Rolle.

Überraschenderweise ist der Isolationswiderstand von Leitungen gelegentlich auch von den Einsatzbedingungen abhängig. Dies hängt mit der Wasseraufnahme des Isolationswerkstoffes zusammen. Manche Isolationswerkstoffe neigen dazu, aus der Umwelt Wasser zu absorbieren; durch dieses aufgenommene Wasser kann der Widerstand der Isolierung um bis zu 3 Zehnerpotenzen fallen! Damit ergibt sich für unsere Musterleitung nur noch ein äußerst unzufriedenstellenden Wert von 1 GΩ. Tabelle 2.12 zeigt Werte für die Wasseraufnahme der verschiedenen Isolationswerkstoffe. Wie man sieht, schneidet hier Teflon am besten ab; PVC ist schon einen Faktor 10 schlechter. Auch auf die Oberfläche der Isolation aufgebrachter Schmutz und menschlicher Schweiß leitet den elektrischen Strom überraschend gut. Deshalb sollen Messleitungen nicht unnötig berührt werden. Nach einer Berührung müssen sie sorgfältig mit Methanol gereinigt werden. Anschließend erfolgt das Trocknen bei Raumtemperatur; hierfür sind mindestens 2 Stunden vorzusehen. Zur Handhabung kritischer Leitungen empfehlen sich (saubere!) Chirurgenhandschuhe.

Um bei Messungen an Quellen mit hohen Innenwiderständen Probleme mit dem Isolationswiderstand zu vermeiden, muss folgendes beachtet werden:

- Messleitungen und Anschlussstellen mit reinem Methanol sorgfältig reinigen und mindestens einen halben Tag (bei Raumtemperatur und normaler Luftfeuchtigkeit) trocknen lassen.
- Handschuhe benutzen.

2.4.2 Der triboelektrische Effekt

Beim Bewegen einer Leitung entstehen an der Grenzfläche zwischen Leiter und Isolierung durch Reibung Ladungen, die eine Messung stören können. Diesen Effekt nennt man triboelektrischen Effekt. Bei einer Koaxialleitung findet die Reibung in Längsrichtung entlang der Grenzfläche zwischen Abschirmung und Isolierung des Innenleiters eingezeichneten Doppelpfeile statt. Dies ist ein klassischer Fall von Reibungselektrizität.

Selbstverständlich findet man diesen Effekt nicht nur bei Koaxialleitungen, sondern auch bei allen anderen Leitungsarten. Deshalb gibt es für empfindlichen Messungen spezielle rauscharme Messleitungen. Dabei besteht ein Teil der Isolierschichten aus halbleitenden Stoffen, welche die Störladungen an die Leitungsschirmung ableiten beziehungsweise die entstehenden Störspannungen direkt kurzschließen. Solche Leitungen werden überall dort eingesetzt, wo sich Vibrationen oder andere Bewegungen von Messleitungen nicht vermeiden lassen. Die durch den triboelektrischen Effekt entstehenden Störspannungen hängen sehr stark von der Bewegung der Leitungen und den verwendeten Leitungsmaterialien ab. Tabelle 2.13 zeigt einen Überblick über ihre Größenordnung.

Tab. 2.13: Störung einer Messung durch den triboelektrischen Effekt bei einer Standardleitung.

Leitungstyp	Störspannung
Standardleitung	10 µV - 100 µV
Rauscharme Leitung	1 nV - 100 nV
Beste rauscharme Leitung	10 pV

Tabelle 2.14 zeigt die Störung einer Messung bei Verwendung einer Standardleitung. Wie immer wird eine Messung als gestört angenommen, wenn das letzte Digit beeinträchtigt wird (hier um ±5, entsprechend 50 µV).

Tab. 2.14: Störung einer Messung durch den triboelektrischen Effekt bei einer Standardleitung.

	Bereich					
Stellen	**2 mV**	**20 mV**	**200 mV**	**2 V**	**20 V**	**200 V**
3½	1 µV	10 µV	100 µV	1 mV	10 mV	100 mV
4½	100 nV	1 µV	10 µV	100 µV	1 mV	10 mV
5½	10 nV	100 nV	1 µV	10 µV	100 µV	1 mV
6½	1 nV	10 nV	100 nV	1 µV	10 µV	100 µV
7½		1 nV	10 nV	100 nV	1 µV	10 µV
8½			1 nV	10 nV	100 nV	1 µV

In Tabelle 2.15 ist die Störung durch eine rauscharme Leitung gezeigt (50 nV).

Tab. 2.15: Störung einer Messung durch den triboelektrischen Effekt bei einer rauscharmen Leitung.

	Bereich					
Stellen	**2 mV**	**20 mV**	**200 mV**	**2 V**	**20 V**	**200 V**
3½	1 µV	10 µV	100 µV	1 mV	10 mV	100 mV
4½	100 nV	1 µV	10 µV	100 µV	1 mV	10 mV
5½	10 nV	100 nV	1 µV	10 µV	100 µV	1 mV
6½	1 nV	10 nV	100 nV	1 µV	10 µV	100 µV
7½		1 nV	10 nV	100 nV	1 µV	10 µV
8½			1 nV	10 nV	100 nV	1 µV

Man erkennt, dass mit einer Standard-Messleitung ein ungestörtes Messen beispielsweise bei einem 6½-Digit-Voltmeter erst im 200 V-Bereich möglich ist; bei rauscharmen Messleitungen kann bis in den 200 mV-Bereich gemessen werden, was bei einem normalen Messgerät ohnehin der kleinste Messbereich ist.

Es folgt hieraus, dass man sehr häufig triboelektrische Störungen minimieren muss, indem man die Messleitungen nicht bewegt, also festverlegt, und indem man möglichst rauscharme Messleitungen benutzt. Wo das Festverlegen nicht möglich ist, muss man zu besonders rauscharmen Messleitungen greifen, die nicht leicht erhältlich sind. Die Autorin hat es mit der Selbstherstellung von solchen Leitungen versucht. Dazu wurden Einzeladern mit Graphitspray eingesprüht und anschließend verdrillt (120 bis 200 Umschlingungen pro Meter Leitungslänge). Anschließend wurde erneut mit Graphitspray eingesprüht und ein Abschirmgeflecht (von einem Koaxkabel durch Zusammenschieben demontiert) übergezogen. Dabei muss darauf geachtet werden, dass das Abschirmgeflecht durch zusammenschieben so weit geöffnet wird, dass das Graphit beim Überziehen der Abschirmung nicht abgestreift wird. Ist die Abschirmung übergestülpt, so wird sie durch Ziehen in Längsrichtung über das Adernpaar geschrumpft. Hierauf wird eine Isolierung übergestülpt oder aufgeschrumpft. Alles ist äußerst mühevoll und schmutzig und funktioniert natürlich nur bei kurzen Leitungslängen. Deshalb ist das Kaufen einer rauscharmen Leitung eher empfehlenswert als die Selbstherstellung.

Der triboelektrische Effekt lässt Störspannungen aufgrund von Reibung, also bei Bewegung der Leitungen, entstehen. Deshalb lassen sich hierdurch entstehende Probleme durch folgende Maßnahmen reduzieren:

- Messleitungen fest montieren, nicht lose herumhängen lassen.
- Spezielle rauscharme Messleitungen verwenden.
- Leitung fernhalten von rüttelnden Teilen

2.4.3 Der piezoelektrische Effekt

Beim Wirken von Kräften auf bestimmte Materialien entstehen freie Ladungen, die als Störspannungen Messungen beeinträchtigen können. Dabei werden im Inneren des Materials vorhandene Ladungen verschoben, sodass sich sogenannte Dipole bilden oder schon vorhandene Dipole ändern; dadurch entstehen auf der Oberfläche des Materials Ladungen, die als elektrische Spannungen in Erscheinung treten. Diesen Effekt nennt man piezoelektrischen Effekt. Im dümmsten Fall wird die verursachende Kraft durch das auf der Messleitung stehende Messgerät ausgeübt. Steht die Anordnung dann noch auf einem rüttelnden Gestell (etwa einem Pumpengestell), so wird auf eine Messgleichspannung eine Wechselspannung aufgeprägt, die eine anspruchsvolle Messung empfindlich stören kann. Leider gehören zu den Materialien, die über diesen Effekt Störungen generieren, auch Isolationswerkstoffe, beispielsweise Teflon. Teflonisolierte Leitungen werden in Labors wegen ihrer großen mechanischen und thermischen Widerstandsfähigkeit gerne verwendet. Die Störspannungen liegen in der Größenordnung des triboelektrischen Effektes bei guten rauscharmen Leitungen, nämlich zwischen 100 pV und 1 nV. Störungen, durch diesen Effekt sind also nur bei hochauflösenden Messungen von Bedeutung.

Zu Verminderung von piezoelektrischen Störungen sollten sicherheitshalber folgende Maßnahmen ergriffen werden:

- Leitungen zug- und druckfrei installieren
- Leitungen nicht mechanisch belasten (etwa durch Auflegen von Gegenständen)
- Leitungen fernhalten von rüttelnden Teilen

Wie die vorangehenden Seiten zeigen, spielen die verwendeten Isolationswerkstoffe bei den Eigenschaften der Messleitungen eine nicht unerhebliche Rolle. Neben der Isolierung von Adern und Leitungen werden Isolationswerkstoffe aber auch direkt beim Bau der Versuchseinrichtungen verarbeitet. Tabelle 2.16 soll eine kleine Hilfe für die Auswahl der Werkstoffe für den Anlagenbau und die Leitungsauswahl darstellen. Ein Pluszeichen in der Tabelle kennzeichnet gute Eigenschaften des jeweiligen Materials, also etwa in der Spalte Wasseraufnahme eine nur geringe Aufnahme von Wasser. Entsprechend kennzeichnet ein Minuszeichen ungünstiges Verhalten. Mittelmäßiges Verhalten

Tab. 2.16: Auswahlhilfe für Isolationswerkstoffe einer Messleitung.

Material	spezifischer Widerstand Ω · cm	Tribo-Effekt	Piezo-Effekt	Wasser-aufnahme
Saphir	$10^{16}\ldots10^{18}$	±	+	+
Teflon	$10^{17}\ldots10^{18}$	–	–	+
Polyethylen	$10^{14}\ldots10^{18}$	±	+	±
Polystyrol	$10^{12}\ldots10^{18}$	–	±	±
Keramik	$10^{12}\ldots10^{14}$	+	±	+
Nylon	$10^{12}\ldots10^{14}$	–	±	–
Epoxidharz	$10^{10}\ldots10^{17}$	–	±	–
PVC	$10^{10}\ldots10^{15}$	±	±	±
Phenolharz	$10^{5}\ldots10^{12}$	+	+	+

ist durch das Zeichen ± kenntlich gemacht. Der spezifische Widerstand ist in Ω · cm angegeben.

Die Tabelle zeigt, dass es „den Isolationswerkstoff" nicht gibt; Phenolharz hat am meisten Pluszeichen in der Tabelle; leider ist sein Isolationswiderstand nur klein. Saphir schneidet insgesamt gut ab; er ist aber nur schwer bearbeitbar und nicht flexibel. Die Autorin hat Saphir mit gutem Erfolg verwendet. Es ist selbstverständlich, dass es sich um künstlichen Saphir handelt.

Bei der Auswahl des Isolationswerkstoffes von Leitungen und anderen Isolationen muss also auf folgendes geachtet werden:
- Einsatzspannung
- Einsatzfrequenzbereich
- Einsatztemperatur

Spielt der Isolationswiderstand eine Rolle wie etwa bei der Messung sehr großer Widerstände, so muss man zusätzlich
- die Größe des Isolationswiderstandes
- und die Wasseraufnahme des Isolationswerkstoffes

in die Auswahl mit einbeziehen.

2.5 Elektromagnetische Wellen

Elektromagnetische Wellen sind heutzutage allgegenwärtig. Zum einen sind sie die Grundlage der modernen Informationstechnologie; Radio, Fernsehen, Handy, all dies gehört zu unserem Alltag. Zum anderen entstehen solche Wellen auch bei allen elektrischen Prozessen die hinreichend schnell ablaufen.

Die Abstrahlung elektromagnetischer Wellen rührt daher, dass bei elektrischen Prozessen entstehende elektrische und magnetische Felder um die stromführenden Leiter entstehen. Sie umgeben den Raum um den Leiter. Wird nun der Stromfluss umgepolt, so können sie sich nicht schnell genug zum Leiter hin zurückziehen, um wieder von diesem aufgenommen zu werden, da dort inzwischen die Felder der anderen Polarität entstehen, die abstoßend wirken. Deshalb lösen sie sich vom Leiter, sie werden abgestrahlt. Dies ist ein typischer Beweis für die endliche Ausbreitungsgeschwindigkeit von elektrischen und magnetischen Feldern; wäre sie nicht endlich, so könnten die Felder schnell genug zum Leiter zurückkehren und würden nicht abgestrahlt.

Solche Wellen bestehen aus einem elektrischen Feld und einem magnetischen Feld; sie stehen senkrecht zueinander, da das elektrische Feld in Richtung des Leiters wirkt (sonst würde kein Strom fließen) und das magnetische Feld senkrecht zum Leiter wirkt (konzentrische Kreise um den Leiter). Die Welle kann also beschrieben werden durch ein elektrisches Feld der Feldstärke $\vec{E}$ und ein magnetisches Feld der Feldstärke $\vec{H}$. Beide sind in Phase (im Fernfeld, d. h. im Abstand vieler Wellenlängen von der Quelle) und stehen senkrecht aufeinander. Die Wellenausbreitung findet senkrecht zu $\vec{E}$ und $\vec{H}$ statt, die Ausbreitungsgeschwindigkeit ist die Lichtgeschwindigkeit (im Vakuum). Überhaupt ist das Licht der prominenteste Vertreter elektromagnetischer Wellen; wegen seiner hohen Frequenz nehmen die Antennen allerdings atomare Größenordnungen ein; Licht wird deshalb von Atomen abgestrahlt und aufgenommen (empfangen). Die Feldstärken der beiden Felder $\vec{E}$ und $\vec{H}$ stehen in folgender Beziehung zueinander:

$$Z_0 = \frac{|\vec{E}|}{|\vec{H}|} = \sqrt{\frac{\mu_0}{\epsilon_0}} = 120\pi\Omega \approx 377\,\Omega \tag{2.28}$$

Dabei ist Z_0 eine Art Impedanz des Vakuums; es ist eine charakteristische Eigenschaft des Vakuums, die mit der Permeabilität μ_0 und der Suszeptibilität ϵ_0 des Vakuums zusammenhängt.

Ein wichtiger Begriff bei elektromagnetischen Wellen ist die Wellenlänge λ. Sie beschreibt Orte gleicher Feldstärke entlang der Ausbreitungsrichtung der Welle. Die Wellenlänge ist mit der Frequenz f verknüpft durch

$$c = \lambda \cdot f \tag{2.29}$$

Dabei ist c die Lichtgeschwindigkeit ($c \approx 3 \cdot 10^8$ m/s).

Grundsätzlich entsteht der Effekt der Wellenabstrahlung bei allen wechselstromführenden Leitern unabhängig von der Frequenz. Von Bedeutung sind allerdings die Felder höherer Frequenz. Das liegt daran, dass die Möglichkeit eines Leiters, elektromagnetische Wellen abzustrahlen und zu empfangen, die mechanische Dimension des Leiters mit der Wellenlänge der Welle verknüpft. Nennenswerte Abstrahlung (oder Empfang) kommt nur bei Längen der Leiter in der Größe der halben Wellenlänge oder passenden Vielfachen hiervon vor. Dies rührt daher, dass sich bei dieser Leiterdimension eine stehende Welle ausbildet und sich zeit- und ortsabhängige Beiträge der Felder gegenseitig nicht auslöschen, was eine Energieabstrahlung verhindern würde. Abbildung 2.17

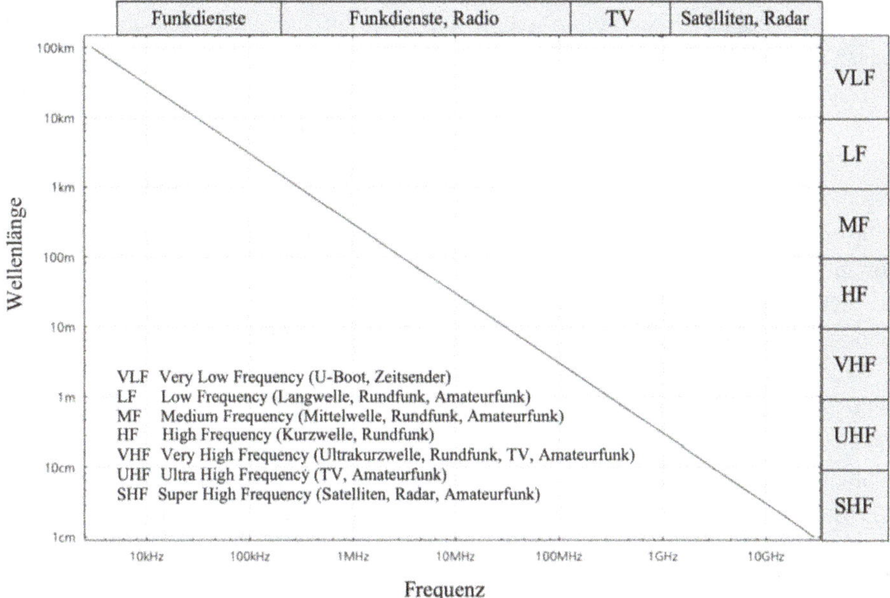

Abb. 2.17: Überblick über Wellenlängen und Frequenzen und deren Verwendung in der Technik.

zeigt einen Überblick über Wellenlängen und Frequenzen und deren Verwendung in der Technik.

Wie man leicht erkennt, wird das gesamte Frequenzspektrum von wenigen Kilohertz bis hinauf in den zig-Gigahertzbereich genutzt. Dabei sind Frequenzen unterhalb 150 kHz Spezialzwecken vorbehalten, etwa dem bundesdeutschen Zeitzeichensender DCF-77 (77 kHz) oder der Unterseebootkommunikation (bei diesen Frequenzen unter Wasser möglich); wegen ihrer großen Wellenlängen und ihrer seltenen Verwendung beeinträchtigen sie Labors kaum. Bei höheren Frequenzen kommt es jedoch nicht selten zu Beeinträchtigungen, insbesondere in der Nähe von Sendeeinrichtungen.

Häufiger als Störungen durch die informationstechnische Nutzung elektromagnetischer Wellen sind Störungen durch anderweitig entstehende Wellen. Sie werden durch schnelle Schaltvorgänge hervorgerufen, die als Einzelereignisse (etwa das Ausschalten einer Beleuchtung mit einer Neon-Röhre) oder als mehr oder weniger periodisch auftretende Ereignisse in technischen Einrichtungen (Phasenanschnittsteuerungen zur Lastregelung, frequenzgeregelte Motoren, Computer ...) auftreten; man spricht heute in diesen Zusammenhang gerne von „Elektrosmog“. Verdächtig sind vor allem induktive Lasten (wegen der hohen Steilheit des Anstieges der Induktion), insbesondere elektronisch gesteuerte, und Geräte, die intern mit hohen Frequenzen arbeiten (wegen der Bindung der Abstrahlung an die mechanische Dimension des Strahlers).

Will man Störungen durch hochfrequente Einstrahlungen elektromagnetischer Wellen vermeiden, so benutzt man einfach gut abgeschirmte Messleitungen. Die elektromagnetische Welle kann die Abschirmung nicht durchdringen, da in ihrem Metall wegen der Leitfähigkeit kein elektrisches Feld existieren kann. Statt dessen werden dort elektromagnetische Wellen reflektiert, wie am Beispiel der Lichtreflexion am Spiegel unmittelbar klar ist. Bei der Reflexion erleidet die Tangentialkomponente des elektrischen Feldes einen Phasensprung um 180°, sodass die resultierende Feldstärke auf der Metalloberfläche Null wird und so im Metall kein elektrisches Feld aufgebaut wird, während das magnetische Feld an der Metalloberfläche praktisch ungeändert bleibt. So kommt es zur Reflexion.

Bei dem Anschluss der Abschirmung muss darauf geachtet werden, dass die Impedanz der Ankopplung an das Bezugspotential (etwa Earth) möglichst niederohmig ausfallen muss, da ja die eingestrahlte Hochfrequenzenergie auf das Bezugspotential abfließen muss. Tut sie das nicht, so kommt es zu Einkopplungen von Störungen auf die Messleitungen. Deshalb eignen sich zum Anschluss der Abschirmung keine langen „Rattenschwänze“, die sich durch Aufflechten der Abschirmung und verdrehen zu einer „Anschlusslitze“ bilden lassen. Vielmehr muss eine großflächige Verbindung mit dem Bezugspotential mit Schellen und gegebenenfalls Erdungsband geschaffen werden.

Um eine Vorstellung von der Größe der Störungen zu bekommen, die durch ein Hochfrequenzfeld verursacht werden können, soll nun ein Beispiel gezeigt werden. Übliche Feldstärken von elektrischen und magnetischen Feldern von elektromagnetischen Wellen informationstechnischer Einrichtungen, die nicht zu besonderen Zwecken im Labor erzeugt werden, liegen bei 10 µV/m bis 10 mV/m und damit 27 nA/m bis 27 µA/m. Benutzt man Handys oder Funktelefone im Labor, so sind die Feldstärken dort um ein Vielfaches höher. Der schlimmste Fall der Aufnahme der Welle tritt beim sogenannten Hertz'schen Dipol auf, wo die Länge des aufnehmenden Metalldrahtes gleich der halben Wellenlänge der Welle ist; dann gilt:

$$U = E \cdot \frac{\lambda}{2} \tag{2.30}$$

wobei E der Betrag der elektrische Feldstärke der Welle ist und λ die Wellenlänge.

Es soll nun eine Welle mit der elektrischen Feldstärke $E = 5\,\text{mV/m}$ und der Frequenz $f = 200\,\text{MHz}$ (historisch: terrestrisches Fernsehen VHF Band III) einfallen. Die Länge l der Messleitung sei $\lambda/2$, also

$$l = \frac{\lambda}{2} = \frac{c}{2f} = \frac{3 \cdot 10^8}{2 \cdot 200 \cdot 10^6}\,\text{m} = 0.75\,\text{m}$$

Dann ist die resultierende Störspannung am Eingang des Messgerätes:

$$U = 5\frac{\text{mV}}{\text{m}} \cdot 0.75\,\text{m} = 3.75\,\text{mV}$$

Man erkennt, dass eine zweiadrige Messung mit Potentialbindung (eine Ader auf Earth) so praktisch unmöglich ist (Störspannung 3.75 mV).

Da diese Spannung an beiden Adern der Messleitung erzeugt wird, kann bei einer potentialfreien Messung (also keine der beiden Adern auf dem Bezugspotential) noch das CMRR des Messeinganges berücksichtigt werden; wird es wie bisher mit 120 dB angesetzt, so ergibt sich für die Störung der Messung ein Wert von 3.75 nV. Ob allerdings bei diesen Frequenzen ein CMRR von 120 dB erreicht wird, ist eher zweifelhaft.

Dabei ist zu beachten, dass diese Werte nicht so ohne weiteres direkt interpretierbar sind, da solche hohen Frequenzen vom Messgeräten nicht direkt zu Messwertstörungen verarbeitet werden, sondern durch verschiedene Effekte in der Messleitung und der Eingangselektronik erst die Störung der Messwerte selbst entsteht (Demodulation, Intermodulationsprodukte, Aussteuerung von Verstärkern usw.). Auch finden sich bei den brauchbaren Geräten am Eingang Hochfrequenzfilter, um allzu verheerende Effekte zu vermeiden. Deshalb ist die o. a. Rechnung nicht allzu beweiskräftig; dennoch vermittelt sie einen guten Eindruck über die Überlagerung der Messspannungen durch Störspannungen und gibt daher einen Eindruck von den Gefahren für die Messung, die hier drohen. Ferner darf nicht vergessen werden, dass im Labor selbst zuweilen durch den Betrieb entsprechender Geräte erheblich höhere Störpegel als der im Beispiel betrachtete erzeugt werden.

Um Störungen durch Hochfrequenzeinstrahlung zu vermeiden, müssen also folgende Punkte ins Kalkül gezogen werden:
- Abgeschirmte Messleitungen verwenden, Abschirmung sorgfältig anschließen.
- Weg mit Handys und Funktelefonen und Funkgeräten aus dem Labor.
- Für den Versuch notwendige HF-Generatoren sorgfältig abschirmen, bei kommerziellen Geräten auf korrekte Erdung achten.
- Sensoren und Anschlüsse der Messleitungen sorgfältig abschirmen, gegebenenfalls mit Metallkästchen umbauen; diese an die Abschirmung der Messleitung anschließen.
- Computer und Monitor in möglichst großer Entfernung von der Messanordnung aufstellen.

2.6 Erdschleifen (Brummschleifen)

Erdschleifen entstehen, wenn an mehreren Stellen einer Messanordnung die zugehörigen Einrichtungen geerdet sind. In Deutschland ist dies durch die Verwendung von Schutzleitern höchstwahrscheinlich.

Abbildung 2.18 zeigt eine typische Messanordnung mit Erdschleife. So eine Erdschleife entsteht praktisch immer, wenn mehrere Geräte in einem Messplatz mit der Netzspannung betrieben werden, die über einen Schutzleiteranschluss verfügen. Intern ist dann der Schutzleiter häufig auch mit den Sekundärkreisen verbunden, also etwa mit den Messkreisen (Schutzmaßnahme Schutzerdung).

Signalquelle und Messgerät sind über den Schutzleiter geerdet. Messgerät und Signalquelle sind außerdem über eine Leitung mit dem Aderwiderstand R_L verbunden.

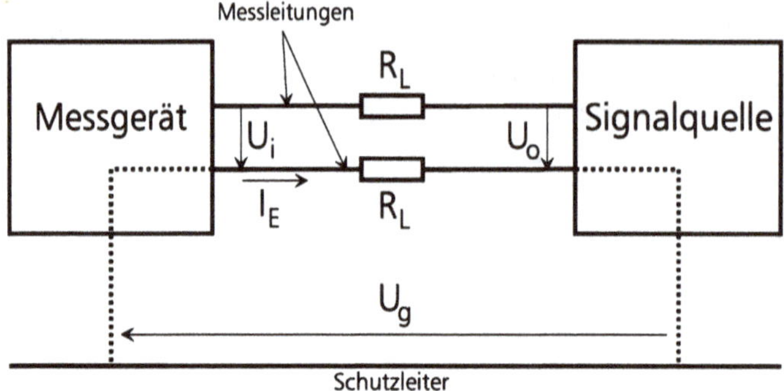

Abb. 2.18: Messanordnung mit Erdschleife.

Die beiden Geräte sind in verschiedenen Steckdosen angeschlossen. Über dem Schutzleiter fällt zwischen den beiden Steckdosen die Spannung U_g ab. Sie wird durch einen Strom verursacht, der durch den Schutzleiter fließt und nach dem Ohm'schen Gesetz diesen Spannungsabfall bewirkt. Solche Ströme werden üblicherweise Ausgleichsströme genannt. So ein über den Schutzleiter fließender Ausgleichsstrom muss keineswegs klein sein; die Autorin selbst hat in einem Industriebetrieb erlebt, wie aufgrund eines solchen Ausgleichsstroms die gesamte abgeschirmte Verdrahtung einer Anlage verbrannte, weil der Strom durch die Abschirmung so groß war, dass sich diese so weit erhitzte, dass die Aderisolierung entflammte. Ferner muss dabei bedacht werden, dass es sich keineswegs um Gleichströme oder niederfrequente Wechselströme (50 Hz) handeln muss, für die der Leitungswiderstand einer üblichen Netzverdrahtung in Labors bei etwa 10 mΩ/m liegt. Vielmehr handelt es sich häufig um hochfrequente Störungen, bei denen die Aderdicke wegen des Skin-Effekts keine entscheidende Rolle mehr spielt und die Impedanz einer Leitung durchaus nicht mehr klein ist. Sie liegt üblicherweise zwischen 250 nH/m und 1 µH/m; damit erreicht ihre Impedanz bei moderaten 1 MHz bereits 6.28 Ω pro Meter Leitungslänge! Störungen durch moderne Halbleiterschaltungen erzeugen jedoch auch reichlich Störungen deutlich höherer Frequenzen, sodass die resultierenden Effekte noch schlimmer sein können. Solche Ausgleichsströme werden nicht immer durch Fehlerstromschutzschalter entdeckt; lösen sie im Labor nicht aus, so ist dies keineswegs ein Zeichen für eine stromlose Schutzleiterverdrahtung. Überdies lösen übliche Fehlerstromschutzschalter selbst bei 50 Hz üblicherweise erst bei Ausgleichsströmen von mehr als 30 mA (es gibt auch 10 mA-Fehlerstromschutzschalter) aus. Ausgleichsströme dieser Größe wirken sich aber bereits verheerend aus, wie wenig später gezeigt wird. Überhaupt empfehlen sich für die Laborausrüstung Fehlerstromschutzschalter mit einem Auslösestrom von 10 mA (niedrigster kommerziell erhältlicher Auslösestrom).

Der Ausgleichsstrom in Abbildung 2.18 erzeugt den Spannungsabfall U_g über dem Schutzleiter. Der gleiche Spannungsabfall muss über dem Widerstand der Messleitung gefunden werden; da ihr Widerstand üblicherweise in der Größenordnung 100 mΩ liegt, ist der Strom, der durch sie fließt, in der Regel mindestens um eine Größenordnung kleiner als der Ausgleichsstrom durch die Schutzleiterverdrahtung, sodass er im Folgenden unbeachtet bleiben kann. Nach der Maschenregel ergibt sich aber für die gemessene Spannung U_i:

$$U_i = U_0 + U_g \tag{2.31}$$

Bei einem niederfrequenten Ausgleichsstrom durch den Schutzleiter von nur 1 mA und einer Entfernung der beiden Steckdosen voneinander von 1 m (entspricht 10 mΩ) ergibt sich für U_g:

$$U_g = R_g \cdot I_g = 10\,\text{m}\Omega \cdot 1\,\text{mA} = 10\,\mu\text{V}$$

Tabelle 2.17 zeigt die Störung einer Messung (±1 auf dem letzten Digit).

Tab. 2.17: Störung einer Messung durch eine Erdschleife.

	Bereich					
Stellen	**2 mV**	**20 mV**	**200 mV**	**2 V**	**20 V**	**200 V**
3½	1 µV	10 µV	100 µV	1 mV	10 mV	100 mV
4½	100 nV	1 µV	10 µV	100 µV	1 mV	10 mV
5½	10 nV	100 nV	1 µV	10 µV	100 µV	1 mV
6½	1 nV	10 nV	100 nV	1 µV	10 µV	100 µV
7½		1 nV	10 nV	100 nV	1 µV	10 µV
8½			1 nV	10 nV	100 nV	1 µV

Man erkennt, dass ein sinnvolles Messen beispielsweise im 200 mV-Bereich praktisch nicht mehr möglich ist. Bei einem Ausgleichsstrom von 30 mA (Auslösestrom üblicher Fehlerstromschutzschalter) ergibt sich ein Störpegel von 300 µV, was bei allen Messgeräten auch den nächsthöheren Bereich noch unbrauchbar macht.

Tabelle 2.18 zeigt, dass es in einem Sonderfall dennoch möglich ist, wenn nämlich der Ausgleichsstrom eine Frequenz von 50 Hz hat (was häufig genug der Fall ist, man denke beispielsweise an Brummschleifen) und eine Gleichspannungsmessung vorgenommen werden soll. Dann muss bei der Berechnung der Störung nämlich noch ein NMRR (nicht CMRR, da der Ausgleichsstrom nicht über beide Adern der Messleitung fließt!) von etwa 60 dB (üblicher Wert bei 50 Hz) mit berücksichtigt werden.

Damit ergibt sich eine weitaus weniger gravierende Beeinträchtigung der Größenordnung 10 nV, die Tabelle 2.18 zeigt. Bei einem Ausgleichsstrom von 30 mA ergibt sich auch hier noch eine Störung des nächsthöheren Bereiches (300 nV).

Eine beliebte Möglichkeit der Problemlösung ist es, an einigen oder gar allen beteiligten Geräten den Schutzleiter abzuklemmen oder am Netzstecker abzukleben. In der Tat bringt dies nicht selten Vorteile bezüglich der Störfestigkeit der Anlage. Trotzdem

Tab. 2.18: Störung einer Messung durch eine Erdschleife bei 50 Hz.

	Bereich					
Stellen	**2 mV**	**20 mV**	**200 mV**	**2 V**	**20 V**	**200 V**
3 1/2	1 µV	10 µV	100 µV	1 mV	10 mV	100 mV
4 1/2	100 nV	1 µV	10 µV	100 µV	1 mV	10 mV
5 1/2	10 nV	100 nV	1 µV	10 µV	100 µV	1 mV
6 1/2	1 nV	10 nV	100 nV	1 µV	10 µV	100 µV
7 1/2		1 nV	10 nV	100 nV	1 µV	10 µV
8 1/2			1 nV	10 nV	100 nV	1 µV

muss vor einer solchen Lösung gewarnt werden, denn erstens ist sie ungesetzlich und zweitens gefährlich für das Laborpersonal. Nun kann nämlich durch einen Defekt in einem angeschlossenen Gerät Netzspannung auf Teile der Messanordnung gelangen, die unisoliert sind und die normalerweise geerdet sind, das heißt einen Stromschlag für das Laborpersonal nicht erwarten lassen; dies kann je nach Gerät sogar im ausgeschalteten Zustand beim Warten des Messplatzes oder beim Beladen mit Proben geschehen. Im Falle eines Unfalles sind dann neben den bedauerlichen Folgen für den Verunfallten große Schwierigkeiten für den Betreiber des Labors zu erwarten, sodass die Abkopplung der Schutzerdung nicht als adäquate Maßnahme angesehen werden kann.

Die Störungen verringern kann die Maßnahme, alle Geräte an einer Steckdose anzuschließen und möglichst kurze Netzleitungen zu verwenden. Dies reicht jedoch häufig nicht aus. In diesen Fällen müssen dann alle Geräte, deren Schutzleiteranschluss mit den zu messenden Schaltkreisen in irgend einer Weise verbunden sind, potentialgetrennt versorgt werden, also über Trenntransformatoren. Dies gibt es für praktisch alle gebräuchlichen Leistungsklassen im Fachhandel zu kaufen. Allerdings muss nun an genau einer Stelle der gesamten Messanordnung ein Erdleiter angebracht werden, um den Anforderungen für den Personenschutz zu genügen. Dazu wählt man am besten den Messaufbau selbst, sofern dieser aus Metall ist (etwa den Rezipienten o.Ä.), oder ein Gerät, bei dem Fehlerströme (also Ströme gegen den Schutzleiter bei Gerätedefekten) am wahrscheinlichsten auftreten und am verheerendsten wirken (Leistungsverstärker, Hochspannungsgeneratoren, Netzgeräte für große Lastströme usw.). Dies wird deshalb so gemacht, weil von diesen Geräten die größten Fehlerströme generiert werden können, die durch den direkten Erdungskontakt am Gerät selbst am niederohmigsten abgeführt werden und dann hoffentlich zum Abfallen des Fehlerstromschutzschalters führen. Ein Labor sollte immer mit Fehlerstromschutzschalter ausgerüstet sein (Personenschutz). Diese Maßnahme wird auch als „Ein-Punkt-Erdung" bezeichnet. Dadurch, dass nur eine Erde mit dem Messaufbau verbunden ist, kann sich die Störspannung U_g nicht mehr auswirken. Abbildung 2.19 zeigt eine solche Anordnung.

In diesem Falle wird die Erdung an der Signalquelle angenommen. Das Messgerät (und alle anderen Geräte des Messaufbaus) ist jetzt nicht mehr geerdet. Dennoch exis-

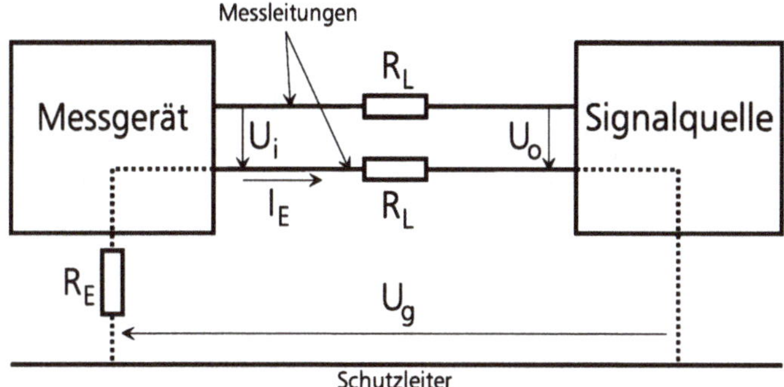

Abb. 2.19: Vermeidung von Erdschleifen durch Ein-Punkt-Erdung.

tiert die Erdschleife nach wie vor; sie wird jetzt von dem Erdungswiderstand R_E des Messgerätes geschlossen.

Die Störspannung U_g teilt sich nach der Spannungsteilerformel auf den Erdungswiderstand und den Leitungswiderstand:

$$\frac{U_L}{U_E} = \frac{R_L}{R_E} \tag{2.32}$$

Dabei ist U_L die über dem Leitungswiderstand R_L abfallende Spannung; sie stört unsere Messung. U_E ist die über dem Erdungswiderstand R_E des Messgerätes abfallende Spannung, die niemanden stört. R_L liegt in der Regel in der Größenordnung von 100 mΩ, R_E in der Größenordnung 1 GΩ. Damit ergibt sich für das Verhältnis U_L/U_E:

$$\frac{U_L}{U_E} = \frac{100\,\text{m}\Omega}{1\,\text{G}\Omega} = 10^{-10} = 200\,\text{dB}$$

Durch dies Maßnahme werden also um 200 dB oder um 10 Zehnerpotenzen gedämpft. Die oben beschriebene Störung von 10 µV wird damit selbst für höchstauflösende Messungen bedeutungslos.

Manchmal erfolgen solche Masseverkopplungen auch über die Interfaceleitungen der Fernsteuerinterfaces, die an einem Steuercomputer angeschlossen sind. Ist dies der Fall, so hilft die Trennung der Interfaceleitungen durch Optokoppler.

Beim Einkauf von Geräten für die Laborausrüstung muss deshalb sorgfältig ausgesucht werden; auf Potentialtrennung von Schutzleiter und Sekundärkreisen ist dabei ebenso wie auf andere technische Daten zu achten!

Um Probleme mit Erdschleifen zu vermeiden müssen also folgende Maßnahmen ergriffen werden:

- Geräte nicht an weit voneinander entfernten Steckdosen anschließen
- Auf eine Potentialtrennung von Sekundärkreisen und Schutzleiterkreisen achten
- Gegebenenfalls Trenntransformatoren und Ein-Punkt-Erdung verwenden
- Eventuell Potentialtrennung bei Interfaceleitungen vorsehen (Optokoppler)

2.7 Abschirmung – COM, Guard, Screen und Earth

Im Folgenden sollen nun die verschiedenen Typen von Messleitungen sowie deren Verdrahtung untersucht werden. Dabei geht es sowohl um den Anschluss von Leitungsabschirmungen als auch um die Frage, welche Potentiale als Referenzpotentiale in Frage kommen.

2.7.1 Messleitungen

Aus den vergangenen Abschnitten ist klar geworden, dass als Messleitungen in der Regel nur abgeschirmte Leitungen in Frage kommen.

Als Abschirmung bezeichnet man eine Ummantelung eines oder mehrerer isolierter Leiter mit einem metallischen Werkstoff, der auf ein festes Potential gelegt wird. Als metallische Ummantelung kommen 4 unterschiedliche Lösungen in Frage:

- Rohr
- Umlegung
- Folie
- Geflecht

Die Abschirmung durch ein Metallrohr kommt nur bei Festinstallationen in Frage; die Messleitung ist auch vor mechanischer und ggf. chemischer Beschädigung gut geschützt. Es ist allerdings wichtig, dass es keine Unterbrechung der Ummantelung auf dem Leitungsweg gibt. Die Verlegung eines ununterbrochenen Rohres kann dabei Kopfschmerzen bereiten, selbst wenn zunächst Einzelstücke gelegt werden, die anschließend entsprechend dicht leitend verbunden werden. Auch das Einziehen der Messleitung gestaltet sich je nach Ausformung des Leitungsweges schwierig. Wenn der Leitungsweg nicht so kurz ist, dass die Leitung einfach durchgesteckt werden kann, so muss sie nach alter Elektrikermanier mit Hilfe eines durchgesteckten Ziehdrahtes eingezogen werden. Mechanische Belastungen der Adern sind praktisch unvermeidbar. Beim Einkauf der Messleitung muss darauf geachtet werden (lieber etwas dicker als nötig dimensionieren).

Einfacher ist es, abgeschirmte Leitungen zu verlegen. Die billigste Art der Abschirmung ist die Umlegung mit feinen Litzendrähten.

Diese Umlegung ist freilich keineswegs perfekt; die Litzen überdecken die abzuschirmenden Adern nicht vollständig. Diese Form von abgeschirmten Leitungen ist zum Beispiel bei Billig-Audioleitungen weit verbreitet. Sie sind für Messleitungen gänzlich ungeeignet (Abbildung 2.20).

Eine Alternative zur Umlegung mit Litzendrähten ist die Umlegung mit Folie (Abbildung 2.21). Dabei sind die abzuschirmenden Adern mit einem elektrisch leitenden Folienstreifen umwickelt. Die einzelnen Lagen der Folie überdecken sich, sodass eine lückenlose Überdeckung der abzuschirmenden Adern entsteht. Die Schirmfolie ist mechanisch relativ empfindlich; häufig ist nur durch einen mit eingelegten Beidraht ei-

Abb. 2.20: Billige abgeschirmte Leitung (ungeeignet).

Abb. 2.21: Leitung mit Folienabschirmung.

ne durchgängige Verbindung der Schirmung gewährleistet, der auch zum Anschluss der Folie dient. Wegen der vergleichsweise hohen Induktivität der Schirmfolie sind so abgeschirmte Leitungen nur für niedrige bis mittlere Frequenzen tauglich. Besonders geeignet sind so abgeschirmte Leitungen für den Einsatz in hohen elektrostatischen Feldern, da die Folienabschirmung eine lückenlose metallische Äquipotentialfläche um die Adern gewährleistet.

In Fällen der Hochfrequenzbeanspruchung wählt man am besten eine Messleitung mit Abschirmgeflecht (Abbildung 2.22). Dabei sind die Adern von einem dichten Geflecht aus feinen Drähten umgeben, das sowohl mechanisch als auch elektrisch über die besten Eigenschaften verfügt. Als Material für die Geflechtdrähte finden Stahl und Kupfer Verwendung. Wegen der besseren elektrischen Eigenschaften und der in Labors üblichen niedrigeren mechanischen Beanspruchung ist eine Leitung mit einer Abschirmung aus Kupfergeflecht die günstige Wahl. Gelegentlich sind die Adern, aus denen das Geflecht besteht, verzinnt. Manchmal ist auch eine Überdeckung der Adern durch das Geflecht in Prozent angegeben. Die Überdeckung sollte natürlich möglichst hoch sein. Ist die abgeschirmte Leitung einadrig, so nennt man sie Koaxialleitung („Koaxkabel"), ist sie zweiadrig, so wird sie gelegentlich als Twinaxialleitung bezeichnet.

Abb. 2.22: Leitung mit Abschirmgeflecht.

Als Sonderbauform gibt es auch zweifach geschirmte Leitungen. Diese sind bekannt aus der Technik der Satellitenempfangsanlagen, bei denen die bis etwa 1.2 GHz tauglichen Leitungen mit einer Folien- und einer Geflechtabschirmung versehen sind. Beide Abschirmungen sind konstruktiv miteinander verbunden und können deshalb nicht auf verschiedene Potentiale gelegt werden. Allerdings gibt es solche Leitungen auch als paarig verdrillte, paarweise getrennt abgeschirmte Leitungen mit einer zusätzlichen, hiervon galvanisch getrennten Gesamtabschirmung; Abbildung 2.23 zeigt eine solche Leitung.

Abb. 2.23: Gute Mehrfachleitung mit verschiedenen Abschirmungen.

Diese Leitungen sind für spezielle Messaufgaben gut geeignet, da unterschiedliche Potentiale auf die verschiedenen Abschirmungen gelegt werden können. Ist nur eine Signalader von zwei galvanisch getrennten Abschirmungen umgeben, so spricht man von einer Triaxialleitung („Triaxkabel").

2.7.2 Verdrahtung der Abschirmung

Hat man nun eine abgeschirmte Messleitung installiert, so stellt sich die Frage, wo die Abschirmung aufzulegen ist. Dies ist je nach verwendeter Messleitung (ein- oder zweifach geschirmt) und je nach Messaufgabe unterschiedlich. Zunächst müssen jedoch noch einige Begriffe für die verschiedenen Potentiale erklärt werden, die bei Messgeräten nach außen geführt sind. Je nach Gerätetyp, Signalquelle und Messleitung sind die verschiedensten Anschlüsse denkbar und unterschiedlich erfolgreich. Ist das eine oder andere Potential bei einem Gerät nicht herausgeführt, so heißt dies nicht notwendigerweise, dass es nicht existiert! Abbildung 2.24 zeigt die interne Verschaltung der verschiedenen Anschlüsse.

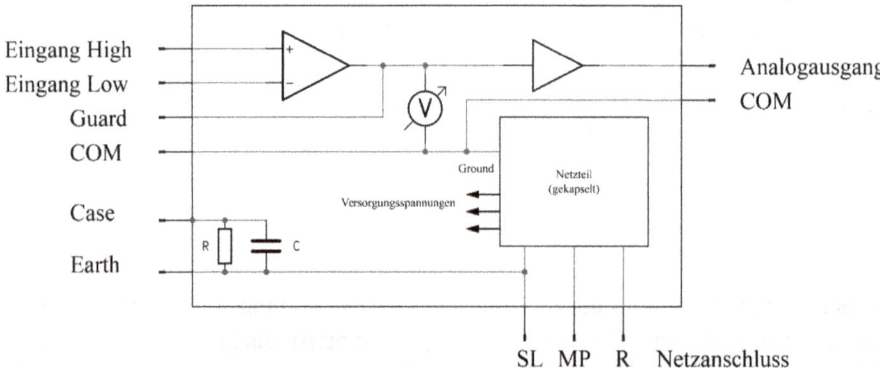

Abb. 2.24: Interne Verschaltung der verschiedenen Bezugspotentiale in einem Messgerät.

Der Begriff „Earth" (Erde, Schutzerde, Schutzleiter) bezeichnet den Erdungsanschluss. Dieser ist in Deutschland entweder mit dem Schutzkontakt des Netzanschlusskabels verbunden oder, falls kein normgerechter Schutzkontaktstecker als Anschluss vorliegt, mit der Schutzerde zu verbinden, die sich in jedem Labor in Form von Steck- und Klemmverbindungen zur Verfügung stehen sollte (gesetzliche Vorschrift).

Der „Case"-Anschluss ist mit dem Abschirmgehäuse des Messgerätes verbunden. Bei batteriebetriebenen Geräten oder solchen mit gekapselten Netzteilen (auch zum Beispiel in Form von Steckernetzteilen, Schutzmaßnahme Schutztrennung) muss er durchaus nicht auf Earth-Potential liegen. In den meisten Fällen ist er über die Parallelschaltung eines Widerstandes mit einem Kondensator mit Earth verbunden. Der Kondensator sorgt für die Ableitung von Hochfrequenzstörungen an die Erde; der Widerstand ist dafür vorgesehen, eine elektrostatische Aufladung des Gehäuses zu verhindern. Üblich sind Kapazitäten von einigen zig bis hundert Nanofarad und Widerstände in der Größenordnung von 100 kΩ. Brummschleifen durch eine Erdung dieses Anschlusses – etwa bei der Ankopplung der geerdeten Abschirmung einer Messleitung – entstehen dabei nicht, da der Widerstand so groß bemessen ist, dass die Ausgleichsströme zu klein sind, um nennenswerte Störungen hervorzurufen. Die Impedanz des Kondensators ist bei niedrigen Frequenzen so groß, dass auch hierdurch nur sehr kleine Ausgleichsströme fließen; er lässt lediglich hochfrequente Störungen nach Masse abfließen. Bei Geräten mit Schutzerdung ist das Gehäuse allerdings galvanisch mit dem Schutzleiter verbunden (Vorschrift!). Dann ist bei der Verwendung auf Brummschleifen zu achten. Ob eine direkte Verbindung zum Schutzleiter vorliegt, lässt sich leicht mit einem Ohmmeter prüfen.

Die Bezeichnung „Ground" oder „COM" (common, gemeinsamer Pol der Elektronik) bezeichnet das Bezugspotential (Masse) der Elektronik des Messgerätes. Dies ist nicht zu verwechseln mit dem Bezugspotential der Messung. Beide Potentiale können miteinander verkoppelt sein, müssen es aber nicht; häufig findet sich eine relativ hochohmige Verbindung. Dies kann mit einem Ohmmeter überprüft werden (im ausgeschalteten Zustand des Prüflings!). Häufig ist der COM-Anschluss identisch mit Case. Gelegentlich liegt außerdem eine Verkopplung zwischen COM und Earth vor; dies ist dann der Fall, wenn das Netzteil des Messgerätes sekundärseitig geerdet ist, was von der Bauart des Messgerätes und des Netzgerätes abhängt (Schutztrennung oder Schutzerdung). Analogausgänge, Triggereingänge und ähnliche Anschlüsse nutzen dieses Potential als Bezugspotential.

Ein weiteres wichtiges Potential ist das „Guard"- oder „Screen"-Potential. Dies ist ein spezielles Potential zum Anschluss der Abschirmung von Messleitungen. Es wird durch eine elektronische Schaltung innerhalb des Messgerätes gewonnen und liegt gleichspannungsmäßig genau zwischen den beiden Messanschlüssen und wechselspannungsmäßig auf dem Earth- oder COM-Potential. Das Gleichspannungspotential ist so gewählt, dass möglichst geringe Fehlerströme von beiden Adern der zweiadrigen abgeschirmten Messleitung auf die Abschirmung fließen, da deren Potential gerade zwischen den beiden liegt. Dies ist insbesondere bei sogenannten „schwimmenden" Messungen von großem Vorteil, bei denen die Messkreise nicht geerdet sind und einen relativ großen Spannungsoffset gegenüber der Erde haben können. Es ist durchaus normal, dass der Low-Anschluss des Messkreises eine Spannung von mehreren hundert Volt gegen Masse führt, aber die Spannungsdifferenz zwischen dem Low- und dem High-Anschluss der Messkreise, also die Messspannung, nur wenige Millivolt beträgt. Als Guard-Anschluss dient auch manchmal der sogenannte „Preamp Out"-Anschluss, der intern elektronisch entsprechend verschaltet ist.

Der Guard-Anschluss darf niemals mit einem der anderen Anschlüsse verbunden werden! In einigen Fällen können Details über die interne Verschaltung der verschiedenen Anschlüsse den Anleitungen der Geräte oder einem Aufdruck auf der Geräterückseite entnommen werden (sehr nützlich, das Blättern in Bedienungsanleitungen ist nicht weit verbreitet).

Abschirmungen müssen immer möglichst großflächig mit den entsprechenden Anschlüssen verbunden werden. Hierzu sind keinesfalls lange, dünne Drähte geeignet (dünn ist auch die berühmte 0.75 mm^2 NYFAZ Litze). Hierfür sind Erdungsbänder aus Kupfergeflecht zu verwenden. Solche Bänder gibt es im Fachhandel, zum Beispiel für die Verbindung einzelner Gehäuseteile bei zerlegbaren Metallgehäusen. Bei einfachen „Strippen" ist einfach die Impedanz bezüglich einer hochfrequenten Störung zu groß, sodass die Abschirmung der Messleitung als Antenne wirken würde, um so hochfrequente Störungen auf die Adern der Messleitung einzukoppeln. Der Anschluss an das Abschirmgeflecht der Leitung soll mit Schellen erfolgen. Um die Hochfrequenztauglichkeit der Abschirmung zu erhöhen, kann es durchaus günstig sein, Leitungsabschirmungen beidseitig zu erden. Zur Vermeidung von Brummschleifen muss gegebenenfalls auf der einen Seite über eine RC-Kombination wie bei der geräteinternen Verbindung zwischen Case und Earth gearbeitet werden.

Für die direkte galvanische Ankopplung bei beidseitiger Erdung wählt man am besten den Anschluss auf der Messgeräteseite (nur bei Quellen, die bei Defekten hohe Fehlerströme generieren können, wählt man die Quelle). Dies spielt zwar keine so entscheidende Rolle, man muss sich aber eine Systematik zulegen, um ein sinnvolles Überprüfen der Messanordnung möglich zu machen, da sonst die Fehlersuche zu einer argen Strapaze werden kann. Auf der anderen Seite schließt man die Abschirmung über eine Parallelschaltung von Widerstand und Kondensator an den Schutzleiter an. Abbildung 2.25 zeigt eine solche Anordnung.

Wie schon erwähnt, dient der Widerstand R_E nur dazu, eine elektrostatische Aufladung zu verhindern; seine Dimensionierung ist völlig unkritisch, solange er nur nicht zu klein gewählt wird. Nimmt man ohne weiter Umstände einen 100 kΩ-Widerstand, so beträgt der störende Ausgleichsstrom bei einer Potentialdifferenz von 1 V nur 10 μA, was selbst bei Eingangsempfindlichkeiten von wenigen Nanovolt noch völlig unkritisch ist (siehe Kapitel 2.6 – *Erdschleifen*).

Gegebenenfalls kann zu dem Widerstand ein Kondensator parallel geschaltet werden. Der Kondensator muss nach den Gegebenheiten der Versuchsanordnung gewählt werden. Dabei spielt zunächst die im 50 Hz-Bereich vorhandene Potentialdifferenz eine

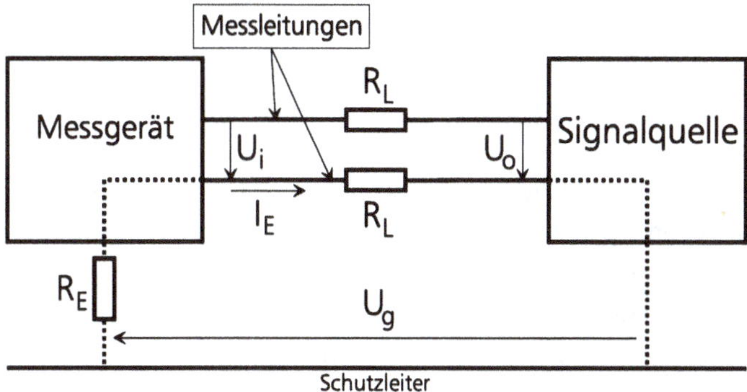

Abb. 2.25: Verschaltung von Schutzleiter und Abschirmung.

Rolle, da sie über den Kondensator zu Brummströmen führen kann. Von dieser Warte aus gesehen sollte der Kondensator möglichst klein gewählt werden. Andererseits soll seine Impedanz für die Hochfrequenzstörungen nicht zu groß sein, also muss auch seine Kapazität möglichst hoch sein.

Abbildung 2.26 gibt einen Überblick über die Impedanzen von Kondensatoren im Frequenzbereich von 50 Hz bis 10 MHz; es kann zur Auswahl des Kondensators in der RC-Kombination herangezogen werden. Eine Auswahl des Kondensators so, dass seine

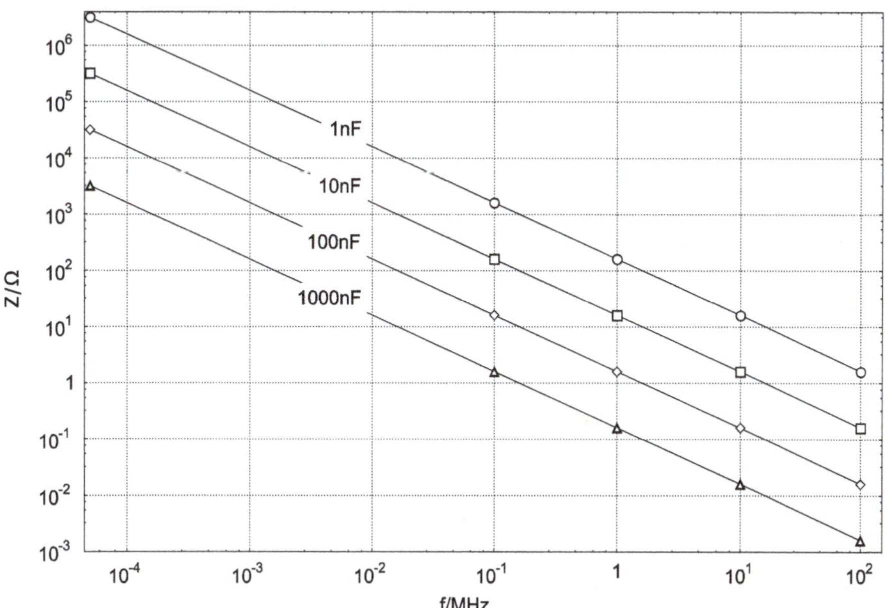

Abb. 2.26: Impedanz des Kondensators als Funktion der Frequenz.

Impedanz bei 50 Hz kleiner als der oben angegebene Widerstand ist, ist natürlich nicht sinnvoll. Typische Kondensatorwerte liegen bei 47 nF oder 100 nF.

Bei allen folgenden Betrachtungen sei vorausgeschickt, dass das Verhalten einer komplexen Messeinrichtung nicht leicht abzuschätzen ist, und dass es keine Patentrezepte gibt; die hier angegebenen Methoden sind als Richtlinien gedacht und sollen durchaus auch zum sinnvollen Experimentieren ermutigen. Bei systemfähigen Messeinrichtungen (Geräte mit Busanschluss) muss zusätzlich überprüft werden, ob eine Verkopplung der Messkreise mit den Buskreisen vorliegt. Gegebenenfalls muss eine galvanische Trennung der Buskreise erfolgen. Für das Aussuchen der entsprechenden Leitungen, aber auch für die isolierte Montage von Sensoren und Klemmen, sei auch auf das Kapitel über Isolationswerkstoffe (2.3) verwiesen.

2.7.3 Anschluss am Messgerät

Beim Anschluss der Abschirmung der Messleitungen gehen wir zur Unterscheidung der verschiedenen Fälle von den am Messgerät vorhandenen Anschlüssen aus:
- 4 mm Standard-Buchsen (Polklemmen, Telefonbuchsen)
- Hochfrequenzbuchsen (BNC- und UHF-Stecker)
- Triaxialbuchsen
- Spezialbuchsen mit niedriger Thermospannung

Abbildung 2.27 zeigt eine Auswahl dieser Stecker.

Ferner muss noch die Signalquelle bei der Verdrahtung der Abschirmung berücksichtigt werden. Man unterscheidet hierbei:
- Geerdete Signalquellen
- Nicht geerdete Signalquellen

Unter geerdeten Signalquellen versteht man solche Signalquellen, bei der eine galvanische Verbindung zwischen einem Signalquellenanschluss und der Erde besteht (Earth-Potential, Schutzleiter).

2.7.3.1 Messgeräte mit 4 mm Standardbuchsen

Am flexibelsten beim Anschluss von Messleitungen sind Messgeräte mit 4 mm-Standardbuchsen. Sie sehen zwar bastlerhaft aus, erlauben dem Experimentator jedoch die Wahl der verschiedenen einzusetzenden Potentiale nach den speziellen Erfordernissen der Messanordnung.

Als Messleitung verwendet man paarig verdrillte Leitungen mit einer oder zwei Abschirmungen, von denen mindestens die äußere Abschirmung als Geflecht ausgeführt ist.

Abb. 2.27: Anschlussbuchsen von Messgeräten.

Bei Messleitungen mit einer Abschirmung verfährt man beim Anschluss der Abschirmung nach Tabelle 2.19.

Für besonders empfindliche Anwendungen (Messungen sehr hoher Widerstände oder sehr niedriger Ströme) oder bei stark hochfrequent gestörten Messungen verwendet man besser doppelt abgeschirmte Messleitungen (zwei galvanisch getrennte Schirmungen!). Die Verwendung doppelt abgeschirmter Messleitungen ist nur bei Messgeräten mit Guard-Anschluss sinnvoll; dabei wird nach Tabelle 2.20 vorgegangen.

Ist keine gesonderte Anschlussmöglichkeit für die Abschirmung der Messleitung vorhanden, so soll sie auf den Schutzleiteranschluss des Messgerätes geklemmt werden. Auf der Seite des Messwertaufnehmers kann die Abschirmung eventuell unbeschaltet bleiben (gegebenenfalls über eine RC-Kombination an den Schutzleiter klemmen). Wenn der Sensor abgeschirmt werden kann, so soll dies geschehen (Folie, Metallkästchen usw.). Die Abschirmung der Messleitung wird an der Einführungsstelle innen großflächig mit der Sensorabschirmung verbunden.

Tab. 2.19: Anschluss einer geschirmten Messleitung an ein Messgerät.

Signalquelle	Anschluss der Abschirmung
nicht geerdet	Guard-Anschluss benutzen, falls vorhanden; bei Messungen von hohen Widerständen und niedrigen Strömen unbedingt erforderlich.
	Case-Anschluss benutzen, falls kein Guard-Anschluss vorhanden ist.
	Earth-Anschluss benutzen, falls weder Case noch Guard-Anschluss vorhanden ist.
	An der Signalquelle Abschirmung dicht vor dem Sensor abschneiden und unbeschaltet lassen oder an die Abschirmung der Signalquelle anschließen; Signalquelle gegebenenfalls abschirmen (Alufolie o.ä.). Diese Anordnung sorgfältig isolieren, damit andere Anlagenteile nicht berührt werden, da sonst stark schwankende Ausgleichsströme die Messungen stören können.
geerdet	Guard-Anschluss benutzen; an der Signalquelle Abschirmung unbeschaltet lassen.
	Case-Anschluss benutzen, falls kein Guard-Anschluss vorhanden ist; an der Signalquelle Abschirmung auf den geerdeten Anschluss der Signalquelle legen.
	Earth-Anschluss benutzen, falls weder Case- noch Guard-Anschluss vorhanden sind. An der Signalquelle über eine RC-Kombination auf den geerdeten Anschluss der Signalquelle legen.

Tab. 2.20: Anschluss einer doppelt geschirmten Messleitung an ein Messgerät.

Signalquelle	Anschluss der Abschirmung
nicht geerdet	Guard-Anschluss auf innere Abschirmung klemmen; an der Signalquelle unbeschaltet lassen und gut isolieren.
	Case-Anschluss oder, falls nicht vorhanden, Earth-Anschluss auf äußere Abschirmung legen. Im Notfall Low-Anschluss verwenden. An der Signalquelle Abschirmung dicht vor dem Sensor abschneiden und unbeschaltet lassen oder an die Abschirmung der Signalquelle anschließen; Signalquelle gegebenenfalls abschirmen. Diese Anordnung sorgfältig gegenüber der Umgebung isolieren.
geerdet	Guard-Anschluss auf innere Abschirmung klemmen; an der Signalquelle unbeschaltet lassen und gut isolieren.
	Case-Anschluss oder, falls nicht vorhanden, Earth-Anschluss auf äußere Abschirmung legen. An der Signalquelle über eine RC-Kombination Abschirmung auf den geerdeten Anschluss der Signalquelle legen.

2.7.3.2 Messgeräte mit Hochfrequenzbuchsen

Bei Messgeräten mit Hochfrequenzbuchsen (BNC oder UHF-Stecker) werden grundsätzlich einadrige Koaxialleitungen mit dem entsprechenden Stecker angeschlossen. Da das Bezugspotential der Messung über den Schirm der Messleitung geführt wird, ist eine einadrige Messleitung mit Abschirmung zu verwenden. Bei manchen Messgeräten (praktisch immer bei Oszilloskopen) ist der Außenkontakt der Hochfrequenzbuchse, der an die Abschirmung der Messleitung angeschlossen ist, mit dem Schutzleiter verbunden. Ist die Hochfrequenzbuchse nicht geerdet, so wird einfach die Signalquelle an die Ader und den Schirm der Messleitung angeschlossen; eine Abschirmung der Quelle soll nach Möglichkeit durchgeführt werden. Sie ist auf die Abschirmung der Messleitung zu legen. Die Abschirmung muss sorgfältig von der Umgebung isoliert werden.

Bei Messgeräten mit Erdung der Hochfrequenzbuchse wird nach Tabelle 2.21 vorgegangen:

Tab. 2.21: Erdung der Hochfrequenzbuchse an einem Messgerät.

Signalquelle	Anschluss der Abschirmung
nicht geerdet	Anschluss der Signalquelle an Ader und Schirm der Messleitung.
geerdet	Anschluss der Signalquelle an Ader und Schirm der Messleitung; Polung der Quelle beachten (Earth an Earth, wegen interner Schaltung der Quelle). Wegen der entstehenden Brummschleife erfolgt die Versorgung der Signalquelle über einen Trenntransformator, der den Betrieb der Quelle ohne Schutzleiter gestattet (Schutzmaßnahme Schutztrennung). Die Erdung der Anlage erfolgt dabei über das Messgerät

2.7.3.3 Messgeräte mit Triaxialbuchsen

Triaxialbuchsen werden typisch bei Elektrometern als Eingangsbuchsen eingesetzt. Elektrometer sind Messgeräte, die sich durch sehr hohe Eingangsimpedanzen auszeichnen ($10^{13}\ \Omega$ bis $10^{14}\ \Omega$). Sie eignen sich daher besonders zur Messung von Ladungen, sie werden aber auch zur Messung von kleinen Spannungen und Spannungen hochohmiger Quellen, sehr kleinen Strömen und sehr großen Widerständen genutzt. Alle diese Messungen sind besonders kritisch. Deshalb wird häufig die Triaxialbuchse als Eingangsbuchse verwendet; als Messleitung dient eine einadrige zweifach geschirmte Leitung (Triaxkabel) mit zwei gegeneinander isolierten Abschirmungen.

Für Spannungs- oder Widerstandsmessungen wird die innere Abschirmung auf Guard gelegt. Dazu ist der innere Abschirmkontakt der Triaxbuchse geräteintern auf Guard geklemmt. Dadurch werden Fehlerströme klein gehalten, die sonst einen Messfehler bewirken würden. Bei flexibleren Geräten, die auch für Strom- und Ladungsmessungen genutzt werden können, ist der Anschluss des inneren Schirms umschaltbar oder umklemmbar; er wird dann auf COM gelegt. Der äußere Abschirmkontakt der Triaxbuchse liegt auf Earth oder Case. Bei der Verschaltung der Signalquelle wird vorgegangen wie in Tabelle 2.22 dargestellt.

2.7.3.4 Messgeräte mit Spezialbuchsen (niedrige Thermospannung)

Einige spezielle Messgeräte sind mit Spezialbuchsen ausgestattet wie zum Beispiel ein Keithley Digitalvoltmeter, das über eine Eingangsempfindlichkeit von 1 nV (!) verfügt. Dort spielen thermische Effekte an der Eingangsbuchse eine so große Rolle, dass der

Tab. 2.22: Erdung der Triaxialbuchse an einem Messgerät.

Guard	Signalquelle	Anschluss der Abschirmung
vorhanden	nicht geerdet	Quelle an äußeren Schirm und Ader anschließen; inneren Schirm unbeschaltet lassen und sorgfältig isolieren.
	geerdet	Quelle an äußeren Schirm und Ader anschließen; Polung beachten. Inneren Schirm unbeschaltet lassen und sorgfältig isolieren.
nicht vorhanden	nicht geerdet	Quelle an inneren Schirm und Ader anschließen; äußeren Schirm unbeschaltet lassen oder an eine galvanisch getrennte Abschirmung der Quelle anschließen.
	geerdet	Quelle an inneren Schirm und Ader anschließen; Polung beachten. Äußeren Schirm unbeschaltet lassen und sorgfältig isolieren.

Hersteller sich dazu entschloss, eine altbewährte Eingangsbuchsenkonstruktion von ihren Chopper-Verstärkern zu übernehmen. Die Buchsen sind groß und gut abgeschirmt gegen thermische und elektrische Störungen. Es ist nicht sinnvoll, die Messleitungen mit Klemmen oder Steckerfragmenten anzuschließen. Um zufriedenstellende Messergebnisse zu erhalten, ist es unbedingt erforderlich, die vom Hersteller vorgesehenen (und meines Wissens nach nur dort erhältlichen) Stecker zu verwenden. Sie sind auch materialmäßig auf die Eingangsbuchse abgestimmt, was bei der Generierung von Thermospannungen eine erhebliche Rolle spielt.

Die Messleitung ist zweiadrig mit einer Abschirmung auszuführen. Am Messobjekt ist die Abschirmung unbeschaltet zu lassen. Wird die Messleitung selbst an den Spezialstecker angeschlossen, so ist bei der Verbindung zu beachten, dass nicht nur der Steckkontakt selbst, sondern auch die Anschlussstelle Stecker-Ader erhebliche Thermospannungen generieren kann.

Beim Anschluss der Abschirmung der Messleitung gibt es also abhängig von Messaufgabe, Messgerät und Kabeltyp eine ganze Reihe von Optionen; hier liegt eine der größten Gefahren für die Integrität der Messdaten. Bei der Auswahl und der Durchführung der zugehörigen Maßnahmen ist daher oberste Sorgfalt Gebot; Nachdenken zu Beginn des Aufbaus eines Messeplatzes lohnt sich in jedem Fall. Manchmal sind in den Anleitungen der Geräte einschlägige Hinweise zu finden, manchmal aber auch nicht. Es gibt kein Allheilmittel, und gelegentlich kann nur „trial and error“ helfen, da die Elektronik in den modernen Messgeräten sehr komplex ist und nicht immer einfach vorhersehbar reagiert.

2.8 Zusammenfassung

Abbildung 2.28 zeigt eine Zusammenfassung der verschiedenen Störquellen und deren Frequenzbereich.

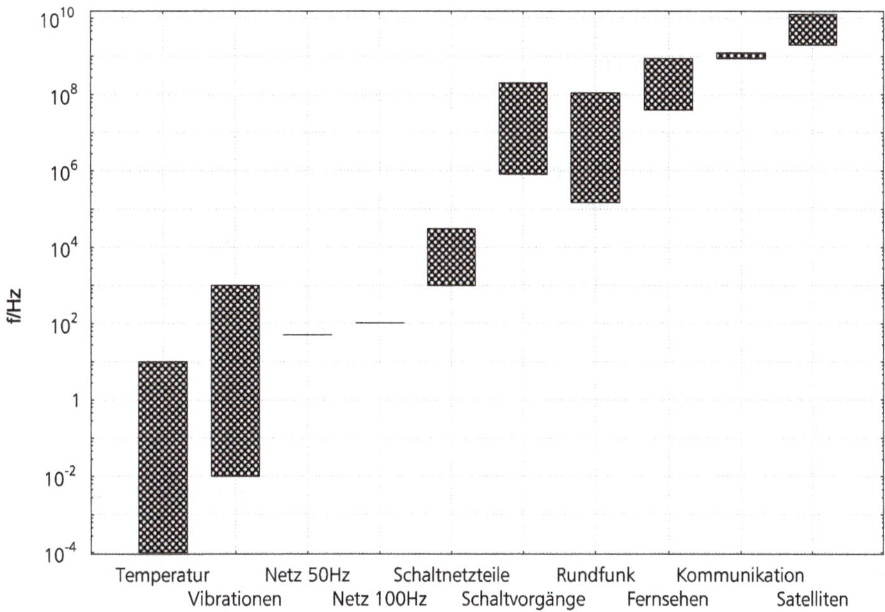

Abb. 2.28: Zusammenfassung der verschiedenen Störquellen und deren Frequenzbereich.

Man erkennt, dass thermische Störungen sich im untersten Frequenzbereich auswirken; thermische Ausgleichsprozesse können durchaus im Stundenbereich ablaufen. Interessanterweise gibt es aber auch schnelle thermische Störungen, die etwa durch flackernde Lichteinstrahlung oder Luftturbulenzen ausgelöst werden können. Sie können durchaus bis in den 10 Hz-Bereich hineinreichen. Dies hängt ab vom Wärmeübergangswert für den Wärmeübergang zwischen der Umgebung (Luft) und den Teilen der Messanordnung, die die Thermospannung hervorrufen, und von der Wärmekapazität dieser Teile. Je besser der Wärmeübergang und je kleiner die Wärmekapazität sind, desto schneller laufen die Prozesse ab.

Mechanische Vibrationen können sich bis in den Kilohertzbereich hinein auswirken; darüber hinaus sind selten Probleme zu erwarten, da der Anlagenteil, der die Störung hervorruft, mit nennenswerter Amplitude schwingen muss, um Störungen zu verursachen. Liegen die mechanischen Resonanzen bei entsprechend niedrigen Frequenzen, so sind bei höheren Frequenzen die Amplituden hierfür zu klein.

Netzspannungsstörungen sind hauptsächlich bei 50 Hz und 100 Hz zu erwarten; Netzteile hingegen können überraschenderweise auch im Kilohertz- und zig-Kilohertzbereich stören; die moderne Technik der Schaltnetzteile, die im diesem Frequenzbereich arbeiten, bescheren uns diese Überraschung.

Schaltvorgänge verursachen meist Störungen im Bereich zwischen einigen hundert Kilohertz und einigen hundert Megahertz. Sie können sowohl durch mechanische Schalter als auch durch Halbleiterschalter (Triacs, FET's, Solid State Relais) ausgelöst werden und sich sowohl durch Einstrahlen (elektromagnetische Wellen) als auch leitungsgebunden (über die Stromversorgung) einschleichen.

Der gesamte Frequenzbereich von etwa 150 kHz bis in den zig-Gigahertzbereich hinein ist belegt durch die Kommunikationstechnik im weitesten Sinne und verursacht je nach Lage (Sendernähe) entsprechende Beeinträchtigungen der Messanordnung.

Aufgrund der verschiedenen Effekte und der verschiedenen Eigenschaften von Adern und Leitungen ergeben sich also allgemeine Forderungen für die Installation von Messleitungen.

2.8.1 Art der Leitung

Aufbau:

- Abgeschirmte Messleitungen verwenden, Abschirmung sorgfältig anschließen.
- Messleitungen als verdrillte Leitung (twisted pair) ausführen.
- Im Zweifelsfalle auch andere Leitungen die ein hohes Störpotential tragen, verdrillt (hohe Ströme) und eventuell abgeschirmt (hohe Spannungen) verlegen.
- Gegebenenfalls spezielle rauscharme Messleitungen verwenden.

Isolationswerkstoff:

- Einsatzspannung beachten.
- Einsatzfrequenzbereich beachten.
- Einsatztemperaturbereich beachten.
- Höhe des Isolationswiderstandes beachten.
- Wasseraufnahme des Isolationswerkstoffes beachten.

Montage:

- Messleitungen in möglichst großem Abstand zu spannungsführenden Metallflächen und Leitungen verlegen.
- Messleitungen in möglichst großem Abstand von Quellen von Magnetfeldern verlegen; evtl. magnetische Abschirmung vorsehen.
- Leitungen zug- und druckfrei installieren.
- Leitungen nicht mechanisch belasten (etwa durch Auflegen von Gegenständen).
- Leitungen fernhalten von rüttelnden Teilen.
- Messleitungen fest montieren, nicht lose herumhängen lassen.
- Die elektrischen Kontakte so nahe beieinander wie möglich installieren, für guten thermischen Kontakt sorgen.
- Verbindungsstellen von Drähten sowie die Eingangsklemmen des Messgerätes thermisch isolieren.
- Verbindungsstellen von Drähten sowie Sensoren und Eingangsklemmen des Messgerätes abschirmen, gegebenenfalls mit Metallkästchen umbauen; diese an die Abschirmung der Messleitung anschließen.

2.8.2 Auflegen der Abschirmung

- COM, Guard und Earth benutzen, wie in Kapitel 2.7 beschrieben.
- Erdschleifen beachten.

2.8.3 Anforderungen an die Umgebung

- Weg mit Handys, Funktelefonen und Funkgeräten aus dem Labor.
- Für die Messung notwendige HF-Generatoren sorgfältig abschirmen, bei kommerziellen Geräten auf korrekte Erdung achten.
- Nach dem Einschalten der Anlage 2 bis 4 Stunden Aufwärmzeit einräumen.
- Direktes Sonnenlicht und Zugluft jeder Art vermeiden.
- Computer und Monitor in möglichst großer Entfernung von der Messanordnung aufstellen.
- Geräte nicht an weit voneinander entfernten Steckdosen anschließen.
- Auf eine Potentialtrennung von Sekundärkreisen und Schutzleiterkreisen achten.
- Gegebenenfalls Trenntransformatoren und Ein-Punkt-Erdung verwenden.
- Eventuell Potentialtrennung bei Interfaceleitungen vorsehen (Optokoppler).
- Eventuell Filter für den Eingang des Messgerätes vorsehen.
- Leitungen mit kritischem Isolationswiderstand sorgfältig reinigen (Methanol) und trocknen (mindestens 2 Stunden bei Raumtemperatur); danach nicht mehr berühren.
- Sich möglichst fernhalten vom Messplatz.

Natürlich ist es je nach Messaufgabe nicht unbedingt erforderlich, alle oben aufgeführten Punkte bis ins kleinste Detail zu realisieren; größtmögliche Sorgfalt bei der Auswahl und der Verlegung von Messleitungen und bei der Verwendung der Bezugspotentiale vermeidet jedoch eine spätere endlose Fehlersuche und aus ungeklärter Ursache unbrauchbare Messungen. Auch das Messen während der Nacht und am Wochenende, wo andere „Störer“ nicht arbeiten, lässt sich so in der Regel vermeiden.

Treten dennoch Probleme auf, so kann Tabelle 2.23 der häufigsten Fehlerursachen vielleicht bei der Lokalisierung helfen:

Tab. 2.23: Fehlersuche bei der Verdrahtung von Messfühlern.

Messung	Problem	Ursache	Abhilfe
Kleine Spannungen	Driften/Offset	Thermische Effekte	Temperaturausgleich der Verbindungsstellen herstellen, geklemmte Kupfer-Kupfer-Kontakte verwenden
	Rauschen	Magnetische Effekte	Twisted-Pair-Leitungen verwenden, von magnetischen Feldern fernhalten, Abschirmen
	Rauschen	Erdschleife	Einpunkterdung verwenden

Tab. 2.23 (Fortsetzung)

Messung	Problem	Ursache	Abhilfe
Kleine Ströme	Offset	Isolationswiderstand	Leitung mit hohem Isolationswiderstand verwenden, Leitung reinigen und trocknen
	Rauschen	Kapazitive Effekte	Abschirmen
		Isolationseffekte	Vibrationen vermeiden, Leitungen fest verlegen
Kleine Widerstände	Driften/Offset	Thermische Effekte	Temperaturausgleich der Verbindungsstellen herstellen, thermisch isolieren geklemmte Kupfer-Kupfer-Kontakte verwenden
	Rauschen	Magnetische Effekte	Twisted-Pair-Leitungen verwenden, von magnetischen Feldern fernhalten, Abschirmen
Große Widerstände	Messwerte zu niedrig	Isolationswiderstand	Leitung mit hohem Isolationswiderstand verwenden, Leitung reinigen und trocknen
	Rauschen	Kapazitive Effekte	Abschirmen, hohe elektrische Felder in der Umgebung vermeiden
		Common Mode Störungen	elektrische Filter verwenden
Spannungsmessung bei Quellen mit hohem Innenwiderstand	Messwerte zu niedrig	Isolationswiderstand	Leitung mit hohem Isolationswiderstand verwenden, Leitung reinigen und trocknen
	Rauschen	Kapazitive Effekte	Abschirmen, hohe elektrische Felder in der Umgebung vermeiden

Abbildungsverzeichnis

https://doi.org/10.1515/9783111478869-003

Tabellenverzeichnis

https://doi.org/10.1515/9783111478869-004

Stichwortverzeichnis

https://doi.org/10.1515/9783111478869-005

www.ingramcontent.com/pod-product-compliance
Lightning Source LLC
Chambersburg PA
CBHW081527220326
41598CB00036B/6357

* 9 7 8 3 1 1 1 4 7 7 3 2 9 *